生理學

PHYSIOLOGY

袁本治 著

自序

　　生理學與解剖學是醫學教育最基本也最重要的課程。生理學是研究人體功能的學問，也就是探討人體各細胞、器官及系統之間如何運作，以維持生命所需的各項功能。因此，生理學比解剖學範圍更廣泛且更複雜。所以許多學生聞之而色變，懼怕生理學成為學生的普遍心結。也因為如此，當五南出版社的俐文副總編邀請撰寫生理學相關的教科書時，我就毫不考慮答應下來。

　　此書是針對大專院校的護理系及其他相關醫事學系的生理課程所設計。其目的就是使學生不會減少對人體生理學功能運作的興趣，並增加學生對生理學的構造及各功能關聯性的全盤了解，且使生理學的學習更豐盛有趣。本書前3章是對生理學做一簡單介紹，強調生理功能的概念；後13章將身體的各個系統做簡單介紹，並明白系統的構造與生理功能的關聯性，對生理學的觀念有正確的了解。在每一章節的最後，我們整理出來歷屆國家生理學考試題庫，當作自我測驗，成為學生學習的重點。面對未來證照生理學考試，本書將是您最好的幫手。

　　感謝五南編輯群細心叮嚀、校正與協助，讓我能毫無負擔的撰寫此書；我的愛妻無怨無悔的支持，更是我寫書的最大原動力。本書雖校正再三，疏漏錯誤之處尚其各方先進不吝批評指正。

袁于洺

目錄

第一章　緒論

生理學定義

生理學（physiology）是由希臘文physis（生理）及logos（研究）演變而來，是探討人體各部位如何運作，以完成維持生命所需各項功能的學問。主要研究肌肉、神經、感覺、循環、呼吸、消化、泌尿、內分泌及生殖等各部位的功能及在生命活動中所扮演的角色。

生理學涵蓋的範圍很廣，所包含的範疇如下所述：

病理解剖學（pathological anatomy）：研究人體因疾病導致身體構造變化的情形。

一般生理學（general physiology）：研究體內的一般生理作用，為生理學通論。

系統生理學（systemic physiology）：研究身體各系統的特殊功能，為生理學各論。

比較生理學（comparative physiology）：比較各種動物間功能行使之差異及演化上的關係。

應用生理學（applied physiology）：包含⑴環境生理學：研究外在環境與人體生理功能間的關係。⑵病理生理學：研究身體正常生理與病變生理間功能變化的關係。

生理學的歷史

埃拉西斯特拉圖斯（Erasistratus, 304～250 BC）是古希臘解剖生理學家。首位對人體的大腦和小腦進行深入研究，探討了人體的心臟、動脈和靜脈之間的關係，被稱為生理學之父。1628年英國醫師William Harvey提出心臟功能及血液循環的發現後，生理學才成為一門獨立學科。二十世紀以來，因生物科技的進步，新的知識推動了生理學的研究，對現代醫學產生巨大的推動作用。了解生理學歷史是對過去許多學者的努力做一個肯定。如表1-1。

表1-1　生理學的歷史1900-2000

1900	Karl Landesteiner發現ABO血型
1904	Ivan Pavlov發現消化腺分泌規律（諾貝爾獎）
1910	Henry Dale描述組織胺功能
1918	Earnest Starling描述心臟收縮與血液循環的關係
1921	John Langley發現自主神經的功能
1923	Frederick Banting等三人，發現胰島素（諾貝爾獎）

（續）

1932	Charles Sherrington等二人，發現神經細胞功能（諾貝爾獎）
1936	Henry Dale等二人，發現神經衝動的化學傳遞（諾貝爾獎）
1939	Abert von Szent-Georgi發現ATP在肌肉收縮的功能
1949	Hans Selye 描述面對壓力產生的生理反應
1953	Hans Krebs 發現檸檬酸循環（諾貝爾獎）
1954	Hugh Huxley等四人，提出肌肉收縮的肌絲滑動學說
1962	Francis Crick等三人，確定DNA的構造（諾貝爾獎）
1963	John Eccles等三人，發現神經細胞間訊息傳遞（諾貝爾獎）
1971	Earl Sutherland 發現激素調節作用（諾貝爾獎）
1977	Roger Guillemin等二人，發現胜肽類激素由腦部合成（諾貝爾獎）
1981	Roger Sperry 發現大腦半球的功能及特性（諾貝爾獎）
1986	Stanley Cohen等二人，發現調節神經系統的生長因子（諾貝爾獎）
1994	Alfred Gilman等二人，發現G蛋白在細胞訊息傳遞的作用（諾貝爾獎）
1998	Robert Furchgott等三人，發現一氧化氮是心血管系統的訊息分子（諾貝爾獎）
2000	Paul Greengard等三人，發現多巴胺是神經系統的傳遞物質（諾貝爾獎）

人體組成的層次

人體構造是由數個層次組成，彼此間相互關連（圖1-1）。由最低至最高的層次依序為：

1. 化學層次（chemical level）：是人體組成的最低層次，包括維持生命所必需的所有化學元素，此化學元素以不同方式組合成許多化學化合物。人體內有26種化學元素，其中氧、碳、氫、氮便占了96%，其他尚包括鈣、磷及一些微量元素。

2. 細胞層次（cellular level）：是由化學化合物組成，是生物體在構造上及功能上的基本單位。例如人體有肌肉細胞、神經細胞、血細胞等。

3. 組織層次（tissue level）：是由相同胚胎來源、功能相似的細胞及細胞間質所組成。人體內有上皮組織、結締組織、肌肉組織、神經組織等四種基本組織。

4. 器官層次（organ level）：是由兩種或兩種以上之不同組織所組成，具有特定形狀及功能。例如腦、心臟、肺、肝、胃、血管等。

5. 系統層次（system level）：是由具有共同功能之器官所組成。例如心臟血管系統具有運輸功能，是由心臟和血管等器官組成。

原子

分子

系統

細胞

組織

器官

人體

圖1-1　人體組成的層次，每個層次皆比前一個層次來得高級且繁雜。

6. 生物體層次（organismic level）：是指人體內所有的系統彼此配合，以行使功能而構成一生命體，是人體組成的最高層次。

恆定

　　當外界環境改變時，生物體在某一範圍內可保持相當穩定的狀態，此狀態稱為恆定（homeostasis）。它足以應付急劇變化的外在環境，為一種動態平衡。人體內恆定現象的維持主要受神經系統及內分泌系統控制。

　　內分泌系統的調控作用是藉由一種化學物質，激素（hormones），到血液中而達成；只有某些特定的器官才能對特定的激素起反應。神經則有纖維分部於其該調節的器官，當神經纖維受到刺激時，就會產生神經衝動，從神經纖維起點傳到所支配器官的肌肉或腺體，發揮調節作用，達到恆定的目標。

　　控制恆定的機轉至少包括了接受器（receptor）、控制中樞（control center），及動作器（effector）三個彼此關連的部分（圖1-2）。接受器能監測身體內、外環境的改變（即刺激），將訊息輸入控制中樞，而控制中樞是決定維持恆定的地方，它能分析輸入的訊息，然後做出適當的反應。反應由動作器輸出呈現，反應的結果再返回影響刺激。如果

對刺激的影響是抑制性的，則稱為負回饋；若是促進性的，則稱為正回饋。

圖1-2 控制系統的組成

正回饋機轉

在回饋機轉中，當動作器受刺激而反應時會增強原來刺激者，稱為正回饋機轉（positive feedback mechanism）。例如分娩時，胎兒由母體子宮下降至產道，使子宮頸壓力升高，刺激了壓力接受器，將神經衝動傳至腦部，促使催產素（oxytocin）的分泌及釋放。催產素經由血液運送至子宮，促使子宮肌層收縮，催產素分泌越多，子宮肌層收縮會越厲害，直至嬰兒生下為止。

負回饋機轉

當接受器偵測到偏離設定值時，會將訊息傳至控制中樞，使動作器依刺激產生的反應結果與刺激強度相反，即為負回饋機轉（negative feedback mechanism）。人體恆定現象之維持大部分是靠負回饋機轉。例如體溫、血糖、大部分荷爾蒙等的調節皆屬於負回饋機轉，而胰臟分泌荷爾蒙來調節血糖濃度是最好的例子（圖1-3）。

剛進食甜點 → 血糖濃度上升 → 刺激 → 胰臟分泌胰島素 → 增加細胞對血糖的利用 / 加速血糖儲存於肝及肌肉 → 血糖濃度下降

空腹未進食 → 血糖濃度下降 → 刺激 → 胰臟分泌升糖素 → 分解肝醣成葡萄糖 → 血糖濃度上升

說明：進食造成血糖上升，空腹造成血糖下降，身體便以負回饋的方式維持正常血糖濃度的恆定。

圖1-3 胰臟分泌荷爾蒙調節血糖濃度的負回饋機轉

自我測驗

(　) 1. 回饋機轉中，當動作器受刺激而反應時會增強原來刺激者，稱為　(A) 加強回饋機轉　(B) 減弱回饋機轉　(C) 正回饋機轉　(D) 負回饋機轉

(　) 2. 人體構造組成中的最低層次是：　(A) 生物體階段　(B) 系統階段　(C) 細胞階段　(D) 化學階段

(　) 3. 構成生物的基本單位，亦是生命最小單位的是：　(A) 細胞　(B) 細胞膜　(C) 粒線體　(D) 組織

(　) 4. 胰臟分泌荷爾蒙來調節血糖濃度是　(A) 加強回饋機轉　(B) 減弱回饋機轉　(C) 正回饋機轉　(D) 負回饋機轉

(　) 5. 下列那兩種系統來維持身體內、外的恆定？　a.消化系統　b.神經系統　c.循環系統　d.內分泌系統　(A) ab　(B) bc　(C) cd　(D) bd

(　) 6. 控制恆定的機轉至少包括了　a.接受器　b.分析器　c.控制中樞　d.動作器　(A) a＋b＋c　(B) a＋c＋d　(C) b＋c＋d　(D) 以上皆是

解答：

1. (C)　　2. (D)　　3. (A)　　4. (D)　　5. (D)　　6. (B)

第二章　**生命的化學物質**

任何生物體均是由無生命的分子所組成（例如水分子、醣類分子），而分子則由元素（element）所構成，這些元素在體內不斷進行化學反應，合成了化合物，最後演化成生命過程中最基本的單位──細胞。因此元素與生命起源有密切的關係。

元素與原子──結構、鍵結

元素

無法再進一步分解的物質，我們稱為元素（element）。從H（氫）到Uuo目前已知的元素為118種，其中92種是天然存在的，其餘則由人工合成。人體基本上是由26種元素所構成，其中氧、碳、氫、氮即占了體重的96%，鈣和磷占了3%，其餘的20種微量元素，如矽、銅、鋅、硒、鈷、鎘、鉻、鋁等約占1%，其含量雖少，但也參加了體內多項重要的生理功能。由表2-1可知人體組成的元素及功能。每一元素均有一化學符號代表，為國際科學家們所承認之縮寫。

表2-1　組成人體的化學元素及其功能

化學元素	化學符號	占體重百分比	功　能
氧	O	65.0	• 體內化學物質的主要組成分子 • 細胞內利用氧進行呼吸作用，為細胞產生能量所必需的物質 • 人體內最多的元素
碳	C	18.5	• 構成有機分子的主要成分
氫	H	9.5	• 水和體內大部分化合物的組成分子 • 以離子狀態存在時，可影響體液的pH值
氮	N	3.2	• 構成核酸與蛋白質的主要成分
鈣	Ca	1.5	• 以鈣鹽的形式構成骨骼及牙齒 • 參與細胞分裂、細胞運動、細胞膜上物質的進出、血液凝固、肌肉收縮、神經衝動傳導等多項生理功能
磷	P	1.0	• 以磷酸鈣鹽的形式構成骨骼及牙齒 • 構成核酸、蛋白質、ATP、c-AMP的成分
鉀	K	0.4	• 細胞內的主要陽離子 • 在細胞膜內外的進出，造成細胞膜電位的改變，因而影響神經的傳導及肌肉的收縮

（續）

化學元素	化學符號	占體重百分比	功　　能
硫	S	0.3	• 構成肌肉細胞中收縮蛋白的成分
鈉	Na	0.2	• 細胞外液的主要陽離子 • 是肌肉收縮、神經傳導及維持血液滲透壓的重要因子
氯	Cl	0.2	• 細胞外液的主要陰離子 • 與膜的功能及水分的吸收相關
鎂	Mg	0.1	• 構成體內輔酶的成分
鐵	Fe	0.1	• 組成血紅素所必需
碘	I	0.1	• 構成甲狀腺素的重要成分

原子

　　元素都是由原子（atom）所構成，兩者命名均相同，如碳原子構成碳元素（圖2-1），原子則是由原子中心的原子核和周圍的電子群所組成。原子核包含帶正電的質子（proton, p^+）和不帶電的中子（neutron, n^0），而電子群則為帶負電的電子（electron, e^-）。原子所具有的原子序即為質子數量，而原子量等於質子數量加中子數量，因為電子幾乎沒有重量；例如C_6^{12}，原子序＝質子數量＝6，所以中子數量即為$12-6=6$。鋁$_{13}^{27}$，原子量＝27，原子序＝質子數＝13，中子數＝14。

　　一個元素的原子所含的質子數目永遠等於電子數目，使原子呈電中性。當原子之間相結合或分離，使原子之間的鍵結形成或破壞的過程，稱為化學反應，在反應過程中使原子獲得或失去電子，則正負電荷平衡消失。若獲得一個電子，總電荷為一個負電荷；若失去一個電子，總電荷則為一個正電荷。這種帶正電或負電的原子稱為離子（ion）。因此，這些新的分子產生，使人體細胞內不斷地持續進行著化學反應。

圖2-1　碳原子的結構

分子與化合物

　　兩個以上的原子經由化學反應結合形成分子，一個分子可由兩個相同的原子組成，例如氧分子（O_2），亦可由兩個不同的原子反應形成，例如氯化鈉（NaCl）。由不同原子組成的分子即為化合物。分子中的原子之間是由化學鍵所結合，而化學鍵又可分為下列三種：

離子鍵

　　不同電荷之間會互相吸引，因此，帶正電的離子會與帶負電的離子相吸引，這種帶電荷的原子相互結合形成分子的力量，即為離子鍵（ionic bond），例如$Na^+ + Cl^- \rightarrow NaCl$（圖2-2）。

共價鍵

　　當原子結合時，既不失去電子也不獲得電子，而是兩個原子共用一個、兩個或三個電子，共用配對之間的鍵結稱為共價鍵（covalent bond）。共有的電子繞著兩個原子核運轉，使原子核外層能階都充滿電子。如圖2-3之氫（H_2）、氧（O_2）、二氧化碳（CO_2）皆為共價鍵。

氫鍵

　　氫鍵（hydrogen bond）類似離子鍵，但連結的強度更弱，只有共價鍵的5%。氫原子通常與氧或氮原子間形成離子鍵或共價鍵，結合後，微弱陽性的氫離子會被附近帶負電的原子或離子所吸引，氫鍵通常太弱，無法將分子繫在一起，但可造成鄰近分子間的顯著吸引力，例如：水分子中的H^+氫離子會被鄰近的氧原子O^-吸引，而產生氫鍵（圖2-4）。故可在分子間擔任橋樑的角色。因此，在大的分子如蛋白質、核酸中，氫鍵可使原子間形成暫時性的鍵結，但因大分子可能同時含有數百個氫鍵，反而形成相當強而穩定的鍵結。

放射性同位素

　　元素的原子化學性質相同，而原子質量不同者稱為同位素（isotope）。每一元素之同位素所含的質子數相同，但中子數不同，因此其原子量各異。以碳$^{12}_6C$為例，表示碳原子含六個中子，而質子數是六個；如果是$^{14}_6C$，表示質子六個，中子為八個，此為同位素。因此，碳的同位素$^{12}_6C$及$^{14}_6C$，左上角數字代表各同位素的原子量，左下角數字6則代表相同的質子數。

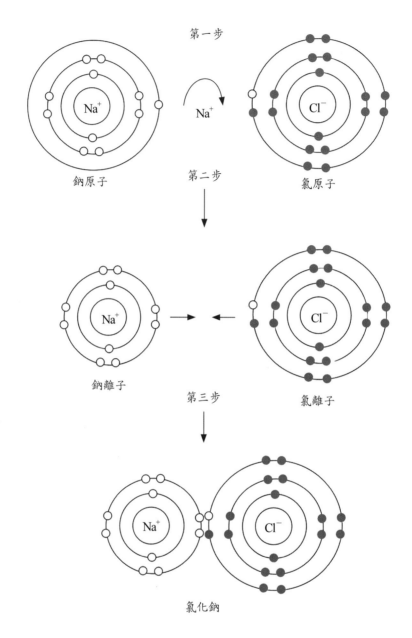

第一步

第二步

第三步

鈉原子

氯原子

鈉離子

氯離子

氯化鈉

第一步：當鈉原子失去電子後，其電子數比質子少，為帶有正電的陽離子。

第二步：得到電子的氯原子，電子數比質子多而成為帶負電的陰離子。

第三步：陽離子和陰離子會彼此吸引，形成離子化合物「氯化鈉」。

圖2-2 離子鍵的形成

氫原子（H）　氫原子（H）
（一氫分子是由二氫原子共有其電子，此為單一共價鍵。）

H–H（H₂）

氧原子（O）　　氧原子（O）
（一氧分子含有二氧原子，每一原子共有二電子，此為雙共價鍵。）

O＝O（O₂）

氧原子（O）　　碳原子（C）　　氧原子（O）
（二氧化碳分子中，中央的碳原子與一對氧原子形成雙共價鍵）

O＝C＝O（CO₂）

圖2-3　共價鍵

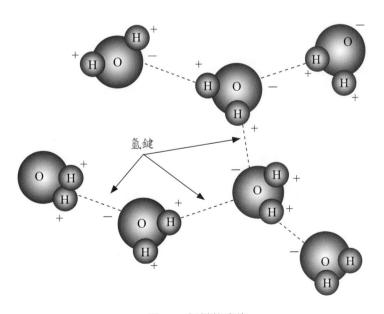

氫鍵

圖2-4　氫鍵的產生

很多元素中較重之同位素不穩定，它們會不斷的由原子核中發射出高能的 α、β、γ 粒子，改變其原子核的結構，使之趨於穩定。這種原子衰變的過程稱為放射性。具有放射性的同位素失去一半放射性所需的時間即為半衰期（half life）。因為放射性可由掃描器或其他偵測器測得，因此放射性同位素（radioisotopes）可作為生物醫學研究的工具，亦可應用於臨床之診斷和治療。

臨床指引：

鈷 $^{54}_{27}Co \rightarrow ^{58}_{27}Co$ 半衰期71天，可用於偵測維生素B之腸管吸收情形；鉻 $^{48}_{24}Cr \rightarrow ^{51}_{24}Cr$ 半衰期28天，可用於偵測個體之血量；利用碘 $^{126}_{53}I \rightarrow ^{131}_{53}I$ 半衰期8天，於注射後，經甲狀腺掃描，可測得甲狀腺影像，此為核子造影術（nuclear imaging）。2011年3月12日在日本福島核電廠因地震引起大量核輻射外洩，其中銫137半衰期30年，累積在體內能產生癌變。所以該地區附近的農牧魚產品因有銫137汙染而不可食用。

化學反應

化學反應是指原子之間的鍵結生成或斷裂，原子經重新排列，形成新的分子。體內通常有四種基本的化學反應模式。

合成反應

兩個或兩個以上的原子、離子或分子結合形成一個新的大分子之過程，稱為合成反應（synthesis reaction），亦即同化作用。例如胺基酸分子結合成蛋白質、葡萄糖分子結合成肝醣、鈉與氯結合成氯化鈉等皆為同化作用。若寫成簡單的程式即為：$A + B \rightarrow AB$。

分解反應

一個大分子被分解成較小的原子、離子或分子的過程，稱為分解反應（decomposition reaction），亦即異化作用。例如食物分子的消化、肝醣分解成葡萄糖等。若寫成簡單的程式即為：$AB \rightarrow A + B$。

交換反應

交換反應（exchange reaction）是指部分合成、部分分解的反應。例如攜帶二氧化碳的還原血紅素與氧氣作用，產生攜帶氧分子的氧合血紅素與二氧化碳。若寫成簡單的程式即為：$AB + CD \rightarrow AC + BD$ 或 $AD + BC$。

可逆反應

　　化學反應後的終產物可再變回原先的反應分子，稱為可逆反應（reversible reaction），其發生原因是因反應物與終產物皆不穩定所致。例如ADP與ATP之間的變化即屬此種反應。若寫成簡單的程式即為：$A + B \leftrightarrows AB$。

無機化合物

　　無機化合物不同時含有碳及氫原子為主要結構元素，分子通常體積較小，而且彼此間以離子鍵結合（水例外，以共價鍵結合）。人體內的無機化合物，包括水、酸、鹼及鹽類。

水

　　水是體內含量最多也是最重要的無機化合物，它約占體重的2/3，廣布於身體各處（除牙齒琺瑯質及骨骼外）。水在身體中的效用如下：

1. 是良好的溶劑：大部分的物質均可溶於水中，所以水是體內的主要運送介質。例如營養物質、呼吸氣體、代謝廢物等皆可溶於血漿中帶往身體各處。體內的許多大型有機分子可懸浮於細胞內之水中，與其他的化學物質接觸來進行各種必要的化學反應。

2. 參與體內的生理反應：食物中大分子的分解作用以及小分子的合成作用，皆需水的參與。

3. 參與體溫的調節：水的比熱較高，需吸收大量的熱來增加溫度，也需放出大量的熱來降低溫度。而水有氫鍵，所以加熱或冷卻會比較緩慢。因此，體內大量的水可調解因內外環境變化所造成的體溫改變，以維持體溫的恆定。

4. 具有良好的冷卻功能：水由液體蒸發成氣體時，需要大量的熱能。因此，人在排汗時，會帶走許多熱能，而具備了很好的冷卻功能。

5. 潤滑劑及保護墊：體內的黏液、漿液、潤滑液的主要成分皆為水。運動時，潤滑劑可減少相鄰器官間的摩擦。而腦脊髓液圍繞著腦和脊髓則具有保護作用。

酸、鹼及鹽類

　　體內的無機酸、無機鹼或無機鹽類分子溶於水中時，會分解成離子，這種溶液會導電，因此其中的粒子稱為電解質（electrolytes）。物質若可分解成一個以上的氫離子（H^+）或陰離子則稱為「酸」（acid），其為質子的供應者。若物質分解成一個以上的氫氧離子（OH^-）或陽離子則稱為「鹼」（base），其為質子的接受者。酸與鹼反應會形成鹽，鹽

類（salt）的離子是許多基本化學元素的來源。體內的鹽類很多，其存在於細胞內及體液中。

體液內的重要電解質，陽離子有鈉離子（Na^+, sodium）、鉀離子（K^+, potassium）、鈣離子（Ca^{2+}, calcium）、鎂離子（Mg^{2+}, magnesium）；陰離子有氯離子（Cl^-, chloride）、重碳酸根離子（HCO_3, bicarbonate）、磷酸根（PO_4^{3-}/HPO_4^{2-}, phosphate/biphosphate）、硫酸根（SO_4^{2-}, sulfate）。

供應人體重要化學丙元素的鹽類有：

1. 氯化鈉（NaCl）$\rightarrow Na^+ + Cl^-$。
2. 氯化鉀（KCl）$\rightarrow K^+ + Cl^-$。
3. 氯化鈣（$CaCl_2$）$\rightarrow Ca^{2+} + 2Cl^-$。
4. 碳酸氫鈉（$NaHCO_3$）$\rightarrow Na^+ + HCO_3^-$。
5. 氯化鎂（$MgCl_2$）$\rightarrow Mg^{2+} + 2Cl^-$。
6. 碳酸氫二鈉（Na_2HPO_4）$\rightarrow 2Na^+ + HPO_4^{2-}$。
7. 硫酸鈉（Na_2SO_4）$\rightarrow 2Na^+ + SO_4^{2-}$。

有機化合物

有機化合物除了含有碳及氫等主要結構外，有時也含有氧原子。有機化合物分子間是以共價鍵結合成大分子。因為不易溶於水，所以是身體結構的組成單位。當分子間的共價鍵被破壞時，可釋出巨大能量供人體利用。有機化合物主要包括了碳水化合物、脂肪、蛋白質三大類。

碳水化合物

體內的有機化合物有一大部分是碳水化合物（carbohydrate），其組成元素為碳、氫、氧，其中氫、氧比例和水相同為2：1。因此除了少數例外，碳水化合物的一般分子式為$C_n(H_2O)_n$，$n \geq 3$。碳水化合物依其分子大小可分成單醣類$C_6H_{12}O_6$（葡萄糖、果糖）、雙醣類$C_{12}H_{22}O_{11} + H_2O$（蔗糖、乳糖、麥芽糖）及多醣類$(C_6H_{10}O_5)_n$（澱粉、肝醣、菊糖）。

碳水化合物是人類基本攝取的食物，經消化系統迅速吸收後，大部分經合成作用轉變為肝醣儲存於肝臟及骨骼肌中。當身體需要能量時，肝醣便迅速分解成葡萄糖，經血液輸送至組織細胞中繼續分解，一分子葡萄糖完全分解可產生38個ATP（腺核苷三磷酸）來供應能量，故葡萄糖是體內最主要的能量來源。同時，在特殊的生理狀況下，碳水化合物亦可在肝臟經生化反應轉換成脂肪或蛋白質，當作建造或修補身體組織架構的材料

（圖2-5）。

圖2-5　碳水化合物。A.單醣類；B.雙醣類；C.多醣類分子（肝醣）。

脂肪

　　脂肪（lipid）是由甘油及脂肪酸組成。多數脂質不溶於水，但易溶於酒精、氯仿、乙醚等溶劑中。依脂肪分子中碳原子鍵結形式來區分，可分成不飽和脂肪及飽和脂肪兩種（圖2-6）。不飽和脂肪碳原子結構間有雙鍵存在，未被氫原子完全飽和，一般均存在於植物中，例如橄欖油、花生油、玉米油、葵花子油、芝麻油、黃豆油等。飽和脂肪碳原子結構間皆為單一共價鍵，鍵結皆被氫原子飽和，多存在於動物性食物中，例如肉類製品、牛油、豬油、雞油等。飽和脂肪極易於肝臟中轉變成膽固醇，膽固醇過多時會引起心臟血管疾病。因此，過胖及心臟血管疾病患者應少食用動物性食物，多攝取蔬菜、水果。

　　脂肪在人體內的含量約占體重的12%，大部分的脂肪儲存於全身的組織器官中，具絕緣、隔熱的效果，可減少體內熱量的散失。脂肪的柔軟度亦佳，是組織器官良好的保護墊。脂肪也是人體的能量儲存庫，當體內碳水化合物耗盡時，細胞就開始燃燒脂肪，產生能量以維持生命（表2-2）。

　　臨床指引：

　　　　有些分子的組成完全一樣，但是原子排序在空間的方向不同，這種分子稱為立體異構物（stereoisomers），可分為右旋異構物與左旋異構物，就好像人體的左右手一樣。左旋可與胺基酸結合，右旋可與醣類結合，這種些微的結構差異十分重要。如孕婦服用的沙利竇邁（thalidomide），左旋異構物可當鎮靜劑使用，右旋異構物則會影響胚胎發育，導致胎兒缺陷。以前孕婦服用沙利竇邁導致胎兒畸形，現在則用此藥來治療痲瘋病及AIDS。

不飽和脂肪：鍵結中有雙鍵存在　　　　　飽和脂肪：鍵結中無雙鍵存在，只有單一共價鍵

圖2-6　飽和及不飽和脂肪的構造特徵

表2-2　人體內存在的脂肪形式

脂肪形式	存在位置與生理功能
中性脂肪	在皮下組織及器官周圍，具有支持、保護、絕緣的功能且為能量來源
磷脂類 • 卵磷脂 • 腦磷脂	• 是細胞膜的主要成分，組成胞漿 • 是神經組織的重要成分
類固醇 • 膽固醇 • 膽鹽 • 維生素D • 性荷爾蒙 • 腎上腺皮質素	• 存在於細胞、血液、神經組織中，是膽鹽、維生素D及類固醇激素的前驅物質 • 由肝臟釋出至消化道，以助脂肪的消化和吸收，為吸收脂溶性維生素A、D、E、K所必需 • 紫外線照射皮膚所產生，與骨骼的生長與修復有密切關係 • 為性腺所分泌，是正常生殖功能所必需 • 可維持正常血糖、調節鹽類及水分的平衡
其他類脂質物質 • 胡蘿蔔素 • 維生素E • 維生素K • 攝護腺素 • 脂蛋白	• 在蛋黃、胡蘿蔔、番茄等食物中，是維生素A的前驅物質。維生素A可轉變成網膜素，與視覺有關 • 在麥芽及綠色的葉菜中，具有抗氧化的功能，可防止細胞結構與功能的異常，亦能促進傷口癒合 • 除了食物中有以外，尚可由腸內細菌作用產生，可促進血液凝固，為合成部分凝血因子所必需 • 存在於細胞膜中，但生理功能多樣化，包括促進子宮收縮、影響血管收縮、調節新陳代謝、調節胃液分泌、抑制脂肪分解等 • 有高、低密度脂蛋白，能在血液中運輸脂肪酸和膽固醇

蛋白質

　　蛋白質（protein）含量占人體重20%，是由胺基酸所構成。常見的胺基酸有20種，人體的必需胺基酸不能自行合成，必須仰賴食物提供。蛋白質在體內擔任重要功能，例如組成遺傳物質、構成細胞結構、參與防衛作用、維持細胞內的酸鹼度等。在不適當的溫度及酸鹼值下，蛋白質會變性而失去活性，因此，當體內溫度失調或酸鹼值改變時，體內蛋白質的活性會降低，繼而影響生命。

蛋白質與核酸

蛋白質結構

蛋白質以胜肽鍵（peptide bond）將兩個胺基酸連接起來，多胜肽鏈（poly peptides）可接幾百個胺基酸，其具有四種層次的結構組態（圖2-7）。

1. 初級結構：組成蛋白質的胺基酸，按照特定的順序，成線狀排列。例如血型蛋白。

2. 次級結構：線狀的多胜肽分子沿二度空間纏繞成螺旋狀。屬纖維性蛋白質，不溶於水。例如胰島素分子。

3. 三級結構：是由次級結構再纏繞成三度空間的球狀蛋白質，可溶於水。若加熱，三度空間結構就被破壞而鬆開，形成混亂無次序的結構，而使蛋白質失去活性，此為變性。例如肌紅素分子。

4. 四級結構：兩個或兩個以上的三級結構蛋白質相互作用所形成更複雜的蛋白質。例如圖2-7的血紅素分子。

A

B

C

D

圖2-7 蛋白質的構造。A.初級結構；B.次級結構；C.三級結構（肌紅素分子）；D.四級結構（血紅素分子）。

蛋白質分類

蛋白質是許多身體細胞的構造成分，且與許多生理活動有關。依功能分類有下列六種：

1. 結構性蛋白質：構成身體的架構，例如結締組織中的膠原蛋白、指甲、皮膚之角蛋白。
2. 調節性蛋白質：以荷爾蒙形式調節生理功能，例如可促進生長的生長激素；胰島素、升糖素。
3. 收縮性蛋白質：作為肌肉組織中的收縮成分，例如肌動蛋白、肌凝蛋白。
4. 免疫性蛋白質：作為抗體，以抵抗入侵的微生物，例如 γ 球蛋白。
5. 運輸性蛋白質：運送物質至全身，例如血紅素在血液中運送氧及二氧化碳。
6. 分解性蛋白質：以酶為生化反應，例如唾液澱粉酶可將多醣類分解成雙醣類。

核酸

核酸（nucleic acid）在細胞核內，含有元素碳（C）、氫（H）、氧（O）、氮（N）和磷（P）的大分子有機化合物，具有去氧核糖核酸（deoxyribonucleic acid; DNA）及核糖核酸（ribonucleic acid; RNA）兩類。我們的遺傳基因（gene）是由DNA所組成。因此DNA存有遺傳密碼資料，並和RNA一起來執行細胞內蛋白質的合成。有關DNA與RNA之異同說明請見表2-3。

表2-3　DNA與RNA的比較

比　較	DNA	RNA
分布	大部分在細胞核的染色體，少量見於粒線體、中心粒	90%在細胞質，10%在核仁
構造	雙股螺旋狀	單股直線狀
五碳糖	去氧核糖	核糖
氮鹼基	• 腺嘌呤（A）、鳥嘌呤（G）、胸嘧啶（T）、胞嘧啶（C） • A與T配對，C與G配對	• 腺嘌呤（A）、鳥嘌呤（G）、尿嘧啶（U）、胞嘧啶（C） • A與U配對，C與G配對
功能	是遺傳訊息儲存所在，控制生殖、生理，並進行轉錄作用	進行轉譯作用，控制蛋白質的合成

構成核酸的基本單位是核苷酸，單一核苷酸有三個基本單位組成，即五碳糖、氮鹼

基（nitrogen base）和一個磷酸根（phosphate group）（圖2-8）。

1. 五碳糖：分為核糖（組成RNA）及去氧核糖（組成DNA）。

2. 氮鹼基：有腺嘌呤（adenine）、鳥嘌呤（guanine）、胸嘧啶（thymine）、胞嘧啶（cytosine）及尿嘧啶（uracil）。尿嘧啶（U）只存在於RNA；胸嘧啶（T）則侷限於DNA中。氮鹼基附著於五碳糖上即造成核苷（nucleoside），其名稱則是根據所含的氮鹼基而來，例如附著有腺嘌呤（A）的稱為腺嘌呤核苷（圖2-9）。

3. 磷酸根：磷酸根結合到核苷的五碳糖上即形成核苷酸。

圖2-8　核酸之構造

圖2-9　DNA 的構造。由雙股組成，中間有橫木，扭曲成雙螺旋狀。階梯的垂直部分
　　　　含有彼此相間的磷酸根與核苷酸的去氧核糖部分，階梯的橫木含有一對以氫
　　　　鍵相結合的氮鹼基。

自我測驗

（　）1. 細胞內最多的游離陽離子及細胞外液中最多的游離陰離子各為？　(A) K^+，HCO^-　(B) Ca^{++}，HCO^{3-}　(C) K^+，Cl^-　(D) Na^+，Cl^-

（　）2. 鈣離子的生理功能不包括：　(A) 促使肌肉收縮　(B) 維持骨質的密度　(C) 活化鈉鉀幫浦　(D) 促使神經傳遞物釋放

（　）3. 細胞進行異化作用之主要目的，是不斷地提供細胞活動所需之何種東西？　(A) 簡單有機養分　(B) 水分　(C) 能量　(D) 無機鹽類

（　）4. 日常食物中，何種物質是主要的能量來源？　(A) 醣類　(B) 蛋白質　(C) 脂肪　(D) 維生素

（　）5. 下列那一項氮鹼基不存在於RNA 分子中？　(A) 胞嘧啶　(B) 鳥嘌呤　(C) 腺嘌呤　(D) 胸嘧啶

（　）6. DNA是由核苷酸所組成，每一分子核苷酸是由下列何項之化學物質組成？　a.磷酸根　b.氮鹼基　c.五碳糖　d.六碳糖　e.醛基　(A) abc　(B) bcd　(C) cde　(D) ade

（　）7. 對於DNA 的敘述，下列何者正確？　a.基因之成分　b.為雙股螺旋狀　c.二條鏈間藉共價連接　d.由許多核糖核苷酸彼此以共價鍵連成　e.有細胞複製及細胞功能的遺傳訊息　(A) abc　(B) abd　(C) abe　(D) bcd

（　）8. 化學結構上屬於多醣類的是：　(A) 澱粉　(B) 乳糖　(C) 麥芽糖　(D) 葡萄糖

（　）9. 下列何者每單位重量產熱量最高？　(A) 蛋白質　(B) 脂肪　(C) 糖　(D) 礦物質

（　）10. DNA中含有四個不同的氮鹼基，它們是腺嘌呤（A）、鳥嘌呤（G）、胸嘧啶（T）、胞嘧啶（C），在形成雙螺旋氮鹼基的配對時，下列何者正確？　(A) A配T、C配G　(B) G配T、A配C　(C) A配A、C配G、T配T　(D) G配T、A配A、C配C

解答：

1.(C)　2.(C)　3.(C)　4.(A)　5.(D)　6.(A)　7.(C)　8.(A)　9.(B)　10.(A)

第三章　細胞生理學

細胞構造

　　細胞是人體內最小的生命單位，其內部是個複雜的化學工廠，可以製造許多維持生命所必需的化學物質。由於構成人體的各類細胞，其大小、形狀、內容物及功能等，皆有其差異性，為了便於敘述細胞的構造，我們以典型的細胞構造來探討。細胞中央有細胞核，核外充滿了半液體狀的細胞質，胞器散布在細胞質中，細胞質的外面是細胞膜（圖3-1）。

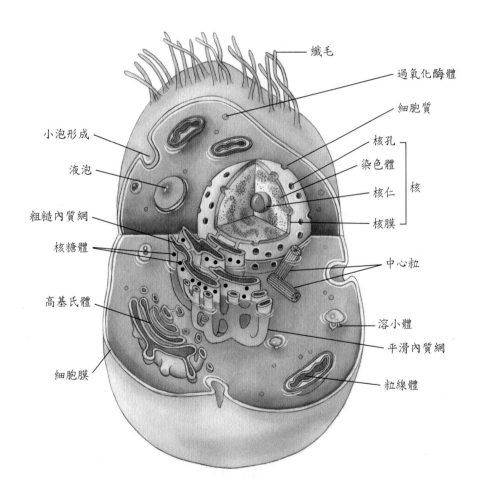

圖3-1　典型細胞構造圖

細胞膜

　　細胞膜是將細胞內（細胞質）與細胞外分開的膜，此膜極薄且脆弱，大約由55%蛋白質、25%磷脂質、13%膽固醇、4%各種脂質和3%碳水化合物所組成。雙層的磷脂質是細胞膜的基本架構，每個磷脂質分子有兩條脂肪酸鏈附著於磷酸根頭端（圖3-2）。氧及二氧化碳等脂溶性分子能通過此磷脂質雙層構造，但是胺基酸、糖、蛋白質、核酸等水溶性分子則不能通過。而膜膽固醇可增加細胞膜的穩定性，防止磷脂質的聚集而使細胞膜含有水。

親水極性頭

厭水非極性尾

醣脂質

醣鏈

膜外表面

醣蛋白

蛋白質分子
（本體蛋白質）

膜內表面

磷脂質雙層

膽固醇

細胞骨架絲

圖3-2　細胞膜的構造

　　細胞膜的蛋白質可分為本體蛋白質（integral protein）及周邊蛋白質（peripheral protein）兩類。本體蛋白質可位於或靠近內外膜表面，亦可整個以球狀或不規則形貫穿整個細胞膜（如圖3-2）；而周邊蛋白可藉由許多方式附著於膜的表面，可作為酵素。

　　細胞膜是動態的構造，嵌鑲在膜上的蛋白質像飲料杯中的冰塊一樣，可隨時變更位置。以其化學性質及構造來探討細胞膜在生理上的功能如下：

1. 是物理上的屏障：它可包住細胞內容物，使其與細胞外液及其他細胞相隔離。
2. 是外來訊息的接收站：細胞膜上的醣蛋白通常是接收器的位置，使細胞能識別同

類細胞或外來物質，進而接納或排斥。例如：血型相容時接納及器官移植的排斥。

3. 是構造上的支持者：能使相鄰細胞間或細胞和其他構造間相連結，形成穩定的三度空間結構。

4. 是代謝上的障壁：為具有選擇性通透性的半透膜，可調節物質的進出。

5. 完整性：細胞膜的完整性是細胞生命的必要條件。

細胞質

細胞質位於細胞膜與細胞核之間的物質，也稱為胞漿，是一種黏稠的半透明液體，其中水分佔了75～90%，其餘尚有蛋白質、脂質、碳水化合物及無機鹽類等固體成分。無機鹽類與大部分的碳水化合物溶於水中而成為溶液。

散布於細胞質中的大型顆粒有：中性的脂肪球滴、肝糖顆粒、核糖體、分泌性顆粒；其中有四種重要胞器（organelles）：內質網、高基氏體、粒線體及溶小體等。

胞器

胞器是散布在細胞質中的微小構造體，這些特化的微小構造，各具形態上的特徵，在細胞上的生長、維持、修補、控制等方面分別擔任重要的角色（表3-1）。

表3-1　胞器功能

胞器名稱	扼要功能
• 核糖體	• 鐵蛋白質
• 粗糙內質網	• 儲存及合成蛋白質
• 平滑內質網	• 合成脂質及類固醇
• 高基氏體	• 包裝、運送及分泌
• 粒線體	• 有氧細胞呼吸
• 溶小體	• 分解、消化
• 過氧化酶體	• 減少過氧化氫之傷害
• 細胞骨骼	• 支撐細胞形狀
• 中心體	• 細胞分裂
• 鞭毛與纖毛	• 細胞運動

核糖體

核糖體（ribosome)是由核糖體核酸（r-RNA）與核糖蛋白以2：1的比例組成，為細小的顆粒，DNA與RNA在此合成身體所需的蛋白質。

內質網

內質網（endoplasmic reticulum; ER）是細胞質中一系列複雜的小管狀結構，與核膜相連續。具有運輸功能，是細胞內的循環系統。核糖體合成的蛋白質可儲存於內質網，待需要時才送至高基氏體包裝或釋放至細胞外。

內質網分為表面附有核糖體顆粒的粗糙內質網（rough ER），和表面沒有核糖體粗糙顆粒附著的平滑內質網（smooth ER）兩類，如圖3-3。無顆粒性內質網，雖不含核糖體，但含有脂質代謝所需的酵素，可合成中性脂肪及類固醇激素。

高基氏體

由義大利科學家Camillo Golgi第一個發現其存於細胞中而命名的。此體是由4～8個大的扁平膜性囊所構成，位於細胞核附近。扁囊排列緊密且平行呈疊盤狀，如圖3-4。

圖3-3　內質網的立體形態模式圖　　　　　圖3-4　高基氏體

高基氏體具有處裡、分類、包裝、運送、分泌蛋白質的功能，其作用過程如圖3-5。核糖體合成的蛋白質先運送至粗糙內質網，蛋白質被粗糙內質網所形成的小泡包起來，離開內質網送往高基氏體，經高基氏體的扁囊作用，被分類包裝成小泡，有些小泡變成分泌顆粒，移至細胞膜邊，經胞泄作用送出細胞外。故高基氏體是包裝、分泌部門。

高基氏體包裝、分泌由內質網送來的蛋白質、醣蛋白及脂質等，有的小泡所攜帶的內含物含有特別的消化酶，若保存於細胞質內即成溶小體（lysosome）。所以，分泌黏液能力很強的細胞，皆具有發達的高基氏體及粗糙性內質網。

圖3-5　高基氏體進行分類、包裝、運送、分泌的過程

粒線體

　　粒線體（mitochondria）是由兩層雙脂層的膜所圍成的橢圓形或圓形的構造（如圖3-6），兩層間有液體隔開。外膜光滑，內膜則有許多稱為峭的皺褶，峭上富含合成腺核苷三磷酸（ATP）所需的酶藉以產生高能量的ATP，故有細胞的發電廠之稱。

　　粒線體產生ATP的方式稱為有氧代謝，即細胞呼吸作用。來自消化系統的葡萄糖分解成丙酮能進入粒腺體，同時肺中氧氣也運送至細胞的粒腺體，兩者作用後產生二氧化碳、水及ATP；水及二氧化碳會離開細胞。所以粒線體有氧呼吸作用簡單就是：醣＋氧＝二氧化碳＋

圖3-6　粒線體

水＋ATP。也因為有氣體交換，所以粒線體就是有氧細胞及呼吸的地方，故粒線體對缺氧最敏感。通常一分子的葡萄糖經粒線體代謝後可產生38個ATP。ATP是生物使用的能量來源，粒線體利用有氧代謝提供細胞近95%的能量。

　　粒線體可自行複製，複製過程是由粒線體內的DNA控制。自行複製時細胞需ATP的量增加。

溶小體

溶小體（lysosomes）是由高基氏體所形成，為內含強力消化酶的小囊泡。當微生物侵入人體細胞時，溶小體的膜會被活化釋出消化酶，以分解微生物，如吞噬細菌的白血球即含有大量的溶小體，故溶小體有細胞內的消化系統之稱。

當細胞受傷或死亡時，溶小體也會釋出酶，促使細胞分解，是為自體分解（autolysis），所以有人稱溶小體為自殺小包。

臨床指引：

若服用過量的維生素A會使溶小體活性增加，使骨骼組織的破骨（蝕骨）細胞分泌酶來溶解骨骼，因而易引起自發性骨折。缺乏溶小體是新生兒一種遺傳性疾病（Tay Sache disease），此病能使含導致細胞中的溶小體失去分解能力，嚴重時會導致新生兒死亡。

噬細胞的吞噬、分泌、胞飲作用等，但其伸出偽足則是靠微小管的幫忙。微小管也能形成鞭毛、纖毛、中心粒與紡錘體；微絲則能構成微絨毛；中間絲只是提供結構上的增強作用。

中心體與中心粒

中心體（centrosome）內有一對中心粒，每一個中心粒是（centrioles）由九個微小管三元體（三個一組）排列成環形結構（圖3-7），兩個中心粒之長軸互相垂直。中心體與細胞有絲分裂時染色體的移動有關，在有絲分裂之初，中心體會自行複製，然後成對的

中心粒

微小管

微小管三元體

圖3-7　中心粒

中心粒互相分離，形成有絲分裂紡錘絲的兩極，所以中心粒可控制紡錘體的形成。成熟的中樞神經細胞沒有中心體，故不能分裂。

鞭毛與纖毛

有一些細胞具有突起，可使整個細胞運動，或使一些物質沿細胞表面移動。如果突起的數目少且長，稱為鞭毛（flagella）。在人體內唯一具鞭毛的是精蟲細胞，可供細胞運動。如果突起的數目多且短，像毛髮一般，即為纖毛（cilia），如人類呼吸道的纖毛細胞可撥動黏在組織表面的異物顆粒。纖毛固著處的構造和中心粒一樣，有九組環繞的三元體（圖3-8）。

細胞核

細胞核（nucleus）多呈球形或卵圓形，是細胞內最大的胞器，內含有基因的遺傳因子，故為細胞運轉的主要控制中心。大部分細胞含有一個核，但有的細胞，像成熟的紅血球、血小板就沒有細胞核；像骨骼肌細胞就含有多個核。細胞核具有核膜、核仁及染色質等三種明顯構造（圖3-9）。

1. 核膜：是一雙層膜構造，細胞核藉此膜與細胞質隔開。每一層核膜皆與細胞膜類似，為磷脂質雙層結構。
2. 核仁：為球體構造，通常含有一或二個，沒有膜包圍，由DNA、RNA及蛋白質所組成。DNA控制RNA在核仁形成，RNA則控制蛋白質在細胞中的合成。
3. 染色質（chromatin）：為散布在核質中的顆粒性物質，是由DNA組成的遺傳物

圖3-8　纖毛的構造

圖3-9　細胞核的構造

質。細胞生殖前，染色質會變短並捲曲成桿狀體，稱為染色體（chromosomes），故染色體成分與染色質完全相同。人類細胞內含有23對（46條）染色體，但精子與卵子則各為23條染色體。而基因是染色體上的遺傳基本單位。

細胞生理學

細胞膜的通透性

細胞膜是具有選擇性通透性的半透膜，可調節物質的進出，其通透性的功能決定於：

1. 分子的大小：分子越小，越易通過。大分子則不易通過。
2. 在脂質中的溶解度：易溶於脂質的物質，如氧、二氧化碳及類固醇激素等易通過細胞膜。
3. 離子所帶的電荷：離子電荷與膜的電荷相反者，易通過細胞膜。所以各種離子的通透性容易度為：陽離子 > 中性離子 > 陰離子，亦即鈉離子比水或氯離子易通過細胞膜。
4. 載運體（攜帶體）分子的存在，可修正膜的通透性。例如葡萄糖類的大而不帶電的極性分子，即可利用運輸蛋白（亦屬本體蛋白）通過細胞膜。

被動運輸

物質通過細胞膜的機制有兩種，即被動運輸與主動運輸。被動運輸（passive transport）的特性是溶質分子由高濃度往低濃度方向移動，不需ATP供應能量，也不一定要在活體內進行。包括簡單擴散（simple diffusion）、促進性擴散（facilitated diffusion）、滲透（osmosis）、過濾（filtration）與透析（dialysis）作用。

簡單擴散

氣體或物質之分子或離子（溶質）由高濃度往低濃度移動，直到兩邊均衡後才會停止，但分子仍在持續活動（圖3-10A）。這種高、低濃度的差異，即為濃度梯度，由高濃度往低濃度進行的移動，即是濃度梯度運動。體內如氧、二氧化碳等脂溶性分子可直接穿過膜，在血液與肺之間擴散作氣體交換；而鈉、鉀、氯、水等非脂溶性小分子，則是通過由細胞膜本體蛋白所構成的小通道擴散，此種擴散無飽和性。

促進性擴散

促進性擴散又稱為協助性擴散或輔助性擴散、協助性擴散、易化擴散。與簡單擴散

類似，但在擴散過程中還需要細胞膜上的攜帶蛋白質協助，物質才能通過細胞膜。如葡萄糖，需藉本體蛋白擔任攜帶體，通過半透膜進入細胞質。不耗能量的由高濃度移向低濃度，直到平衡，但有飽和性且需在活體中進行（圖3-10B）。

A

B

圖3-10　通過細胞膜的擴散作用。A. 簡單擴散；B. 促進性擴散。

　　促進性擴散的速率比簡單擴散快得多，速率快的因素決定於：膜兩邊物質濃度的差異、可運送物質的攜帶體數量、攜帶體與物質結合的速率。葡萄糖經此種方法由血液擴散至細胞內，而胰島素可加速此促進性擴散。

滲透作用

　　滲透作用是指溶劑（水）由濃度（稀溶液）較高處，藉本體蛋白的離子通道通過半透膜，移向濃度（稠溶液）較低處的擴散作用，亦即水分子由水多的地方流向水少的地方。能阻止純水流向含有溶質的溶液所需之壓力，即為滲透壓；所以溶液中濃度越大（水少溶質多）者，滲透壓越大，也就是滲透壓與溶質濃度成正比。例如含蔗糖的溶液水較少，蔗糖分子大無法移出與純水間隔的半透膜，正常情況下，純水可進入水較少的蔗糖溶液來稀釋，而阻止純水過來稀釋的力量，就是蔗糖溶液的滲透壓。

　　人體的正常體液都是等張溶液，細胞置於其中能保持正常的形狀，如5%葡萄糖及0.9%的生理食鹽水濃度大約與細胞內液的總粒子濃度相同，所以兩者皆為等張溶液，但是只有0.9%的生理食鹽水與血漿滲透壓相同，它是真正的等張滲溶液，故輸血時只使用0.9%的生理食鹽水，而不用5%葡萄糖。

　　若細胞處於濃度低於0.9%的生理食鹽水之低張溶液中，細胞會因水的滲入而膨脹破裂，對紅血球而言，則是產生溶血（hemolysis）現象；若細胞處於濃度高於0.9%的生理

食鹽水之高張溶液中，細胞會因水分的滲出而皺縮（圖3-11）。

張　力	放入前	放入後
等張溶液		
低張溶液		
高張溶液		

註：● 表溶質；● 表水分子。

圖3-11　紅血球放入不同濃度的溶液所產生的結果

過濾作用

是指半透膜兩側的壓力差，導致溶液（包括溶劑及溶質）受壓力而由高壓區移向低壓區的作用。此過濾作用只要壓力差存在即會持續進行，例如腎臟的腎絲球即是利用輸入小動脈與輸出小動脈之間的壓力差，使葡萄糖、胺基酸、鈉離子等物質在腎絲球中過濾而流入腎小管中。

透析作用

是指不同分子有不同通透性，當分子進行擴散時，利用選擇性通透膜將不同通透性的分子分開，此過程稱為透析（dialysis）。此原理被應用於人工腎臟、腹膜透析上。

臨床指引：

血液透析（hemodialysis）是一種取代腎臟移除含氮廢物或鹽類的功能所採取的方法。腎臟因某種疾病而無法執行此項功能時，病人血液流過透析液後，血液中含氮的廢物或部分鹽類會在透析液中以擴散方式通過人造透析膜的孔，與其他血球或血漿蛋白分開而透析排出；血球及血漿蛋白則因其分子大無法通過，而再流回病人血液中。

主動運輸

　　主動運輸（active transport）的特性是溶質分子逆著濃度梯度，由低濃度移往高濃度，且需ATP供應能量。它不但需在活體中方可進行，也需要本體蛋白作為攜帶體的幫忙。

鈉─鉀幫浦

　　鈉─鉀幫浦（Na^+-K^+ pump）是細胞膜上的一種耗能的結構，它能主動將細胞外兩個鉀離子送入細胞內，而將三個鈉離子由細胞內送出細胞外，鈉鉀離子的交換比值是3：2，此時氯離子會被動跟著鈉離子跑到細胞外。鈉─鉀幫浦的整個過程是以主動運輸進行，必須消耗ATP供應的能量，主要消耗於鈉離子釋出時（圖3-12）。鈉─鉀幫浦在生理上的意義有下列三項：

圖3-12　鈉─鉀幫浦作用

1. 維持細胞內、外液正常的離子分布。
2. 是神經系統中訊號傳遞機轉的基礎。能使呈現過極化的神經細胞，回復為靜止時的極化狀態。
3. 能促使小腸黏膜上皮吸收葡萄糖、胺基酸、半乳糖。

吞噬作用

　　分子和離子在細胞內外移動必須透過細胞膜。然而細胞外之分子過於龐大，細胞膜亦可用大分子運輸的方法將它攝入細胞。

1. 胞噬作用（phagocytosis）：細胞質突出形成偽足，包住細胞外的細菌、血塊、外來物，形成吞噬小泡後，再由溶小體的酶消化掉。無法消化掉的顆粒，則由胞吐作用移出細胞外。例如吞噬性白血球能經由吞噬作用包住，並摧毀細菌及其他異物（圖3-13A）。

2. 胞吞作用（endocytosis）：細胞膜吸住細胞外的液體小滴（可溶性大分子），膜往內形成胞飲小泡後，與膜分離。例如組織液中的物質入

圖3-13　吞噬作用的兩種形式：A. 胞噬作用。

微血管壁（圖3-13B）。

胞吐作用

　　胞吐作用（exocytosis）與吞噬作用相反，是將細胞內廢棄物質形成小泡向外移動，當小泡與細胞膜接合後，將廢棄物質移出細胞外（圖3-14）。

基因作用

　　基因位於細胞核的染色質內，儲存生物所有的遺傳訊息，它能將遺傳密碼轉錄給RNA，RNA即遵循密碼的指令製造各種類型的蛋白質，這些蛋白質不但決定了細胞架構，也決定了細胞的特殊生理功能，所以基因被視為細胞營運的主宰。

B

圖3-13　吞噬作用的兩種形式：B.胞吞作用。

圖3-14　胞吐作用

蛋白質的合成

　　製造蛋白質的遺傳指示存在於細胞核的DNA內，細胞藉信息核糖核酸（mRNA）攜帶遺傳密碼，決定胺基酸的排列順序，再經轉運核糖核酸（tRNA）攜帶遺傳密碼至細胞質的核糖體，合成多胜肽的蛋白質。經過的步驟有轉錄與轉譯。

轉錄

　　是指DNA攜帶的遺傳密碼被複印的過程，亦即以DNA的特定部分作為鑄模，使儲存在DNA氮鹼基序列的遺傳訊息被複寫在mRNA的氮鹼基上。例如DNA鑄模有一個胞嘧啶（C）經過mRNA即製造一個鳥嘌呤（G）；一個腺嘌呤（A）經過mRNA即製造一個尿嘧啶（U），因為RNA上不含胸嘧啶（T）（參考表2-3）。mRNA上三個氮鹼基形成一個密碼，如果DNA的鑄模氮鹼基序列為CATATG，經mRNA轉錄的氮鹼基序列即成GUAUAC。DNA除了可作為mRNA的鑄模外，尚可合成核糖體核糖核酸（rRNA）及tRNA。mRNA、rRNA、tRNA三者被合成後，即離開細胞核，進入細胞質進行轉譯步驟。

轉譯

　　是指mRNA氮鹼基序列內的核糖體之訊息，可經由tRNA合成胺基酸序列過程進行解譯。當mRNA攜帶了密碼會與攜帶特定胺基酸（反密碼）的tRNA以氫鍵配對，因為tRNA會將mRNA上的胺基酸序列密碼解譯。配對的過程是在核糖體中進行，合成胺基酸（表3-2）。

蛋白質的合成步驟

　　許多胺基酸接連產生，便可合成蛋白質。此過程從DNA開始，在細胞核轉錄，在核糖體轉譯，最後成為胺基酸，再合成蛋白質。其合成步驟可簡化為下列形式：

$$DNA（基因）\xrightarrow[\text{細胞核}]{\text{轉錄}} mRNA \xrightarrow[\text{核糖體}]{\text{轉譯}} 合成胺基酸 \longrightarrow 合成蛋白質$$

表3-2　DNA三氮鹼基序列與mRNA密碼合成胺基酸

DNA氮鹼基序列	mRNA密碼	tRNA反密碼	合成的胺基酸
TAC	AUG	UAC	轉譯起始
AAA	UUU	AAA	苯丙胺酸
AGG	UCC	AGG	絲胺酸
ACA	UGU	ACA	半胱胺酸
GGG	CCC	GGG	脯胺酸
GAA	CUU	GAA	白胺酸
GCT	CGA	GCU	精胺酸
TTT	AAA	UUU	離胺酸
TGC	ACG	UGC	酥胺酸
CCG	GGC	CCG	甘胺酸
CTC	GAG	CUC	麩胺酸
ATC	UAG	-	轉譯終止

細胞分裂

　　細胞分裂（cell division）是指細胞自行生殖的過程，分裂的過程包括細胞核分裂及細

胞質分裂兩個步驟，通常是細胞核分裂完畢後，才開始產生細胞質的分裂。細胞核的分裂又有體細胞分裂（有絲分裂）及生殖細胞分裂（減數分裂）兩種方式。

有絲分裂

有絲分裂（mitosis）是指體細胞（身體一般組織細胞）的生殖方式，分裂前母細胞將自己複製，分裂完成後，兩個子細胞所含有的遺傳物質及遺傳潛能，皆與母細胞完全相同。由某次分裂開始，到下次分裂開始的過程期間，稱為細胞週期，它包括了間期（G_1期、S期、G_2期）、有絲分裂（細胞核分裂）（前期、中期、後期、末期）與細胞質分裂等部分（圖3-15）。

圖3-15 有絲分裂

1. 間期（interphase）：是指兩次有絲分裂的間隔。在此期染色體進行複製，同時製

造兩個細胞成分結構所需的RNA與蛋白質，只要DNA複製與RNA與蛋白質產生完成，有絲分裂即開始進行。此期可分成下列三期：

(1) G_1期：又稱複製前期，此時細胞增大兩倍，但染色體不變，並合成核酸以製造蛋白質而產生新的膜狀胞器。

(2) S期：又稱DNA複製期，此期執行複製工作，但DNA未加倍，此時細胞生長旺盛。

(3) G_2期：又稱複製後期，此時DNA加倍，mRNA合成，進而合成蛋白質，亦即製造紡錘絲所用的微管蛋白，以利進行細胞分裂。

2. 有絲分裂又可分為四期：

(1) 前期（prophase）：此期的染色質會變短且纏繞成染色體，核仁變模糊，核膜消失而形成紡錘絲，中心粒向兩邊移動。

(2) 中期（metaphase）：此期是染色體最肥最短的時候，此時染色體排列於細胞中央的赤道板上。

(3) 後期（anaphase）：此期為染色體分離期，染色體由中節分裂，也是染色體加倍期。此時細胞膜出現分裂溝，分開的兩組染色體向兩端移動。

(4) 末期（telophase）：為有絲分裂的最後一期，其發生過程是前期的倒反。此時，兩套相同的染色體分別移向細胞的兩極，新的核膜包住染色體，染色體變成染色質形態，核仁出現，紡錘體消失，中心粒複製，分裂溝更明顯。

3. 細胞質分裂（cytokinesis）：分裂溝將一個細胞分裂成兩個細胞的過程，此時產生的兩個子細胞，所含的染色體數目完全與母細胞相同。

減數分裂

減數分裂（meiosis）是生殖細胞的分裂方式，子細胞只含母細胞一半的遺傳物質及染色體數目。經減數分裂產生的子細胞稱為配子；女生的配子是卵子，男生的配子是精子，兩者結合受精後稱結合子，在子宮內發育成新的個體。結合子內所含的基因雖然來自父母雙方，但生殖細胞在減數分裂過程中，基因可能產生交叉互換的現象，所以結合子孕育而成的子代，其表現的遺傳特性與父母任何一方均不可能完全相同。減數分裂是複製一次，分裂兩次，故有減數分裂Ⅰ及減數分裂Ⅱ（圖3-16）。

1. 減數分裂Ⅰ（meiosis Ⅰ）：在分裂前的間期，染色體自行複製，一旦複製完成馬上進入減數分裂Ⅰ。

(1) 前期Ⅰ：染色體變粗短，核膜、核仁消失，中心粒複製，紡錘體出現。同源染色體配對，稱為聯會（synapsis），兩條完全配對的染色體中，含有四條染色體稱為四合體（tetrad）。四合體內的染色體可能會部分交換，稱為交叉互換（crossing over），由於基因互換，所以不致產生與親代相同的細胞。

A

中期Ⅰ　　　　　後期Ⅰ　　　　　末期Ⅰ

B

前期Ⅱ　　　中期Ⅱ　　　後期Ⅱ　　　　末期Ⅱ

圖3-16　減數分裂。A. 減數分裂Ⅰ；B. 減數分裂Ⅱ。

　　⑵中期Ⅰ：成對染色體在細胞赤道面兩邊排列成線。

　　⑶後期Ⅰ：成對染色體分開，四合體變成二合體，但中節不分裂。

　　⑷末期Ⅰ：兩組染色體分別至兩極端，核仁、核膜重新形成。

　　⑸細胞質分裂Ⅰ：產生兩個單套染色體的子細胞。

2. 減數分裂Ⅱ（meiosisⅡ）：基本上與有絲分裂時相似。

　　⑴前期Ⅱ：染色體變粗變短，核仁、核膜消失，紡錘絲形成，中心粒向兩邊移動。

　　⑵中期Ⅱ：染色體排列在赤道板上。

　　⑶後期Ⅱ：染色體中節斷裂分成兩組。

　　⑷末期Ⅱ：兩組染色體分別移至細胞兩極端，核膜、核仁重新形成。

　　⑸細胞質分裂Ⅱ：產生四個單套染色體的子細胞。

3. 兩次減數分裂的比較，請見表3-3。

臨床指引：

　　癌的形成就是正常細胞產生基因突變，開始不正常分裂，使細胞增生繁殖導致細胞癌化。P53基因產生P53蛋白質，與DNA連接，而防止細胞失控倍增；細胞若有P53基因不正常，就會有許多癌症的產生。所以，P53基因又稱為抗癌基因。

表3-3　兩次減數分裂的比較

項目	減數分裂 I	減數分裂 II
染色體	複製	不複製
過程	發生聯會及交叉互換	不發生聯會及交叉互換
結果	成對的同源染色體分開，但中節不斷裂，染色體減半	染色體中節斷裂分開

自我測驗

（　）1. 下列那一項氮鹼基不存在於RNA分子中？　(A) 胞嘧啶　(B) 鳥嘌呤　(C) 腺嘌呤　(D) 胸嘧啶

（　）2. 下列何者為非DNA 核苷酸組成的化學物質？　(A) 去氧核糖　(B) 磷酸根　(C) 氮鹼基　(D) 磷脂質

（　）3. 你要在細胞中找條DNA，你會在細胞中何處找到　(A) 細胞質　(B) 細胞核　(C) 核仁　(D) 粒線體

（　）4. 支配人體遺傳性的物質是：　(A) DNA　(B) RNA　(C) ATP　(D) 粒線體

（　）5. 細胞膜的主要成分為：　(A) 碳水化合物、蛋白質　(B) 磷脂質、纖維素　(C) 蛋白質、磷脂質　(D) 纖維素、碳水化合物

（　）6. 細胞內最大的胞器是：　(A) 細胞核　(B) 核醣體　(C) 高基氏體　(D) 粒線體

（　）7. 溶劑分子由高移動到低濃度稱之　(A) 擴散作用　(B) 滲透作用　(C) 過濾作用　(D) 透析作用

（　）8. 下列那一種胞器與細胞內的蛋白質製造有關？　(A) 核糖體　(B) 粒線體　(C) 高基氏體　(D) 溶小體

（　）9. 有核醣體附著的胞器是：　(A) 高基氏體　(B) 內質網　(C) 粒線體　(D) 溶小體

（　）10.下列那一種胞器負責分類、包裝及釋出蛋白質？　(A) 粒線體　(B) 細胞核　(C) 核糖體　(D) 高基氏體

（　）11.可參與細胞的氧化反應，產生能量，並有細胞發電廠之稱的是：　(A) 高基氏體　(B) 內質網　(C) 粒線體　(D) 溶小體

（　）12.細胞內具有消化作用的胞器是：　(A) 高基氏體　(B) 溶小體　(C) 葉綠體　(D) 內質網

（　）13.下列吸收方式何者需要攜帶蛋白質協助　(A) 擴散　(B) 滲透　(C) 過濾　(D) 促進擴散

（　）14.藥物經由胎盤進入胎兒體內，主要是利用何種方式？　(A) 過濾　(B) 被動運輸　(C) 主動運輸　(D) 胞飲作用

（　）15.葡萄糖通過一般體細胞的運輸方式為：　(A) 主動運輸　(B) 單純擴散　(C) 促進擴散　(D) 胞噬作用

（　）16.紅血球置於溶液中，體積變小，則該溶液為：　(A) 等滲透壓　(B) 等張　(C) 高張　(D) 低張

（　）17.負責攜帶密碼到核糖體以合成蛋白質的核酸為：　(A) 去氧核糖核酸（DNA）　(B) 傳訊者核糖核酸（mRNA）　(C) 核糖體核糖核酸（rRNA）　(D) 轉運者核糖核酸（tRNA）

解答：

1.(D)　2.(D)　3.(B)　4.(A)　5.(C)　6.(A)　7.(B)　8.(A)　9.(B)　10.(D)

11.(C)　12.(B)　13(D)　14.(B)　15.(C)　16.(C)　17.(B)

第四章　肌肉生理

　　肌肉是人體中具有收縮性的組織，約占人體重量的40～50%。肌肉包括骨骼肌、心肌、平滑肌，它會配合神經系統產生運動（表4-1）。

表4-1　肌肉的種類與比較

項　　目	骨骼肌	心　肌	平滑肌
肌纖維	平行排列呈長圓柱狀	分叉且互相連接，呈方形，屬合體細胞	比骨骼肌小呈梭形（紡錘形）
細胞核	多核，在細胞周圍	單一，在細胞中央	中央單一卵圓形
肌纖維長度	最長	最短	次之
位置	附著於骨骼	心臟壁	內臟及血管壁
橫紋	＋	＋	－
A帶與I帶	＋	＋	－
肌節	＋	＋	－
支配神經	體運動神經	自律神經	自律神經
刺激來源	外來刺激	心臟本身的竇房結	外來刺激
神經控制	隨意	不隨意	不隨意
節律性收縮	－	＋	＋
強直性收縮	＋	－	－
不反應期	最短（5毫秒）	最長（300毫秒）	次之（約50毫秒）
切斷神經會萎縮	＋	－	－
具有運動終板	＋	－	－
具有間盤	－	＋（肌漿膜增厚形成）	－
橫小管	＋（A與I帶的接合處）	＋（在Z線上）	－
鈣離子來源	肌漿網	肌漿網和細胞外液	細胞外液
粒線體	次之	最多	最少
收縮速度	快	中	慢
再生能力	有限	－	較好，比上皮差
遵守全或無定律	＋	－	－

肌肉的特性

1. 興奮性：是指肌肉組織對刺激的接受與反應能力。
2. 收縮性：當肌肉接受一個充分的刺激時，有變短、變粗的收縮能力，這是主動且耗能的過程。
3. 伸展性：當肌肉不收縮時，可以伸長或延伸到相當程度而無傷害。
4. 彈性：肌肉在收縮或伸展後，能恢復原來形狀的能力。

肌肉的功能

1. 運動：骨骼、關節和附著在骨骼上之肌肉經收縮、協調整合後，可產生走路、跑步、講話、寫字等各種動作。其他如心跳、食物的消化移動、膀胱的收縮排尿等動作，也是因肌肉的收縮而產生。
2. 維持姿勢和平衡：骨骼肌的收縮能使身體保持在固定的姿勢，並能平衡腳以上的身體重量，而能長時間站著或坐著。
3. 支持軟組織：例如腹壁和骨盆腔底有層層的骨骼肌來支持內部器官的重量，並能保護其不受環境危害。
4. 保護入口和出口：消化道和泌尿道的入口、出口皆有肌肉圍繞，以利吞嚥、排便、排尿之隨意控制。
5. 調節血流量：心肌組織的收縮推送血液通過循環系統，而血管壁內的平滑肌控制血液的分布。
6. 產生熱：骨骼肌收縮所產生的熱，是維持正常體溫的重要因素。

肌肉的收縮

粗細肌絲

　　肌纖維（肌細胞）是由圓柱狀縱走的肌原纖維（myofibrils）組成，構成肌原纖維的單位是肌節（sarcomere），也是肌肉收縮的最小單位。肌節是由細肌絲（thin myofilament，肌動蛋白actin）及粗肌絲（thick myofilaments，肌凝蛋白myosin）排列而成。兩肌節間被緻密物質組成的Z線分開（圖4-1A）。一段肌節可區分為幾個區域，其中暗的緻密區稱為暗帶或A帶（A band），代表粗肌絲的長度，A帶的兩邊因粗細肌絲重

A

B

圖4-1 肌肉的放鬆與收縮狀態。A.肌肉放鬆狀態；B.肌肉收縮狀態。

疊顏色更暗，肌肉收縮程度越大時，粗細肌絲重疊的越多；肌節中淺色、較不緻密的區域，只含有細肌絲的部分是明帶或I帶（I band）。暗色的A帶與淺色的I帶交替排列，形成橫紋的外觀。狹窄的H區（H zone）只含有粗肌絲，在H區的中央有一系列的細線是M線，連繫相鄰粗肌絲的中間部分。

　　肌肉收縮主要是粗、細肌絲相互滑動，使肌節縮短所造成，但粗、細肌絲的長度皆未改變（圖4-1B）。在滑動時，粗肌絲的肌凝蛋白橫樑與細肌絲的肌動蛋白部分結合，結果橫樑就像船槳一樣，在細肌絲的表面移動，同時粗、細肌絲相互滑動。當細肌絲移過粗肌絲時，細肌絲往肌節中央會合，所以H區變窄，甚至消失，肌節變短，I帶變短。細肌絲固定在Z線上，並往兩邊突出，主要是由雙股螺旋狀的肌動蛋白所組成的（圖4-2）。每一肌動蛋白分子含有一個可與肌凝蛋白上的橫樑作用的肌凝蛋白結合位置。除了肌動蛋白外，尚含有與肌肉收縮調節有關的旋轉素（troponin; Tn）與旋轉肌球素（tropomyosin; T）兩種蛋白質分子。旋轉素位於旋轉肌球素表面的一定間隔處，並構成三個次單位：連接到肌動蛋白的旋轉素I（TnI）；連接鈣離子的旋轉素C（TnC）；連接至旋轉肌球素的旋轉素T（TnT）。旋轉肌球素與旋轉素的複合體可維持肌肉在鬆弛狀態。粗肌絲主要是由肌凝蛋白所組成，每一肌凝蛋白的形狀像高爾夫球桿，分成頭、尾部，突出的頭部稱為橫樑（cross bridge），含有一個肌動蛋白的結合位置及一個ATP的結合位置（圖4-2）。

圖4-2　肌絲的構造

骨骼肌的收縮

　　肌肉收縮產生運動。最多運動的是橫紋肌，由於大多附著在骨骼上，故又名骨骼

肌。骨骼肌收縮受意識支配，故又稱隨意肌。骨骼肌的肌纖維被肌漿膜（細胞膜）包覆，內有肌漿（細胞質），近肌漿膜處有多個細胞核。肌漿內有肌原纖維、特殊高能量分子、酶及肌漿網。肌漿網相當於一般細胞的無顆粒內質網，可儲存與輸送鈣離子。橫走肌纖維，並與肌漿網垂直的是橫小管（T小管），由明亮的I帶與暗的A帶交接處進入肌漿，可將細胞間液直接送入每一肌節，是肌漿膜延伸而開口於肌纖維外的構造。一個橫小管與其兩旁的肌漿網側囊（終池）組成三合體（triad）（圖4-3），可傳導動作電位，使肌漿網迅速輸送鈣離子，進而導致肌原纖維收縮。

圖4-3　骨骼肌的組織

肌肉的組織

　　肌肉組織是由肌動蛋白（actin）及肌凝蛋白（myosin）的肌肉纖維所組成的彈性組織，受刺激時具有收縮功能。在構造與功能的特性下，肌肉可分為平滑肌、骨骼肌、心肌三類。

平滑肌

　　平滑肌組織不具橫紋，是不隨意肌。平滑肌纖維呈梭形，卵圓形細胞核位於中央，雖也有粗、細肌絲，但排列不規則，且無A帶、I帶，但有中間絲連在兩個緻密體（相當於橫紋肌的Z線）上。肌漿網較骨骼肌不發達。胞飲小泡相當於橫小管，可將神經衝動傳入肌纖維。

　　平滑肌纖維收縮與鬆弛的持續時間約較骨骼肌長5～500倍，收縮所需的鈣離子來自肌漿網與細胞外液，因不具橫小管，發動收縮程序所需時間較長。平滑肌纖維也不具與

鈣離子結合的旋轉素，使用耗時較久的機轉，使肌肉收縮持續較久。

　　鈣離子進出肌纖維的速度慢，可延遲鬆弛的時間，而提供肌肉的緊張度，這對消化管壁、小動脈管壁及膀胱壁等內容物能維持穩定的壓力很重要。

　　平滑肌（smooth muscle）位於體內中空的構造，例如血管、胃、腸、膽囊、膀胱、子宮等的壁上。平滑肌是不隨意肌，且不具有橫紋，其細胞小，呈梭狀，且有一個細胞核位於中央（圖4-4）。

平滑肌細胞

細胞核

圖4-4　平滑肌

　　平滑肌纖維的肌蛋白，在肌漿內呈網狀排列，如此構造可使收縮緩慢。平滑肌纖維藉由不同的面貌，分布於人體不同部位，例如在毛球中，則形成毛髮的豎毛肌；在腸壁中，內層肌纖維呈橫向排列，外層肌纖維呈縱向排列，可藉由蠕動將內容物往前推進。

骨骼肌

　　骨骼肌（skeletal muscle）細胞的收縮成分是肌原纖維（myofibril），肌原纖維含有寬的暗帶與窄的明帶，使肌細胞呈橫紋外貌。骨骼肌與骨骼相連，可由意識控制收縮而移動身體的部分，故為隨意肌。

　　骨骼肌細胞細長，由於呈長條狀，而稱為肌纖維，在組織中呈平行排列。骨骼肌細胞為多核性，核的位置靠近肌漿膜（圖4-5）。

心肌

　　心肌組織構成心臟壁，具有橫紋，但為不隨意肌。心肌纖維大致呈方形，細胞核位於中央，纖維外部有肌漿膜，只是與骨骼肌相較，心肌的肌漿較多、粒線體較大且數目亦較多。其粗細肌絲的情況與骨骼肌相似，只是橫小管較大並且位於Z線上，肌漿網也較不發達。

　　心肌纖維間以間盤相隔，間盤是增厚的肌漿膜，可強化心肌組織，以助衝動的傳導。在正常情況下，心肌組織以每分鐘約75次的速率，作快速、連續及節率性的收縮與舒張，所以需數目較多且大的粒線體來供應能量。心臟本身有傳導組織，並不需靠外在神經的刺激。心肌纖維收縮的時間比骨骼肌長10～15倍，不反應期是骨骼肌的60倍，故不易強直、疲倦（圖4-6）。

圖4-5　骨骼肌　　　　　　　　　　　　　　圖4-6　心肌

收縮生理學

　　運動神經元由脊髓前角發出，能刺激骨骼肌收縮（contractioa）。每一條運動神經元與所支配的肌纖維（肌細胞），合稱為運動單位（motor unit）。控制精細動作的肌肉，每一運動神經元支配約不到10條的肌纖維，例如眼球的外在肌。負責粗重動作的肌肉，每一運動神經元支配約200～500條，甚至2,000條肌纖維，例如肱二頭肌、腓腸肌等。換句話說，支配肌纖維數目越少的，動作越精細；支配肌纖維數目越多者，動作越粗重。

　　運動神經元的軸突終端球與肌肉細胞的肌漿膜之交接處，稱為神經肌肉接合（neuromuscular junction）或運動終板（motor end plate）（圖4-7A）。在軸突終端球內有儲存神經傳導物質的突觸小泡。當運動神經衝動到達軸突終端球時，會誘發突觸小泡釋出神經傳導物質乙醯膽鹼（acetylcholine; Ach），以引起肌肉收縮。

　　當刺激經由神經衝動傳至運動神經元的軸突終端球，此時鈣離子由細胞外液進入細胞內（軸突終端球），刺激突觸小泡釋出乙醯膽鹼（Ach），接著乙醯膽鹼（Ach）擴散通過突觸裂與肌漿膜上的接受器結合（圖4-7B），使肌漿膜的通透性發生改變，衝動進入橫（T）小管，刺激橫小管旁邊的肌漿網，使鈣離子由肌漿網進入肌漿與TnC結合（啟動收縮機轉），拉開旋轉肌球素與旋轉素的複合體（鬆弛蛋白），暴露肌凝蛋白結合位置，與肌凝蛋白橫樑結合，使橫樑上的ATP水解酶活化，將ATP分解成ADP＋P並放出能

量，此能量使粗、細肌絲互相滑動，產生收縮（圖4-8）。

當乙醯膽鹼（Ach）被乙醯膽鹼脂酶摧毀後，會使軸突終端傳到肌漿膜的神經衝動終止，於是鈣離子經主動運輸，由肌漿回到肌漿網儲存，肌漿內的低鈣濃度使旋轉肌球素與旋轉素的複合體（鬆弛蛋白）回到活化位置與橫樑之間，ADP被再合成ATP，肌節回復放鬆狀態。

1.第一步：動作電位到達軸突終端球，引起去極化。

2.第二步：含有乙醯膽鹼的小泡與膜表面融合，釋出其內容，Ach分子擴散通過突觸裂，結合肌表面的受器，以使膜去極化。

3.第三步：動作電位移動離開神經肌肉接合，當乙醯膽鹼脂酶把Ach的受器部位除去，使軸突終端傳到肌漿膜的神經衝動終止。

圖4-7　神經肌肉接合。A.運動終板的縱切面；B.軸突終端球與肌纖維膜接合傳導情形。

圖4-8　肌肉收縮的機轉。A.在細肌絲上鈣離子與TnC結合，露出肌凝蛋白結合位在粗肌絲上，使肌凝蛋白頭部區的ATP活化產生能量；B.粗細肌絲互相結合滑動，產生收縮。

臨床指引：

　　重症肌無力（myasthenia gravis; MG），是指神經肌肉處的Ach接受器減少，導致肌肉收縮無力，是一種自體免疫疾病，發生年齡以11～30歲的女性或51～70歲的男性為多。

　　好發生於眼肌、吞嚥肌、呼吸肌及四肢肌肉。其中以侵犯眼肌（內直肌）最常見，所以MG病患在早期會發生眼皮下垂及複視現象，約85%病人會有肌無力症狀。治療MG多以抗Ach酶為主，輔以胸腺切除法或配合免疫抑制治療及血液透析。

收縮能量

　　ATP是肌肉收縮所需的立即且直接的能源。不過肌纖維內的粒線體經由有氧細胞呼吸所產生的ATP量，僅能提供劇烈運動時5～6秒的肌肉收縮，所以需靠下列機轉不停的製造ATP：

1. 高能分子的磷酸肌酸（phosphocreatine）：其能分解成肌酸（creatine）與磷酸（phosphate），並放出大量能量將ADP轉化為ATP，但最多也只能供應肌肉收縮15秒至1分鐘（圖4-9）。
2. 肝醣分解：能合成ATP，但也只能提供肌肉收縮數分鐘。
3. 脂肪分解：能大量合成ATP，可以使肌肉做長時間收縮。

圖4-9　磷酸肌酸具有儲存高能量磷酸根

閾刺激原理

　　能引起收縮作用的最小刺激，稱為閾刺激（threshold stimulus）。刺激較閾刺激程度小且不能引發收縮，則稱為閾下刺激（subthreshold stimulus）。任何一個刺激，若強度不及閾刺激時，則只能在細胞膜上產生局部的電位變化；若刺激到達閾刺激的強度時，則不管刺激大小，皆會產生相同的神經衝動，使肌纖維以最大程度收縮。只要施以刺激，一個運動單位內的個別肌纖維以最大程度收縮或完全不收縮的，稱為全或無定律（all-or-none principle）。

收縮種類

　　依刺激的頻率，骨骼肌能產生下列不同的收縮。詳細狀況敘述於下：

肌肉緊張度

　　肌肉緊張度（muscle tone）又稱緊張性收縮，是一種溫和式的強直收縮，整塊肌肉中的肌纖維非同時興奮收縮，而是部分纖維收縮、部分鬆弛，是身體維持姿勢所必需。肌

肉若失去緊張度，會因張力過低而使肌肉軟弱，所以肌肉長時間未接受刺激會造成肌肉萎縮。如果肌肉很有力的反覆活動，會使肌肉肥大。整個肌肉的收縮是遵守等級反應原則，收縮程度和刺激強度、參與收縮的肌纖維數目呈正比。

牽扯收縮

牽扯收縮（twitch contraction）又稱單一抽搐，是單一刺激引發的快速收縮，從肌動波或肌電圖所示，收縮過程可分潛伏、收縮、鬆弛三期（圖4-10）。

1. 潛伏期：在刺激與開始收縮之間的10毫秒（msec）期間，此時鈣離子由肌漿網釋出，肌凝蛋白橫樑的活性正要開始。

2. 收縮期：肌肉張力上升和到達尖峰的40毫秒期間，此時，橫樑與肌動蛋白互相滑動。

3. 鬆弛期（舒張期）：此時張力下降至靜止水平期間，約50毫秒。當肌纖維接受足夠的刺激而收縮時，會暫時失去興奮性，這段時間無法接受刺激收縮，這種失去興奮性的時期，稱為不反應期（refractory period）。骨骼肌的不反應期只有5毫秒，心肌則長達300毫秒，所以不似骨骼肌容易強直、疲倦。

圖4-10　一次牽扯收縮的肌動波

強直收縮

在每一次收縮的不反應期結束後，給予快速、反覆的刺激，使肌肉不鬆弛，而成一連續性的收縮，是為強直收縮（tetanus contraction），只有骨骼肌才有。肌肉發生強的張力約為牽扯收縮的四倍。若在刺激與刺激間，肌肉沒鬆弛，稱為完全強直；若有部分肌肉鬆弛，則為不完全強直。而正常運動是屬於不完全強直收縮。

階梯收縮

一塊肌肉，以一連串相同頻率和強度，但速度不會快到引起強直收縮的刺激，肌波動的軌跡會顯現每次收縮的高度，呈階梯性增高的，即為階梯收縮（treppe contraction）。運動員在運動前的熱身運動即是利用此原理，以達最高的活動效度。

等張與等長收縮

1. 等張收縮（isotonic contraction）：肌肉縮短而張力保持固定，產生運動，能量被消耗（圖4-11A）。運動能使肌肉增大、耐力增強。例如彎曲前臂將書本往上提。

2. 等長收縮（isometric contraction）：肌肉長度不變，張力卻增加許多，雖不會產生運動，但還是消耗了能量（圖4-11B）。例如伸直手臂攜帶書本、立正站立時的腓腸肌收縮、手臂伸直用力頂住牆壁等。

圖4-11　腓腸肌等張與等長收縮的比較。A.等張收縮；B.等長收縮。

肌肉氧債

食物分解所產生的葡萄糖可分解成丙酮酸和能量，此能量可使ADP轉換成ATP（有氧細胞呼吸）。當骨骼肌在休息狀態時，有足夠的氧使丙酮酸氧化代謝成二氧化碳、水與能量（有氧呼吸，丙酮酸＋氧＝二氧化碳＋水＋38ATP）。若骨骼肌在劇烈活動收縮時，由於葡萄糖分解成丙酮酸的速度太快，血液無法供應足夠的氧來分解丙酮酸，於是在無氧的狀態下而產生乳酸。乳酸80%會經由骨骼肌擴散至肝臟合成肝醣再利用，剩下的20%會堆積在肌肉中造成肌肉疲勞（無氧細胞呼吸，葡萄糖無氧代謝＝乳酸＋2ATP），此堆積在肌肉的乳酸，需要額外的氧來幫助分解成二氧化碳和水，此額外的氧即為氧債

（oxygen debt）。

肌肉疲勞

骨骼肌長時間的連續刺激會使收縮程度漸漸變弱，直到不反應為止，此即肌肉疲勞（muscle fatigue）。造成疲勞的原因有的是因可利用的氧減少，有的是乳酸、二氧化碳的堆積造成。常見的原因如下：

1. 過度活動，造成乳酸、二氧化碳等有毒物質的堆積。
2. 營養不良，使葡萄糖與ATP供應不足。
3. 呼吸障礙，會干擾氧的供應，而增加氧債。
4. 心臟血管循環不良，無法將有用的物質送往肌肉，同時也無法將肌肉代謝的廢物運出。

自我測驗

（　）1. 肌腱的正確敘述是： (A) 肌腱的主要成分是彈絲 (B) 腱膜的成分和肌腱的成分不一樣 (C) 肌腱的一端一定和骨骼相連接 (D) 肌腱是由筋膜延伸而成

（　）2. 下列那一臟器具有橫紋肌？ (A) 胃 (B) 氣管 (C) 小腸 (D) 食道

（　）3. 骨骼肌收縮所需的鈣，是來自於： (A) T小管 (B) 肌漿網 (C) 微管 (D) 肌膜

（　）4. 負責傳遞動作電位至整個肌纖維的構造是： (A) 肌漿網 (B) T小管 (C) 肌原纖維 (D) 橫紋

（　）5. 骨骼肌發生等張收縮時，長度不會明顯變短的是： (A) A帶 (B) I帶 (C) H區 (D) 肌節

（　）6. 肌神經聯合處之神經衝動傳遞物質是： (A) 組織胺 (B) 乙醯膽胺 (C) 腎上腺素 (D) 多牲類

（　）7. 神經肌肉接合處的神經傳遞物質之釋放與下列何離子有關？ (A) 鎂 (B) 鈣 (C) 鈉 (D) 鉀

（　）8. 請根據骨骼肌收縮的過程，排列其先後次序： a.肌動蛋白與肌凝蛋白結合 b.肌漿網釋出鈣離子 c.去極化作用沿著T小管向內散布 d.肌膜產生動作電位 (A) dcba (B) dbac (C) bacd (D) abcd

（　）9. 運動員的熱身運動屬於肌肉那一類收縮？ (A) 牽扯性 (B) 階梯性 (C) 強直性 (D) 等張性

（　）10.衛兵立正站崗時，其腓腸肌的變化是： (A) 鬆弛 (B) 等長收縮 (C) 等張

收縮　(D) 肌纖維變短

（　）11.下列各組織中，不反應期最長的是：　(A) 心肌組織　(B) 平滑肌組織
(C) 骨骼肌組織　(D) 神經組織

解答：

1.(D)　　2.(D)　　3.(B)　　4.(B)　　5.(A)　　6.(B)　　7.(B)　　8.(A)　　9.(B)　　10.(B)

11.(A)

第五章　神經生理學

　　神經系統是身體的聯絡網及控制協調中心，能感受體內、體外環境的變化，然後將這些變化的訊息加以解析整合，再以隨意和不隨意的活動形式產生反應，藉以協調維持身體的恆定。

神經系統的組成

　　神經系統（nervous system）依結構及分布部位的不同，可分成中樞神經系統（central nervous system; CNS）及周邊神經系統（peripheral nervous system; PNS）兩部分（圖5-1）。

　　中樞神經系統是由腦及脊髓組成，是整個系統的控制中樞，也是人體發號司令的最高執行機構。周邊神經系統是由腦神經、脊神經所組成，可區分為傳入、傳出兩大系統。傳入（afferent）系統是將身體末梢受體所聚集的訊息（身體及內臟感覺）傳向中樞神經系統的神經細胞所組成，此種神經細胞稱為傳入或感覺神經元（上行神經元）。傳出（efferent）系統則是將中樞神經系統訊息送至肌肉、腺體的神經細胞組成，此種神經細胞稱為傳出或運動經元（下行神經元）。

　　傳出系統再分成軀體神經系統（somatic nervous system; SNS）及自主神經系統（autonomic nervous system; ANS）。軀體神經系統，由脊髓灰質前角所發出，控制骨骼肌，可隨意識控制。自主神經系統由脊髓灰質側角發出，控制心肌、平滑肌、腺體等臟器、血管，故又稱為內臟傳出神經系統，無法隨意識控制，此系統有交感、副交感神經，一產生刺激活動，一產生抑制活動。

圖5-1　神經系統的組成

神經系統的功能

神經系統分布很廣,具有下列功能:

1. 感覺的傳入:在體表與內臟的感覺接受器,接受了外在或內在的刺激產生神經衝動。這衝動最後會傳至腦和脊髓的中樞神經系統。
2. 進一步整合:中樞神經系統會將來自全身的傳入神經衝動在此做整合,整合好下一步的動作後,將此動作的神經衝動送到反應接受的所在。
3. 運動的傳出:來自中樞神經系統的神經衝動會到達肌肉(產生收縮)或腺體(產生分泌),這是對原來的刺激所產生的反應。

神經組織

神經系統是由神經膠細胞和神經元組成。神經膠細胞無法傳遞神經衝動,但細胞有支持、保護、產生營養神經物質及調節周圍環境的功能;神經元是唯一能傳導神經衝動的細胞,是神經系統的構造與功能單位。

神經膠細胞

神經膠細胞(neuroglia)的數量是神經元的10～50倍,約占神經系統體積的一半(圖5-2)。現將神經膠細胞的種類與功能敘述於表5-1。

圖5-2　不同種類之神經膠細胞

表5-1　神經膠細胞的種類與功能

種　類		特　徵	功　能
中樞神經系統	星形膠細胞 （astrocyte）	• 爲數目最多的膠細胞 • 呈星狀含有許多突起 • 突起填充於神經元空隙之中，而分布於微血管壁上，形成血管周足 • 原生質星形膠細胞位於灰質中，纖維性位於白質中	• 血管周足負責血管與神經之間的物質之攝取與轉換，並且與微血管內皮細胞、基底膜共同形成血腦障壁（blood brain barrier; BBB） • 當神經組織受傷時，纖維性星形膠細胞可形成疤痕組織填充於破損處，稱爲膠瘤
	寡突膠細胞 （oligodendrocyte）	突起較少、較短	構成中樞神經系統神經元軸突上的髓鞘
	微小膠細胞 （microglia）	爲單核球特化細胞，有腦的吞噬細胞之稱	神經組織受傷發炎時，能吞噬並摧毀微生物及細胞碎片
	室管膜膠細胞 （ependymal cell）	• 形成腦室及脊髓腔的上皮內襯，排列成單層立方至柱狀的細胞，有的表面具有纖毛 • 與軟腦膜共同形成脈絡叢	具有分泌、吸收、過濾腦脊髓液的功能
周邊神經系統	許旺氏細胞 （Schwann cell）	又稱神經鞘細胞	• 構成周邊神經系統中神經元的髓鞘 • 協助周邊神經受傷後的再生與修復
	衛星細胞 （satellite cell）	圍繞於神經節細胞的細胞體周圍，形狀略微扁平	可促進神經元所需化學物質的傳遞

神經元

　　神經系統是由數十億（10^{11}）個神經元（neuron）組成，神經元的四周有支撐組織的神經膠質圍繞著，而神經膠質本身是由神經膠細胞構成，神經膠細胞的延伸物將神經元和小血管連接在一起，所以參與了神經元的養分供應及結痂行列。

構造與功能

　　神經元是神經系統構造上與功能上的單位，基本構造為細胞體、樹突、軸突等三部分（圖5-3）。

樹突	細胞體	軸突	軸突終端（突觸球）
受環境變化或其他細胞之活動刺激	含有核和大部分代謝工廠（粒線體、核糖體）等	傳導神經衝動（動作電位）離開細胞體	此神經元活動影響另一神經元或周邊細胞（肌肉、腺體等）

圖5-3　典型神經元的構造

1. 細胞體（cell body）：是神經元膨大的部分。
   (1)具有細胞核與核仁。
   (2)細胞質內有溶小體、粒線體、高基氏體等胞器。
   (3)有的神經元細胞質內尚含有一些細胞包涵體。
     ①脂褐質色素：是溶小體分泌出來的脂肪素黃棕色顆粒，會隨年齡增大而增加，故與老化有關。
     ②尼氏體（Nissl body）：相當於顆粒性內質網，可合成蛋白質，供給神經元營養，助神經元的生長與再生。
     ③成熟的神經元不含有絲分裂器。
2. 樹突（dendrite）：由細胞體伸出的細胞質突起，有一條至多條不等。樹突短，無髓鞘，但有很多分枝，能將神經衝動傳至細胞體。
3. 軸突（axon）：和樹突一樣，也是由細胞體伸出的細胞質突起。
   (1)通常由細胞體旁圓錐狀突起，稱為軸丘（axon hillock）處發出。
   (2)只有一條，能將神經衝動由細胞體傳至另一神經元或組織。
   (3)軸突的終端分成許多細絲，稱為終樹（telodendria），終樹的遠端有膨大成燈泡狀的軸突終端球（axon terminals）或稱突觸球（synaptic bulbs），內有突觸小（囊）泡（synaptic vesicle），內含化學傳導物質，可產生神經衝動。此為胞泄作用，與流入胞內鈣離子濃度呈正比，與流入胞內鎂離子濃度呈反比。
4. 軸突上的髓鞘（myelin sheath）：神經纖維是指軸突及包於其外的構造，髓鞘為其中之一，它是一種分節、多層、白色的磷脂外套，有絕緣、保護及增加神經傳導速度的功能。

⑴許旺氏細胞（Schwann cell）形成周邊神經系統軸突外髓鞘，它是用細胞膜順時鐘方向持續纏繞軸突數次形成髓鞘，而將細胞質、細胞核擠到外邊形成神經膜（鞘）（neurolemma），以助受傷的軸突再生。

⑵寡突膠細胞形成中樞神經系統軸突外髓鞘，不會形成神經膜，所以沒有再生能力。

分類

1. 依細胞體的突起數目來分（圖5-4、表5-2）：

圖5-4　神經元依細胞體突起的數目而分類

表5-2　依細胞體突起數目分類的神經元

項　目	定　義	例　子
多極神經元（multipolar neuron）	由單一軸突及多個樹突組成	• 存在於中樞神經系統內 • 控制骨骼肌運動的所有運動神經元
雙極神經元（bipolar neuron）	在細胞體的兩端各有一條軸突和樹突	存在於嗅覺上皮、視網膜及內耳，即嗅、視、聽覺神經元
單極神經元（unipolar neuron）	在胚胎時是雙極神經元，在發展過程中，軸突及樹突由細胞體突出的部分融合成一條而成	• 由雙極衍生而來，故稱偽單極神經元 • 周邊神經系統的感覺神經元，例如脊髓的背根神經節

2. 依傳導衝動的方向為基礎來分（圖5-5、表5-3）：

圖5-5　神經元。A.感覺神經元；B.運動神經元。

表5-3　依傳導衝動方向分類的神經元

項　　目	特　　性
感覺神經元（sensory neuron）	細胞體位於周邊神經系統，將訊息由接受器傳至中樞神經系統，故稱為輸（傳）入神經元，屬偽單極神經元
聯絡神經元（association neuron）	細胞體位於中樞神經系統的灰質內，將衝動由感覺神經元傳至運動神經元，負責聯絡與整合，屬於多極神經元
運動神經元（motor neuron）	細胞體位於中樞神經系統的灰質內，將衝動由中樞神經系統傳至動作器，故稱輸（傳）出神經元，屬多極神經元

傳導方式

1. 連續傳導（continuous conduction）：是無髓鞘的神經纖維傳導方式（types of conduction），神經衝動是逐步的、連續性的在膜上產生去極化，所以傳導速度慢。

2. 跳躍傳導（saltatory conduction）：是有髓鞘的神經纖維傳導方式，因髓鞘為磷脂質，具有良好的絕緣效果，在髓鞘中斷處的蘭氏結，其細胞膜處才會產生去極化、產生動作電位，所以傳導是由一個蘭氏結跳到另一個蘭氏結，即為跳躍傳導。傳導速度比連續傳導要快50倍，且消耗的能量也少。

臨床指引：

　　多發性硬化症（multiple sclerosis）是一種神經髓鞘的疾病。當神經發炎或髓鞘受傷時，髓鞘就會脫失或變硬成痂，如此神經傳導就會受到干擾而變慢。由於變硬成痂的髓鞘區域可能有好幾個，或隨時間的進展，新的硬痂區也可能出現，所以稱為多發性。

　　多發性硬化症好發在30歲左右的女性，可能跟自體免疫有關。症狀包括了麻木感、無力、步履不穩，口齒不清等。這些症狀嚴重度因人而異，發作後會減輕或消失，也會再度發作。

　　用類固醇可治療急性發作，合併其他藥物及復健可改善症狀，使用干擾素可減少復發次數及嚴重程度，抱著樂觀的態度來面臨多發性硬化症的患者，將有助於過著美好的人生。

神經生理

　　是指神經衝動的產生，傳導過程與方式，神經傳導物質的釋放，最後產生的結果。茲詳述如下：

神經衝動

　　動作電位會沿著神經纖維移動形成神經衝動（neural impulse），所以神經衝動是一個沿著細胞膜表面移動的負電波。

靜止膜電位

　　一個靜止、不傳導神經衝動的神經元，其細胞膜的內外兩邊電荷有差距。形成細胞膜兩邊電荷差距的原因為（圖5-6）：

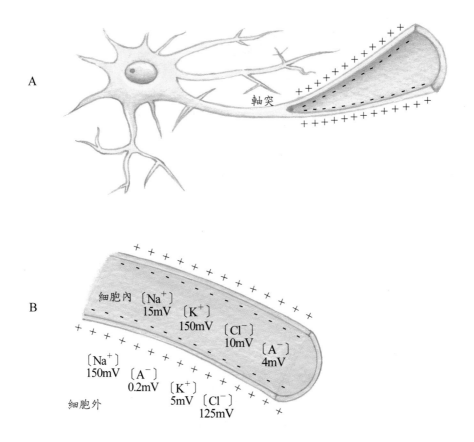

圖5-6　靜止膜電位。A.膜電位內外相差70mV；B.A⁻代表蛋白質負離子。

1. 細胞膜上有鈉－鉀幫浦：其會主動運輸的將兩個鉀離子送入細胞內，同時將三個鈉離子送至細胞外，使細胞外的正電荷高於細胞內。換句話說，每一幫浦循環，即會使神經纖維內側失去一正電荷。

2. 細胞膜靜止時對各離子的通透性不同：細胞膜上另有鈉－鉀漏流通道（Na^+-K^+ leak channel），鉀離子比鈉離子更易通過此通道，是鈉離子的100倍，且不需消耗能量。

3. 細胞膜內有大分子的蛋白質帶負電：由於分子大，不具滲透性，難擴散至細胞外，而使得細胞膜內的負電荷高於細胞外。

　　由於上述因素導致靜止的神經細胞膜電位在胞內為負值、胞外為正值，此為靜止膜電位（resting membrane potential），此時的細胞膜為極化膜（polarized membrane）。一般神經細胞的靜止膜電位為－70mV，表示膜內比膜外少70mV（毫伏特），負號表示胞內為負電荷。骨骼肌是－90mV，心肌是－80mV，平滑肌是－50mV。

動作電位

細胞對刺激所產生的反應稱為興奮性，身體中只有神經和肌肉可被興奮而產生動作電位（action potential）。動作電位的分期如下（圖5-7、5-8）：

1. 靜止期（resting stage）：細胞膜保持內負外正的極化現象，神經細胞的膜電位為－70mV。

2. 去極化（depolarization）：當刺激強度到達閾值時，鈉離子通道打開，使較多的Na^+擴散入細胞內，大量的Na^+湧入細胞內，打破原有的極化狀態，變成內正外負的現象，是為去極化，同時產生動作電位（尖峰電位），亦即神經衝動，具傳導性。此時的膜電位由－70mV變成＋30mV。

3. 再極化（repolarization）：去極化後，由於細胞膜內積聚過多的正電荷，使Na^+通道迅速（0.3毫秒）關閉，接著K^+通道打開，使細胞內大量的K^+擴散出細胞外，使膜電位由動作電位＋30mV逐漸往靜止膜電位－70mV方向進行，恢復細胞膜內負外正的現象。

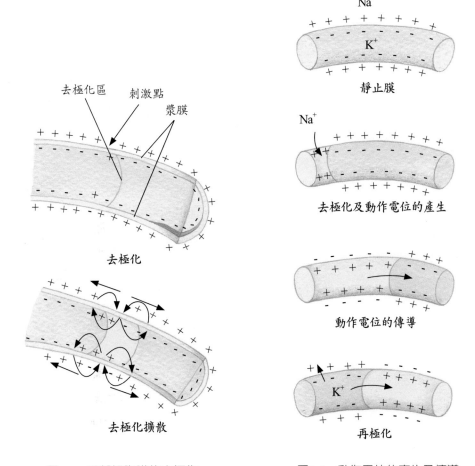

圖5-7　局部細胞膜的去極化　　　圖5-8　動作電位的產生及傳導

4. 過（超）極化（hyperpolarization）：再極化時由細胞內流出K^+的量超過細胞外流入的Na^+量，造成膜電位比靜止時更偏向負值，也就是膜電位比$-70mV$更負的狀況。

5. 鈉－鉀幫浦：協助Na^+回到細胞外，K^+回到細胞內，而恢復正常的靜止膜電位。
動作電位過程中，Na^+與K^+通道活動狀態模式如圖5-9。

動作電位的特性

1. 不反應期（refractory period）：是指一處細胞膜產生動作電位（action potential）時，對另一個刺激不能產生反應，也就是不能再產生另一個動作電位，這段期間即為不反應期。包括：

　⑴絕對不反應期：在去極化狀態時，由於Na^+通道不活化，給予再大的任何刺激，均無法產生另一個動作電位。

　⑵相對不反應期：在再極化狀況時，由於K^+繼續向外擴散，此時給予一大於閾值的刺激即可引發另一個動作電位。

　⑶較大的神經纖維絕對不反應期約0.4毫秒，第二個神經衝動可在1/2,500秒之後傳出去，亦即每秒可傳導2,500個神經衝動。

2. 神經衝動的傳導速度：其傳導速度與刺激強度無關，但與溫度、纖維直徑、是否有髓鞘有關。

　⑴軸突神經纖維越粗，跳躍距離越大，傳導速度就越快。神經纖維由粗至細可分成A、B、C三類纖維（表5-4）。

　⑵神經纖維有髓鞘者，傳導較快。

　⑶溫度高、壓力小，傳導較快。

　⑷缺氧或麻醉藥劑等也會阻斷神經衝動的傳導。

3. 全或無定律（all-or-none principle）：只要刺激強度超過閾值時，則不論刺激強度的大小，皆可產生一個大小相同的動作電位，且以固定強度沿著細胞膜傳導。但若是刺激強度低於閾值，則無法產生任何的動作電位。

圖5-9　動作電位過程中Na⁺與K⁺通道的活動狀態模式

表5-4　神經纖維的種類

種類	髓鞘	傳導方式	直徑（μm）	傳導速度	絕對不反應期	機能
Aα			12～20 （最快）	70～120 （最快）		本體感覺、軀體運動
Aβ	有	跳躍傳導	5～12	30～70	0.4～1毫秒	觸覺、壓覺
Aγ			3～6	15～30		肌梭運動
Aδ			2～5	12～30		快痛、溫覺
B	有	跳躍傳導	<3（中）	3～15 （中）	1.2毫秒	自主神經節前纖維
C	無	連續傳導	0.4～1.2 （最慢）	0.5～2 （最慢）	2毫秒	慢痛、自主神經節後纖維

突觸

　　突觸（synapse）是指神經元軸突末端（突觸球）與另一神經樹突功能性連接但未接觸的區域。它能將訊息由一個神經元傳至另一個神經元，或傳給肌肉細胞或腺體細胞。神經元和肌肉細胞間的突觸，稱為神經肌肉接合，而與腺體細胞間的突觸，稱為神經腺體接合。

　　將衝動傳到突觸的神經元，稱為突觸前神經元，是訊息的發送者；將衝動傳離突觸的神經元，稱為突觸後神經元，是訊息的接受者。大部分神經元同時具有突觸前及後的神經元功能。位於突觸前神經元與突觸後神經元之裂隙，稱為突觸裂。突觸前神經元的神經衝動經由突觸而傳到突觸後神經元，其過程簡要說明如下（圖5-10）：

1. 當神經衝動到達突觸前神經元的突觸球時，會使其膜上 Ca^{2+} 通道打開，而使 Ca^{2+} 由細胞外液進到突觸球。

2. 突觸球內之 Ca^{2+} 濃度增加後，可促使突觸小泡黏附到軸突膜上，而使神經傳導物質釋放到突觸裂。之後，Ca^{2+} 很快進到突觸球的粒線體內或由主動的鈣幫浦將其送回到細胞外。

3. 神經傳遞物經由擴散作用而越過突觸裂，並與突觸後膜上的特定接受器結合。

圖5-10　神經衝動在突觸的傳導

4. 當接受器與神經傳導物質結合後，則其立體結構發生變化，而導致離子通道之開啟，因而引起突觸後膜電位之局部變化。隨著釋放之神經傳導物質之形態，及與其結合之接受器蛋白質之不同，其結果可能興奮或抑制突觸後神經元。這種受神經傳導物質與接受器結合所促進之改變非常短暫，因為神經傳導物質隨即被酶分解或被再收回到突觸球內，而很快的由突觸後膜被移除。

突觸的傳導

1. 興奮性傳導（excitatory transmission）：突觸後細胞對Na^+通透性增加，使Na^+流入細胞內，造成接近靜止膜電位，但是並不足以引起動作電位，稱為興奮性突觸後電位（excitatory postsynaptic potential; EPSP）。EPSP的電位值比靜止膜電位（$-70mV$）高，但較閾值（$-60mV$）低（圖5-11A）。

2. 抑制性傳導（inhibitory transmission）：突觸後細胞對Na^+通透性降低，K^+及Cl^-通透性增加，使Cl^-流入細胞內而K^+流出細胞外，造成比靜止膜電位更負的情況（過極化），稱為抑制性突觸後電位（inhibitory postsynaptic potential; IPSP）（圖5-11B）。

突觸電位的特性：加成作用

通常EPSP只能維持幾毫秒。如果幾個突觸球約在同一時間釋出其神經傳導物質，則合併的效果足以引發一次神經衝動，這種效果即為加成作用。此加成作用（summation）是突觸電位的特性，可分為兩類：

1. 時間加成（temporal summation）：是指快速連續的二個或多個閾下刺激，同時作用於單一個突觸球上，足以引發動作電位時稱之。

2. 空間加成（spatial summation）：是由很多個突觸球同時釋放化學傳導物質，增加突觸後神經元引發一次衝動的機會時稱之。

神經傳導物質

神經傳遞物質（neurotransmitter）是指在神經元內合成並在末梢處釋放，在神經元之間或神經元與動作器之間負責訊息傳導作用的化學物質。能構成神經傳導物質必須具備下列三項標準：(1)需存在於突觸球內；(2)能改變突觸後膜對離子的通透性，產生興奮性或抑制性突觸後電位；(3)在突觸裂內能被酶分解失去活性或被收回突觸球內。大部分神經元只產生及釋放一種神經傳導物質，但也有例外可產生兩種或兩種以上之傳導物質。在周邊神經系統，以乙醯膽鹼（acetyl-choline; ACh）為神經傳遞物質的神經纖維稱為膽鹼性纖維（cholinergic fiber）。支配骨骼肌的運動神經纖維，以及自主神經的節前纖維、大多數副交感神經的節後纖維和部分交感神經的節後纖維，都屬於膽鹼性纖維。

圖5-11　突觸的傳導。A.興奮性傳導：突觸前神經元釋放大量神經傳導物質；B.抑制性傳導：神經衝動刺激抑制性神經元，突觸前神經元受到抑制而減少釋放神經傳導物質。

　　神經傳遞物質中有許多生物胺類（biological amines）神經傳遞物質，如多巴胺、正腎上腺素等的兒茶酚胺類，以及血清胺等的胺基酸類，雖然這些化學物質具有相似的作用機制，但不同的神經元使用會產生不同的功能（表5-5）。

表5-5　神經系統各部位化學傳導物質的比較

部　位	化學傳導物質
軀體神經系統	乙醯膽鹼（acetylcholine; Ach）
自主神經系統	• 乙醯膽鹼（acetylcholine; Ach） • 正腎上腺素（norepinephrine; NE）
中樞神經系統	已知的中樞神經系統化學傳導物質超過40種，較重要的如下： • 膽鹼衍生物：乙醯膽鹼（acetylcholine; Ach） • 兒茶酚胺（catecholamines）：多巴胺（dopamine）、腎上腺素（epinephrine; E）、正腎上腺素（norepinephrine; NE） • 胺類（amine）：組織胺（histamine）、血清素（serotonin） • 胺基酸類（amino acids）：γ胺基丁酸（GABA）、麩胺酸（glutamic acid）、甘胺酸（glycine）、天門冬胺酸（aspartic acid） • 多胜肽類（polypeptides）：升糖素（glucagon）、胰島素（insulin）、體制素（somatostatin）、P物質（substance P）、腎上腺皮質刺激素（ACTH）、血管收縮素II（angiotensin II）、內生性鴉片（endorphins）、促黃體素釋放激素（LHRH）、升壓素（ADH）、膽囊收縮素（CCK）等 • 除了GABA、甘胺酸、內生性鴉片、體制素外，其他皆為興奮性

臨床指引：

　　帕金森氏症（Parkinson's disease）是一種慢性中樞神經失調導致的疾病，跟無法製造足夠的多巴胺有關。患有帕金森氏症的人，一開始可能只有身體一側受到影響，不久後身體兩側都產生病變。一般而言，病情會隨著時間而有所改變且越來越嚴重。通常患有帕金森氏症的人，記憶力不會受到影響。常見的病徵：四肢顫抖、肌肉僵硬、動作遲緩、平衡感失調、講話速度緩慢、音調呆板、寫字越寫越小等。

　　阿茲海默症（Alzheimer's disease）是一種腦部異常導致智力逐漸喪失到癡呆的地步，這是神經傳導物質乙醯膽鹼減少所產生的疾病。此疾病的表徵或症狀可能因人而異，特別是疾病剛開始時。隨著時間進行，記憶力逐漸喪失，首先最常被注意到的症狀，往往是病人無法記住人名，東西放錯位置，經常重複相同的話，時間一久便出現無法操作熟悉的事物、時間及空間定向力異常、情緒及行為改變、無法抽象思考、對事物喪失興趣或原動力、人格特質改變、語言障礙等問題。

自我測驗

（　）1. 周圍神經系統中之神經元的髓鞘是由下列何種細胞所構成？　(A) 許旺氏細胞（Schwann cell）　(B) 衛星細胞（satellite cell）　(C) 寡突膠細胞（oligodendrocyte）　(D) 星形膠細胞（astrocyte）

（　）2. 下列有關動作電位鈉離子通道的敘述何者較合理？　(A) 因為細胞內鈉離子的濃度比細胞外低，所以該離子通道開啟時，鈉離子會進入細胞內　(B) 因為細胞內鈉離子的濃度比細胞外高，所以該離子通道開啟時，鈉離子會流出細胞外　(C) 細胞膜的靜止膜電位是正的，所以該離子通道開啟時，鈉離子會進入細胞內　(D) 細胞膜的靜止膜電位是負的，所以該離子通道開啟時，鈉離子會流出細胞外

（　）3. 下列有關鉀離子進出細胞膜的敘述何者為合理的？　(A) 細胞內的鉀離子濃度比細胞外低，所以鉀離子通道開啟時，鉀離子會進入細胞內　(B) 細胞膜的靜止膜電位是正的，所以鉀離子通道開啟時，鉀離子會進入細胞內　(C) 細胞膜的靜止膜電位是負的，所以鉀離子通道開啟時，鉀離子會進入細胞內　(D) 細胞內的鉀離子濃度比細胞外高，所以鉀離子通道開啟時，鉀離子會流出細胞外

（　）4. 下列有關神經動作電位的傳導之敘述，何者不正確？　(A) 髓鞘（myelin sheath）使傳導速度變快　(B) 髓鞘與蘭氏結（Ranvier's node）允許跳躍式傳導（saltatory conduction）發生　(C) 神經纖維較粗者傳導速度較快　(D) 突觸（synapse）使神經纖維變粗

（　）5. 動作電位發生不具下列何項性質？　(A) 全或無定律（all-or-none principle）　(B) 再極化（repolarization）由開啟鈉通道及鉀通道造成　(C) 一旦產生，在同一細胞其形狀與大小都很相似　(D) 最高點時，胞內可具正電位（overshoot）

（　）6. 神經或骨骼肌動作電位（action potential）的產生主要是和哪種離子進出細胞有關？　(A) 鉀離子（K^+）進入細胞　(B) 氯離子（Cl^-）進入細胞　(C) 鈉離子（Na^+）進入細胞　(D) 鈣離子（Ca^{2+}）流出細胞

（　）7. 興奮性（excitable）與非興奮性（non-excitable）細胞的差別為何？　(A) 非興奮性細胞沒有靜止膜電位，而興奮性細胞有靜止膜電位　(B) 非興奮性細胞沒有動作電位，而興奮性細胞有動作電位　(C) 非興奮性細胞的細胞膜沒有離子通道，而興奮性細胞有離子通道　(D) 非興奮性細胞的細胞膜上沒有鈉鉀幫浦，而興奮性細胞有鈉鉀幫浦

（　）8. 一般而言，動作電位之再極化過程，主要是由何種機制造成？　(A) 氯離子大量流出細胞　(B) 鈉離子大量流入細胞　(C) 鉀離子大量流出細胞　(D) 鈣離子大量流入細胞

（　）9. 大多數的神經傳遞物質是由何處所分泌？　(A) 軸突　(B) 樹突　(C) 細胞體　(D) 髓鞘

（　）10.細胞膜電位形成原因不包括下列何者？　(A) 鈉鉀幫浦的貢獻　(B) 各種離子在細胞內外液之濃度差　(C) 細胞內外滲透壓差　(D) 細胞膜對分布於細胞內外之各主要離子之選擇性通透

（　）11.在神經元的尼氏體相當於：　(A) 高基氏體　(B) 粒線體　(C) 顆粒性內質網　(D) 核糖體

（　）12.有關抑制性突觸之性質，下列何者錯誤？　(A) 全或無定律　(B) 膜電位過極化　(C) 化學性突觸　(D) 降低神經興奮性

（　）13.當動作電位發生時，細胞膜電位如何變化？　(A) 過極化　(B) 極化　(C) 先去極化然後再極化　(D) 先再極化然後去極化

（　）14.下列哪種細胞，在一般情況下具有最短之動作電位？　(A) 心室肌細胞　(B) 骨骼肌細胞　(C) 心臟節律細胞　(D) 平滑肌細胞

（　）15.下列何者與神經衝動的跳躍傳導最不相關？　(A) A型神經纖維　(B) C型神經纖維　(C) 蘭氏結　(D) 髓鞘

（　）16.有關電性突觸之性質，下列何者錯誤？　(A) 常見於肌肉細胞　(B) 不需要神經傳導物質　(C) 可產生抑制性突觸後電位　(D) 為雙向性傳導

（　）17.動作電位具有下列何種特性？　(A) 空間加成性　(B) 時間加成性　(C) 刺激強度愈大，引發之動作電位振幅愈大　(D) 遵循全或無定律

（　）18.神經傳遞物質是經何種機制由軸突釋出？　(A) 擴散作用　(B) 主動運輸　(C) 胞吐作用　(D) 被動運輸

（　）19.下列何者形成周圍神經的髓鞘？　(A) 許旺氏細胞　(B) 寡突膠細胞　(C) 微小膠細胞　(D) 星狀膠細胞

（　）20.大部分的動作電位都是在神經細胞的何處產生？　(A) 樹突　(B) 髓鞘　(C) 突觸　(D) 軸突丘

（　）21.神經動作電位的傳遞速度與下列何者成正比關係？　(A) 軸突直徑　(B) 樹突數目　(C) 不反應期長度　(D) 靜止膜電位大小

（　）22.治療重症肌無力可使用乙醯膽鹼酯酶抑制劑（acetylcholinesterase inhibitor）減輕症狀，其作用機轉為何？　(A) 增加乙醯膽鹼（acetylcholine）接受器數量　(B) 增加神經肌肉接合處（neuromuscular junction）之乙醯膽鹼濃度

(C) 促進神經釋放乙醯膽鹼　(D) 直接刺激肌肉收縮

( ) 23.依外形，運動神經元屬於：　(A) 單極性神經元　(B) 偽單極性神經元　(C) 雙極性神經元　(D) 多極性神經元

( ) 24.下列何者之細胞膜纏繞在神經纖維外形成髓鞘？　(A) 星狀膠細胞　(B) 微小膠細胞　(C) 寡突膠細胞　(D) 室管膜細胞

( ) 25.下列何者在神經系統中負責支持、保護的功能？　(A) 神經細胞　(B) 上皮細胞　(C) 神經膠細胞　(D) 結締組織細胞

( ) 26.下列何者與腦組織受傷後，疤的形成最有關係？　(A) 寡樹突膠細胞　(B) 微小膠細胞　(C) 星狀膠細胞　(D) 許旺氏細胞

( ) 27.下列何者不屬於突觸後電位之性質？　(A) 膜電位過極化　(B) 全或無定律　(C) 加成作用　(D) 離子通道開啟

( ) 28.位於中樞神經系統血管旁的膠細胞，最可能是下列何者？　(A) 星狀膠細胞　(B) 微小膠細胞　(C) 寡樹突膠細胞　(D) 許旺氏細胞

( ) 29.下列何者具有引導周邊神經再生的功能？　(A) 衛星細胞　(B) 許旺氏細胞　(C) 星狀膠細胞　(D) 寡樹突膠細胞

( ) 30.關於突觸電位（synaptic potential）的特性，下列何者錯誤？　(A) 刺激需達到閾值方可發生　(B) 不遵守全或無定律　(C) 可產生加成作用　(D) 無不反應期

( ) 31.鈉鉀幫浦（sodium-potassium pump）運送鈉鉀離子的比例（$Na^+ : K^+$）為何？　(A) 1 : 1　(B) 1 : 3　(C) 2 : 3　(D) 3 : 2

( ) 32.下列何種神經纖維不具有髓鞘？　(A) Aα型纖維　(B) B型纖維　(C) C型纖維　(D) Aγ型纖維

( ) 33.有關神經突觸之性質，下列何者錯誤？　(A) 神經傳導物質是由胞吐作用釋放出來　(B) 電性突觸會有短暫時間的突觸延遲　(C) 化學性突觸的特徵是具有突觸隙裂　(D) 人體神經與肌肉間之訊息傳遞是屬於化學性突觸

( ) 34.感覺刺激越強，則傳入神經元之動作電位的最常見變化為何？　(A) 頻率越高　(B) 傳導速率越快　(C) 峰值越大　(D) 時間寬度越窄

( ) 35.下列何者形成中樞神經系統神經纖維的髓鞘？　(A) 許旺氏細胞　(B) 寡突膠細胞　(C) 微小膠細胞　(D) 星狀膠細胞

( ) 36.下列有關靜止膜電位之敘述，何者錯誤？　(A) 為細胞處於一種極化的狀態　(B) 為細胞內負電較多而細胞外正電較多的現象　(C) 鈉－鉀幫浦有助於建立靜止膜電位　(D) 一般神經細胞之靜止膜電位為＋50 mV

( ) 37.下列何種構造與化學性突觸無關？　(A) 隙裂接合（gap junction）　(B) 突觸

小泡（synaptic vesicles）　　(C) 神經傳導物質　　(D) 突觸後細胞膜接受器

（　）38.依突起數目多寡分類，背根神經元屬於下列何種類型？　(A) 多極神經元
　　　　(B) 雙極神經元　　(C) 偽單極神經元　　(D) 無軸突神經元

（　）39.下列何種接受器之作用不需透過G-蛋白（G-protein）產生？　(A) 蕈毒鹼類
　　　　膽鹼接受器　　(B) β型腎上腺素性接受器　　(C) α型腎上腺素性接受器　　(D) 尼
　　　　古丁類膽鹼接受器

（　）40.下列分泌何種物質的腦部神經元退化與阿茲海默症（Alzheimer's disease）之
　　　　關係最為密切？　(A) 腎上腺素　　(B) 多巴胺　　(C) 乙醯膽鹼　　(D) P物質

（　）41.有關突觸後膜電位（postsynaptic membrane potential）的特性，下列敘述何者
　　　　正確？　(A) 具有閾值（threshold）　　(B) 具有不反應期（refractory period）
　　　　(C) 不會產生過極化作用（hyperpolarization）　　(D) 膜電位幅度（amplitude）
　　　　會隨刺激強度而改變。

（　）42.當神經細胞膜電位等於閾值（threshold）時，下列何種離子之通透性增加最
　　　　多？　(A) 鉀離子　　(B) 鈉離子　　(C) 氯離子　　(D) 鈣離子。

（　）43.有關神經元動作電位（action potential）之敘述，下列何者錯誤？　(A) 動作
　　　　電位傳遞（propagation）與流經胞膜鈉離子孔道之離子流（local ionic flux）
　　　　無關　　(B) 鈉離子孔道負責動作電位之啟動（initiation of action potential）
　　　　(C) 閾值（threshold）電位是指流入胞內鈉離子量恰與流出胞外鉀離子量相等
　　　　時的膜電位　　(D) 絕對不反應期（absolute refractory period）與鈉離子孔道的
　　　　不活化（inactivation）有關。

解答：

1.(A)　2.(A)　3.(B)　4.(D)　5.(B)　6.(C)　7.(B)　8.(C)　9.(A)　10.(C)

11.(C)　12.(A)　13.(C)　14.(B)　15.(B)　16.(C)　17.(D)　18.(C)　19.(A)　20.(D)

21.(A)　22.(B)　23.(D)　24.(C)　25.(C)　26.(C)　27.(B)　28.(A)　29.(B)　30.(A)

31.(D)　32.(C)　33.(B)　34.(A)　35.(B)　36.(D)　37.(A)　38.(C)　39.(D)　40.(C)

41.(C)　42.(B)　43.(D)

第六章 中樞神經系統與周邊神經系統

中樞神經系統（central nervous system; CNS）是由腦和脊髓組成，接受由感覺神經元傳來的神經衝動，經過整合後傳出命令給運動神經元做出反應。

腦

腦（brain）由神經管前端發育而成，位於顱腔內，分成大腦、間腦、腦幹及小腦等部分，其中腦幹包括了中腦、橋腦及延腦（圖6-1）。腦重約1,400～1,600公克，每分鐘可吸收全身血流量的20%，以因應腦部的高度代謝速率，它是神經系統中最大、最複雜的部分。

大腦

大腦（cerebrum）是由左、右大腦半球所構成，兩半球間由胼胝體（corpus callosum）的髓鞘纖維束互相連結。大腦占了整個腦部的80%，構成腦的主體，表層有2～4公釐厚的灰質，即為大腦皮質（cerebral cortex），皮質底下是白質，由神經纖維構成。

1. 白質（white matter）：是由有髓鞘的軸突所組成，位於皮質下面，包括下列三種纖維（圖6-2）：

圖6-1　腦的解剖圖

⑴聯絡纖維：傳遞同側大腦半球內不同腦回間的神經衝動（前後傳導）。

⑵連合纖維：傳遞對側大腦半球的神經衝動（左右傳導）。左右大腦半球的連接就是靠胼胝體、前連合、後連合三個連合纖維。

⑶投射纖維：連接大腦與其他腦部位或脊髓之上升徑及下降徑所構成（上下傳導），例如內囊、大腦腳。

2. 皮質：在胚胎發育期間，腦急速長大，皮質（cortex）的生長速度比白質快，由於皮質在外包附著白質，而形成許多皺褶腦回（gyri），在腦回間的深溝稱腦裂，淺的稱腦溝。

後方的是負責感覺的中央後回，分開額葉和顳葉的是側腦溝，分開頂葉和枕葉的是頂枕溝（圖6-3）。在側腦溝的深部有腦島（insula；島葉）。

⑴各腦葉的功能

依位置將大腦分成額葉、頂葉、顳葉、枕葉、腦島，其功能見表8-6。

⑵大腦皮質功能區（圖6-4）

①大腦半球功能的特化：

* 左腦主要是語言能力，它強調的是數理、邏輯和分析的能力。

* 右腦是對形狀及空間等感受的來源，它強調整體性的視野功能。

* 通常慣用右手之人，左腦占優勢，但不管慣用左手或右手者，其語言區皆在左大腦半球。

②大腦皮質可分成：

* 感覺區：詮釋感覺性衝動。

* 運動區：控制肌肉的運動。

圖6-2　大腦白質的纖維。A.矢狀切面；B.冠狀切面。

- 聯絡區：占大腦皮質的大部分，與記憶、情緒、理性、意志、判斷、人格特質及智力有關，換句話說，只要涉及情緒及智力的衍生過程皆屬聯絡區。

③大腦感覺或運動區如屬愈重要或愈精細者，在腦部皮質所占區域愈大（圖6-5）。

圖6-3　大腦的皮質外觀，分開側腦溝可看見腦島。

表6-1　各腦葉的功能

腦葉	功能
額葉	控制骨骼肌的隨意運動、人格特性、語言溝通，例如集中注意力、計畫、決定等的高等智慧處理
頂葉	體感覺的詮釋言語的理解，形成字彙以表達想法與情感；物質材料及形狀的詮釋
顳葉	聽覺詮釋、視覺及聽覺經驗的儲存（記憶）
枕葉	整合眼球的對焦動作，將視覺影像與之前的視覺經驗及其他感覺刺激互相連貫，視覺認知
腦島	與內臟痛覺訊息的記憶編碼及整合有關

圖6-4　大腦皮質與功能，可分成四葉：額葉、顳葉、頂葉和枕葉。

圖6-5　大腦皮質感覺及運動區與身體部位的關係，感覺或運動越重要或越精細的部
　　　位，所占的區域越大。

3. 邊緣系統（limbic system）：神經元的細胞體與樹突組成的灰質，位於大腦表層的
皮質及大腦深部聚集形成神經核（nuclei）。邊緣系統就是由一部分的前腦神經核
及圍繞腦幹形成環狀纖維徑所組成的構造（圖6-6）。

⑴組成：

①邊緣葉：由大腦的扣帶回（cingulate gyrus）及海馬旁回（parahippocampal

gyrus）所組成。

②海馬：為海馬旁回延伸到側腦室底部的部分。負責將短期記憶轉換成長期記憶儲存於大腦皮質內。經由邊緣系統構造所產生的情緒能增加或抑制長期記憶的儲存。

③杏仁體：位於尾狀核的尾端。正常可助個人做出符合社會環境要求的適當行為反應。

④下視丘的乳頭體：位於大腦腳附近。

⑤視丘的前核：位於側腦室的底部。

A

B

圖6-6　邊緣系統立體構造圖及其相關性

⑵功能：邊緣系統被稱為「嗅腦」、「情緒腦」、「內臟腦」。

①一些基本動物行為：嗅覺、記憶、性行為。

②與下視丘相關的功能：情緒控制（憤怒、歡樂、恐懼）、進食行為、自主神經反應。

4. 基底核（basal ganglia）：是位於大腦白質深層內的灰質團塊，又稱基底神經節。

⑴組成：基底核最顯著的是由數個神經核集合形成的構造（圖6-7）。

①紋狀體（corpus striatum）：占最大，由尾狀核（caudate nucleus）與豆狀核（lentiform nucleus）組成，豆狀核又包括外側的殼核（putamen）及內側的蒼白球（globus pallidus）兩部分。內囊雖為白質，但貫穿於豆狀核、尾狀核及視丘間，有時也被認為是紋狀體的一部分。

②帶狀核（claustrum）：在視覺訊息的處理中占有未確定的角色。

③杏仁核（amygdala nucleus）。

④黑質（substantia nigra）。

(2)功能：大腦皮質運動區、基底核（基底神經節）與其他腦部區域間互相連結形成運動迴路（motor circuit）。

①控制骨骼肌的潛意識運動，例如走路時手臂的擺動。

②調節與身體之特定運動所需之肌肉緊張度，例如姿勢的改變。

③經由皮質脊髓徑來調控對側身體的動作。

圖6-7　視丘及基底核（水平切面）

(3)病變

①若黑質及紋狀體中的多巴胺含量減少，會引起帕金森氏症（Parkinson's disease），導致痙攣性麻痺或靜止震顫等不正常的軀體運動。

②若蒼白球外側或合併紋狀體受損，會產生臉部、手部、舌頭及身體其他部位持續而緩慢的扭曲運動，稱為手足徐動症（athetosis）。

間腦

　　間腦（diencephalon）與大腦共同組成前腦，幾乎完全由大腦半球所圍繞。間腦包含視丘、下視丘及一部分腦下垂體等重要構造，內含有一狹窄的空間是腦室。

1. 腦室（ventricles of brain）：腦的內部是充滿腦脊髓液的中空腔室，含四個中央通道，稱為腦室（圖6-8）。最大的兩個為側腦室（位於大腦半球），藉著腦室間孔（interventricular foramen）與第三腦室（third ventricle）相通。而位於中腦的大腦導水管（cerebral aqueduct）則連接著第三腦室與第四腦室。第四腦室在延髓中與

脊髓中央管相通。

2. 視丘（thalamus）：位於中腦上方，大腦半球側腦室下方，約占間腦的3/4，形成第三腦室的外側壁（圖6-9），功能是將所有感覺訊息（除嗅覺外）送至大腦皮質前的轉換站，也扮演隨意與不隨意運動指令之協調角色。

3. 下視丘（hypothalamus）：為間腦最下方的部分，構成第三腦室的底部及外側壁，位於腦下垂體的上方，為自主神經系統的高級中樞（圖6-9），其內神經核控制的身體活動，大部分與身體的恆定有關。功能說明如下：

(1)自主神經系統的調節作用：交感神經中樞位於下視丘的後部，副交感神經中樞位於前部，會影響血壓、心跳速率及強度、消化道運動、呼吸頻率及深度、瞳孔大小等自主神經功能，所以下視丘又稱自主神經整合中樞。

(2)調節體溫：下視丘的前部有散熱中樞，後部有產熱中樞，可調節體溫。並產生多種內分泌激素，包括抗利尿激素（antidiuretic hormone; ADH）、催素（oxytocin）。

(3)調節攝食：下視丘的腹內側有飽食中樞，腹外側有飢餓中樞。

(4)調節睡眠週期，並能影響情緒反應與行為。

圖6-8 腦室解剖圖

圖6-9　視丘

腦幹

腦幹（brain stem）包括中腦、橋腦及延腦。

1. 中腦（midbrain）：位於間腦與橋腦之間，貫穿其間的大腦導水管上下各連接第三、四腦室（圖6-9）。

　　⑴中腦的背側有頂蓋（tectum），上下各一對隆起，稱為四疊體（corpora guadrigemina）。上方的一對，稱為上丘，對視覺刺激會引起眼球與頭部運動之反射中樞；下方的一對，稱為下丘，對聽覺刺激會引起頭部與體幹運動的反射中樞。

　　⑵中腦的腹側有一對大腦腳（cerebral peduncles），是由上升及下降徑纖維所組成的構造，可聯絡上下。

　　⑶中腦有兩組多巴胺性神經元系統投射至其他腦部區域。一組是黑質紋狀體系統，由黑質投射至基底核的紋狀體，負責運動協調，若神經纖維退化會引起帕金森氏症；另一組則是中腦邊緣系統的一部分，由黑質附近的神經核投射至前腦的邊緣系統，與行為表現有關。

　　⑷中腦內尚有紅核、內側蹄系、網狀結構及腦神經核。來自大腦皮質及小腦的神經纖維終止於紅核，再由紅核發出紅核脊髓徑至脊髓，影響骨骼肌運動神經元之促進興奮作用。內側蹄系則是白色神經纖維束，是腦幹的共同構造，可將觸

覺及本體感覺之神經衝動由延腦傳至視丘。網狀結構則與意識及清醒的維持有關，亦是腦幹的共同構造。中腦有動眼神經核及滑車神經核二對腦神經核。

2. 橋腦是腦幹的膨大部分，位於延腦的上方、小腦的前方（圖6-10A&B）。橋腦有橫走的纖維形成中小腦腳與小腦相連；也有縱走的纖維為感覺及運動徑，以連繫上下。

   橋腦含有三叉神經核、外旋神經核、顏面神經核、前庭神經核四對腦神經核。

   在橋腦的上方有呼吸調節中樞及長吸區，與延腦的節律區共同控制呼吸作用。

3. 延腦（medulla oblongata）：位於腦幹的最下部，在枕骨大孔的高度與脊髓相延續（圖6-10A），所有連接腦與脊髓的上升徑、下降徑皆需通過延腦。

   ⑴延腦的背側有薄核及楔狀核，是一般感覺的轉遞核，它們接受來自脊髓的薄束及楔狀束（脊髓後柱徑）所傳來的精細觸覺及意識性本體感覺之訊息，由此轉換至對側視丘，最後至大腦的感覺皮質。

   ⑵延腦的兩側有橄欖體（olives），內含下橄欖核及副橄欖核，其神經纖維經下小腦腳與小腦相連。

   ⑶延腦的腹側有成對的錐體，由皮質脊髓徑組成，80%在延腦與脊髓交接處交叉至對側的稱為錐體交叉，屬外側皮質脊髓徑，剩下的20%經錐體外側至脊髓灰質內交叉，屬前皮質脊髓徑，皆屬於錐體徑（表6-3、圖6-16）。

   ⑷延腦含第8～12對腦神經的神經核，還含有許多涉及自主反射的神經核，最重要的有：

   ①心臟中樞：可調節心跳速率及心臟收縮的強度。

   ②血管運動中樞：可調節血管壁平滑肌的收縮，改變血管口徑，調節血壓。

   ③呼吸中樞：延腦的呼吸節律區可以控制呼吸的速率與深度，維持呼吸的基本節律。

   以上這三種中樞皆涉及生命的維持，所以延腦是生命中樞，除此之外尚有調節吞嚥、嘔吐、咳嗽、打噴嚏、打嗝等中樞。

A

B

圖6-10 腦幹與中腦之解剖圖。A.腦幹圖；B.腦幹呼吸中樞及網狀結構。

小腦

　　小腦（cerebellum）是由超過數百萬個神經元所組成的構造，為腦內第二大構造，和大腦一樣，灰質在外，白質在內。灰（皮）質部分由外至內三層的排列為：分子層、滿氏層、顆粒層；白（髓）質深部的灰質塊有四對，由外至內的排列是：齒狀核（最大）、栓狀核、球狀核、頂狀核。小腦位於橋腦與延腦的後方，大腦枕葉的下方，以橫裂及小腦天幕與大腦相隔。

　　小腦中間是蚓部（vermis），兩側為小腦半球，每一半球由小腦葉組成，其中前、後葉與骨骼肌的潛意識運動有關，為協調動作、姿勢的維持與平衡感有關。小葉小結葉（vestibulocerebellum）則與平衡和眼部運動有關。有上小腦腳與中腦相連接，中小腦腳與橋腦相連接，下小腦腳與延腦、脊髓相連接（圖6-11）。

1. 功能

　　⑴隨意動作的協調：由於可預知將來身體位置，所以對極快速的肌肉活動，例如跑步、打字、彈琴、說話等的運動控制特別重要。

　　⑵肌肉張力的維持：例如姿勢的維持。

　　⑶平衡。

2. 受損

　　⑴運動失調：動作的速度、力量、方向產生錯誤因而導致動作不協調（共濟失調）。

圖6-11　小腦。A.後面；B.上面；C.矢狀切面。

(2)意向性震顫（intention tremor）：伸手拿東西時，常無法瞄準物品，患者會想往相反方向矯正，結果造成肢體來回震顫，無法立即停止動作。

(3)辨距不良：常因估計錯誤而造成運動失調。

(4)更替運動不能：無法快速的交替反覆動作，例如手反覆的旋前、旋後。

臨床指引：

　　腦的活動可以用腦波電流圖（electroencophalogram; EEG）的方法記錄下來。有兩種波最明顯。1.α波：頻率為每6～13次，電位為45毫伏特，當眼睛閉起放鬆時，此波最明顯。2.β波：頻率比α波高，但電位較α波低，在眼睛張開清醒時最顯著。3.θ波：常見於兒童。4.δ波：在沉睡不易喚醒時出現。EEG是很好的診斷工具，不規則腦波表示可能有癲癇或腫瘤產生，平坦腦波表示腦細胞不活動或死亡。

β波	清醒緊張
α波	安定、放鬆
α波	修復、極度放鬆
α波	兒童、熟睡成人
θ波	忘我狀態
δ波	嬰兒、深度睡眠成人
異常波	癲癇發作時

　　選擇第1β波→張眼清醒。第2α波→閉眼放鬆。第5θ波→常見兒童。第6δ波→沉睡的成人或嬰兒。第7異常波→癲癇發作時

脊髓

脊髓（spinal cord）位於椎管內，上端在枕骨大孔的高度與延腦相連接，下端則達第一與第二腰椎間的椎間盤高度，約42～45公分。

構造

脊髓的外觀有兩處膨大的地方，頸膨大在第四頸椎至第一胸椎的高度，腰膨大在第九胸椎至第十二胸椎的高度。由腰膨大以下開始變細形成脊髓圓錐（conus medullaris），其下方伸出非神經組織的終絲，所以終絲是在第二腰椎由軟脊髓膜組成，至第二薦椎與硬脊髓膜會合，最後終止於第二尾椎（圖6-12）。

圖6-12　脊髓及脊神經之背面觀

　　脊神經共有31對，包括頸脊神經8對、胸脊神經12對、腰脊神經5對、骶脊神經5對、尾脊神經1對。由下段脊髓（腰、骶脊髓）所分出的脊髓神經在椎管內下行至相當的椎間孔才離開脊柱，這些下行的神經就像由脊髓下端往外散開的頭髮，故稱為馬尾（cauda equina）。由脊髓的橫切面可見，前面正中部位有一深而寬的縱走裂溝，稱前正中裂，而後面的正中淺溝，稱後正中溝，兩者皆為左右兩邊脊髓的分界線（圖6-13）。灰質在內，白質在外。

圖6-13　脊髓的橫切面構造

1. 灰質

　　灰質（gray matter）位於深部，是由聯絡神經元與運動神經元的細胞體、樹突及無髓鞘軸突所組成，在橫切面上呈H型。H的橫桿部分是灰質聯合，中間有中央管貫穿整條脊髓，上端與第四腦室相連。H的直立部分可分成三個部分：

　　⑴前角（anterior horn）：具有體運動神經細胞體，其神經纖維分布到骨骼肌。

　　⑵後角（posterior horn）：感覺神經纖維與聯絡神經元細胞體所構成。

　　⑶外側角（lateral horn）：由自主神經的節前神經元之細胞體所組成，其節後神經元分布到心肌、平滑肌、腺體。

2. 白質

　　白質（white matter）位於表層，是由有髓鞘的神經纖維所組成，被灰質的前後角分成三部分：

　　⑴前柱（anterior column）：負責粗略觸覺、壓覺。

　　⑵後柱（posterior column）：負責本體感覺、實體感覺、兩點辨識。

⑶外側柱（lateral column）：負責痛覺、溫覺。白質柱內的神經纖維主要構成各種縱走的神經徑，往上傳達的是感覺徑（上行徑見表6-2），往下傳達的是運動徑（下行徑見表6-3）。除此之外，也有一些橫向的纖維可傳達至對側。

功能

1. 將感覺神經衝動由周邊傳至腦，將運動神經衝動由腦傳至周邊。
2. 反射的中樞。

表6-2　脊髓的主要上行徑（感覺徑）

上行徑	白質位置	起點	終點	功能
前脊髓視丘徑（圖6-14）	前柱	對側脊髓灰質後角	同側視丘同側大腦皮質	• 負責粗略觸覺及壓覺 • 感覺接受器（左側）→脊髓後角（左）→脊髓前柱（右）→視丘（右）→大腦皮質（右）
外側脊髓視丘徑	外側柱	對側脊髓灰質後角	同側視丘同側大腦皮質	• 負責痛覺、溫覺 • 感覺接受器（左側）→脊髓後角（左）→脊髓側柱（右）→視丘（右）→大腦皮質（右）
脊髓後柱徑（薄束、楔狀束）（圖6-15）	後柱	同側脊髓	同側延腦對側視丘對側大腦皮質	• 負責精細觸覺、兩點辨識、本體感、實體感 • 感覺接受器（左側）→脊髓後角（左）→脊髓後柱（左）→延腦內側蹄系交叉（右）→視丘（右）→大腦皮質（右）
後脊髓小腦徑	側柱後部	同側脊髓	同側小腦	• 負責潛意識本體感覺 • 感覺接受器（左側）→脊髓後角（左）→脊髓側柱（左）→下小腦腳→小腦（左）
前脊髓小腦徑	側柱前部	同側脊髓	同側及對側小腦	• 負責潛意識本體感覺 • 感覺接受器（左側）→脊髓後角（左）→脊髓側柱（左）→下小腦腳→小腦（左、右）

由感覺接受器至大腦皮質至少需經過3個神經元（圖6-14、6-15）。

1. 第一個神經元：感覺接受器→脊髓後角。
2. 第二個神經元：脊髓→視丘。
3. 第三個神經元：視丘→大腦皮質。

表6-3　脊髓主要下行徑（運動徑）

	下行徑	白質位置	起點	終點	功能
錐體徑	外側皮質脊髓徑（圖6-16）	側柱	對側大腦皮質在延腦錐體交叉	脊髓灰質前角	• 負責肌肉張力之維持 • 大腦皮質（4區）（左側）→延腦錐體交叉→脊髓外側柱（右）→脊髓灰質前角（右）→骨骼肌
	前皮質脊髓徑	前柱	對側大腦皮質在脊髓交叉	脊髓灰質前角	• 負責肌肉張力之維持 • 大腦皮質（4區）（左側）→錐體不交叉→脊髓前柱（左）→脊髓灰質內交叉→脊髓灰質前角（右）→下運動神經元→骨骼肌
錐體外徑	紅核脊髓徑	側柱	對側中腦紅核	脊髓灰質前角	• 負責對側肢體肌肉張力及姿勢之維持與協調 • 大腦皮質（4、6區）（左側）→基底核→腦幹交叉→脊髓側柱（右）→脊髓灰質前角（右）→下運動神經元→骨骼肌
	四疊體脊髓徑	前柱	對側中腦四疊體	脊髓灰質前角	• 經視、聽的反射控制對側肢體肌肉張力及姿勢之維持與協調 • 大腦皮質（4、6區）（左側）→基底核→腦幹交叉→脊髓前柱（右）→脊髓灰質前角（右）→下運動神經元→骨骼肌
	前庭脊髓徑（圖6-17）	前柱	對側延腦	脊髓灰質前角	• 因頭部移動所產生身體肌肉張力及姿勢之維持與協調 • 大腦皮質（4、6區）（左側）→基底核→腦幹交叉→脊髓側柱（右）→脊髓灰質前角（右）→下運動神經元→骨骼肌

內囊

體感覺區

第三級神經元

視丘之後外側腹核

中腦

第二級神經元

延腦

第一級神經元

粗略觸覺或壓力感受器

灰質後角

前脊髓視丘徑

白質前柱

圖6-14　前脊髓視丘徑

內囊

視丘之後外側腹核

體感覺區

第三級神經元

內側蹄系

中腦 第二級神經元

薄核
楔狀核

延腦 第一級神經元

薄束

辨別性碰觸，本體感
受或震動之感受器

楔狀束

白質後柱

圖6-15 脊髓後柱徑

運動皮質

內囊

中腦

大腦腳

橋腦

在延腦交叉

外側皮質脊髓徑

白質外柱

灰質前角

白質前柱

前皮質脊髓徑

脊髓

至骨骼肌

至骨骼肌

圖6-16　錐體徑

運動皮質

視丘

基底核 [紋狀體 蒼白核]

腦幹

頸部脊髓

內側網狀脊髓徑

紅核脊髓徑

前庭脊髓徑

外側網狀脊髓徑

腰部脊髓

圖6-17 錐體外徑用

血腦障壁

　　腦部微血管的細胞較密集，且其外圍有較多的星形膠細胞，並為連續的基底膜所包圍，而形成了選擇性的障壁，使小分子或有攜帶體協助的才易通過，以保護腦細胞免於受到有害物質的傷害。只有下視丘和第四腦室無血腦障壁（blood-brain barrier; BBB）。

　　腦只占體重的2%，但耗氧量卻占全身的20%，是耗氧最多的器官。血液中的葡萄糖是腦細胞能量的主要來源，所以葡萄糖、氧、二氧化碳、水、酒精、氫離子較易通過血腦障壁，肌酸酐、尿素、氯、胰島素、蔗糖通過速度較慢，而蛋白質和大部分的抗生素皆因分子較大，不易通過血腦障壁。

周邊神經系統

　　周邊神經系統（peripheral nervous system）包括腦與脊髓以外的所有神經組織，包含了12對腦神經、31對脊神經的神經纖維束（軸突的集合）及相關的神經節（細胞體的集合）。

腦神經

　　腦神經（cranial nerves）有12對，除了第一對附著於大腦、第二對附著於視丘外，其餘皆附著於腦幹（圖6-18）。而且12對腦神經都通過頭顱骨的孔、裂、管離開顱腔。腦神經可經由羅馬數字及名稱來表示，羅馬數字代表腦神經在腦中由前至後排列的順序，而神經的名稱則顯示支配的構造或功能。

　　大部分的腦神經是含有運動及感覺纖維的混合神經（mixed nerve），只有與特殊感覺（如嗅、視覺）有關的神經僅含有感覺纖維，這些感覺神經元的細胞體並非位於腦中，而是位於靠近感覺器官的神經節內。各對腦神經的名稱與作用請見表6-4。

視交叉
眼神經
上頜神經
下頜神經
中樞神經第五
對半月神經節

嗅神經
視神經
動眼神經
滑車神經
三叉神經
外旋神經
顏面神經
前庭耳蝸神經
舌咽神經
迷走神經
副神經
舌下神經

圖6-18　腦神經於腦表的起始處

表6-4　腦神經的摘要

名稱	感覺作用	運動作用	副交感作用
Ⅰ嗅神經	嗅覺	—	—
Ⅱ視神經	視覺	—	—
Ⅲ動眼神經	由其運動纖維支配的肌肉傳來的本體感覺	控制上、下、內直肌、下斜肌之眼外肌及提上眼瞼肌	控制瞳孔括約肌及睫狀肌之眼內肌
Ⅳ滑車神經	上斜肌的本體感覺	控制眼球上斜肌的運動	—
Ⅴ三叉神經	顏面的觸覺、溫度、痛覺及咀嚼肌的本體感覺	控制咀嚼肌及可拉緊鼓膜的肌肉	—
Ⅵ外旋神經	外直肌的本體感覺	控制眼球外直肌	—
Ⅶ顏面神經	舌前2/3味覺及面部表情肌本體感覺	控制臉部表情及可拉緊鐙骨的肌肉	控制淚液及唾液的分泌
Ⅷ前庭耳蝸神經	平衡覺及聽覺	—	—
Ⅸ舌咽神經	舌後1/3味覺及咽部肌肉的本體感覺	控制吞嚥所使用的咽部肌肉	控制腮腺唾液分泌及血壓調整
Ⅹ迷走神經	內臟肌肉的本體感覺及舌後味蕾、耳廓感覺	控制咽、喉部肌肉，與吞嚥、發音有關	控制內臟蠕動、心跳及血壓的調節等
副神經	頭、頸、肩肌肉的本體感覺	控制咽、喉及胸鎖乳突、斜方肌	—
舌下神經	舌頭肌肉的本體感覺	控制舌頭的動作	—

脊神經

　　脊神經（spinal nerve）有31對，根據所發出的脊椎部位分為8對頸脊神經、12對胸脊神經、5對腰脊神經、5對骶脊神經及1對尾脊神經（圖6-19）。每一條脊神經皆含有感覺及運動神經纖維的混合神經。這些纖維是包圍在同一束神經內，直到接近進入脊髓前才分開成兩條短分枝，稱為背根（dorsal root）與腹根（ventral root）。背根含感覺神經纖維，腹根含運動神經纖維。

　　背根處有聚集所有感覺神經元細胞體的膨大端為背根神經節（dorsal root ganglion）（圖6-20）。腹根分自主神經與體運動神經，體運動神經元的細胞體不位於神經節內，而是在脊髓灰質內；而自主運動神經元的細胞體則是位於脊髓外的神經節。

C5-T1肌皮神經

C3-C5膈神經

C5-T1橈神經

C6-T1正中神經

C7-T1尺神經

T2-T11肋間神經

L1-L4股神經

L4-S3坐骨神經

C1
C2
C3
C4
C5
C6
C7
C8
T1
T2
T3
T4
T5
T6
T7
T8
T9
T10
T11
T12
L1
L2
L3
L4
L5
S1
S2
S3
S4
S5
Co

8 對頸神經

12 對胸神經

5 對腰神經

5 對骶神經

1 對尾神經

圖6-19　主要周邊神經位置圖

圖6-20　脊神經的分枝

反射與反射弧

　　人體對於內在、外在及有傷害性的刺激能產生自動且快速的反應，即為反射（reflex）。涉及反射的傳導路徑即為反射弧（reflex arc）。反射弧是神經系統的功能單位，含有兩個或兩個以上的神經元，其基本組成如下（圖6-21）：

1. 感受器（receptor）：能接受身體內在、外在環境改變的訊息，而使感覺神經元引發衝動。

2. 感覺神經元（sensory neuron）：將感受器接受的衝動由樹突傳至其他位於中樞神經內的軸突末端。

3. 中樞（center）：位於中樞神經系統內，將傳入的訊息經整合後，可直接或間接傳

至運動神經元引起神經衝動。

4. 運動神經元（motor neuron）：將感覺神經元或聯絡神經元在中樞所產生的衝動傳至將反應的器官。

5. 動作器（effector）：運動神經元所支配的身體構造，如肌肉或腺體，會引起相對應的收縮、放鬆或分泌。

反射是對內、外環境改變的快速反應，以維持身體的恆定。若反射中樞的整合位於脊髓，即為脊髓反射（spinal reflex）。若反射結果引起骨骼肌的收縮，稱為軀體反射（somatic reflex）；若是引起平滑肌或心肌的收縮，或是腺體的分泌，則為內臟（visceral）反射或自主（autonomic）反射。若以參與的神經元間所形成突觸數目來分類，可分成單突觸反射（只有感覺神經元和運動神經元形成的一個突觸）、雙突觸反射（多一個聯絡神經元參與）、多突觸反射。

臨床指引：

　　反射常被用來診斷神經系統的疾病，並可確定神經受傷位置。

　　膝反射：由股神經傳導，無此反射表示受損部位在脊髓L1～L4。

　　踝反射：由坐骨神經傳導，無此反射表示受損部位在脊髓L4～S3。

　　肘反射：由橈神經傳導，無此反射表示受損部位在脊髓C5～T1。

圖6-21　反射弧的構造

足底反射：由皮質脊髓徑傳導，無此反射表示受損部位在皮質脊髓徑。

瞳孔反射：由視神經傳入，動眼神經傳出，無此反射表示受損部位在中腦。

角膜反射：由三叉神經眼枝傳入，顏面神經傳出，無此反射則表示受損部位在橋腦。

咽反射：由舌咽神經傳入，迷走神經傳出，無此反射表示受損部位在延腦。

自我測驗

（　）1. 痛覺和溫度的感覺經由哪一條脊髓上行徑傳入視丘後，再傳到大腦的體感覺皮質？　(A) 前脊髓視丘徑　(B) 外側脊髓視丘徑　(C) 薄束及楔狀束　(D) 後脊髓小腦徑

（　）2. 下述有關神經系統的敘述，何者正確？　(A) 周邊神經系統包括脊神經與脊髓　(B) 自主神經屬於周邊神經系統　(C) 交感神經屬於中樞神經系統　(D) 體神經系統屬於中樞神經系統

（　）3. 於清醒而警覺的張眼狀態下所測到的腦波是下列何者？　(A) α 波　(B) β 波　(C) θ 波　(D) δ 波

（　）4. 下列有關腦脊髓液（cerebrospinal fluid）的敘述何者正確？　(A) 位於蜘蛛膜與軟腦膜之間　(B) 為腦細胞間液　(C) 所形成的腦壓約60毫米汞柱　(D) 內含白血球但沒有紅血球

（　）5. 下列何者不屬於下視丘所負責調控的功能？　(A) 維持正常體溫　(B) 調節口渴及食慾　(C) 聽覺　(D) 控制腦下垂體荷爾蒙的分泌

（　）6. 下列何者是造成水腦症的最主要原因？　(A) 腦瘤　(B) 大腦皮質萎縮　(C) 腦脊髓液蓄積　(D) 腦血管栓塞

（　）7. 貝爾氏麻痺（Bell's palsy）是哪一對腦神經的問題所引起？　(A) 第五對　(B) 第七對　(C) 第九對　(D) 第十對

（　）8. 下列有關下視丘（hypothalamus）的敘述何者正確？　(A) 位於邊緣系統的中心位置　(B) 和聽覺傳導有關　(C) 為呼吸節律中樞的位置　(D) 與身體的平衡有關

（　）9. 心臟調控中樞、呼吸節律中樞與血管運動中樞主要位於：　(A) 橋腦　(B) 延腦　(C) 脊髓　(D) 中腦

（　）10.大腦皮質的Broca's area又稱之為：　(A) 言語感覺區　(B) 肢體運動區　(C) 言語運動區　(D) 視覺區

（　）11.最可能使肌肉張力發生僵硬（rigidity）的腦部病變位置在：　(A) 大腦額葉

(B) 大腦枕葉　(C) 小腦　(D) 基底核

( )12.有關語言功能異常之敘述，下列何者正確？　(A) 弓狀束（Arcuate fasciculus）受損導致失去理解語言之能力　(B) 沃尼克氏區（Wernicke's area）受損導致表達性失語症　(C) 孛羅卡氏區（Broca's area）受損仍可了解別人說話　(D) 角回（Angular gyrus）受損亦可產生失語症

( )13.某人頭部受到重擊，在數週後發生食慾不振、口渴及性慾降低，但其感覺與運動功能並未喪失，您認為其腦中哪一部分功能可能喪失？　(A) 海馬回　(B) 紋狀體　(C) 小腦　(D) 下視丘

( )14.下列何者受損會造成站立不穩及運動失調等症狀？　(A) 小腦　(B) 中腦四疊體前區　(C) 橋腦蓋膜　(D) 延腦疑核

( )15.傳送壓覺的第一級神經細胞本體位於何處？　(A) 脊髓後角　(B) 延腦　(C) 橋腦　(D) 背根神經節

( )16.由臂神經叢所分出之肌皮神經是支配下列何處之肌肉？　(A) 肩部　(B) 上臂前面　(C) 前臂前面　(D) 手掌

( )17.腦幹包含下列哪三個腦區？　(A) 中腦、橋腦、延腦　(B) 中腦、橋腦、小腦　(C) 橋腦、延腦、小腦　(D) 橋腦、延腦、大腦

( )18.下列何者由腦幹背面發出？　(A) 動眼神經　(B) 滑車神經　(C) 外旋神經　(D) 迷走神經

( )19.外側脊髓視丘徑傳送下列何種訊息？　(A) 疼痛覺　(B) 本體感覺　(C) 兩點間判別之感覺　(D) 精細觸覺

( )20.下列何者與巴金森氏病之主要病理變化最為有關？　(A) 杏仁核　(B) Edinger-Westphal核　(C) 紅核　(D) 黑質

( )21.在正常情況，閉眼而放鬆的清醒狀態下，記錄到的腦波主要是：　(A) α 波　(B) β 波　(C) θ 波　(D) δ 波

( )22.下列何者連接左、右大腦半球？　(A) 內囊（internal capsule）　(B) 胼胝體（corpus callosum）　(C) 鉤束（uncinate fasciculus）　(D) 穹窿（fornix）

( )23.下列何者為錐體徑路？　(A) 皮質脊髓徑　(B) 前庭脊髓徑　(C) 網狀脊髓徑　(D) 紅核脊髓徑

( )24.控制骨骼肌梭外纖維（extrafusal fiber）的下運動神經元，是位於脊髓灰質腹角的：　(A) α 運動神經元　(B) β 運動神經元　(C) γ 運動神經元　(D) δ 運動神經元

( )25.下列何者不屬於脊神經系統之病變？　(A) 坐骨神經痛　(B) 正中神經受傷　(C) 臂叢神經受傷　(D) 三叉神經痛

（　）26.飲食與體溫調節中樞位在下列哪個腦區？　(A) 視丘　(B) 下視丘　(C) 松果體　(D) 腦下垂體

（　）27.大部分的錐體徑路神經纖維於何處交叉？　(A) 脊髓　(B) 延腦　(C) 橋腦　(D) 中腦

（　）28.下列何者不是感覺神經核？　(A) 楔狀核　(B) 孤獨核　(C) 疑核　(D) 三叉神經脊髓核

（　）29.從清醒到深睡期的腦波變化為何？　(A) 強度變大而頻率變快　(B) 強度變大而頻率變慢　(C) 強度變小而頻率變快　(D) 強度變小而頻率變慢

（　）30.光腳踩到碎玻璃時，最可能引發下列何種反射動作？　(A) 屈肌反射　(B) 牽張反射　(C) 肌腱反射　(D) 條件反射

（　）31.下列何者是下行神經徑路？　(A) 脊髓小腦徑　(B) 脊髓視丘徑　(C) 紅核脊髓徑　(D) 楔狀束

（　）32.臂神經叢（brachial plexus）主要包含的脊神經腹側枝為何？　(A) C1～C4　(B) C3～C5　(C) C5～T1　(D) T2～T11

（　）33.三叉神經的感覺神經細胞本體位於：　(A) 膝狀神經節　(B) 睫狀神經節　(C) 半月狀神經節　(D) 翼顎神經節

（　）34.中腦黑質神經元多巴胺釋放不足時，可能會導致：　(A) 精神分裂症　(B) 帕金森氏症　(C) 舞蹈症　(D) 嗜睡症

（　）35.下列何者與反射弧無關？　(A) 脊髓　(B) 接受器　(C) 大腦　(D) 動作器

（　）36.下列何者不屬於單突觸反射弧的功能單位？　(A) 接受器　(B) 中間神經元　(C) 作用器　(D) 運動神經元

（　）37.下列何者與情緒性活動及個體防禦、生殖等有關？　(A) 邊緣系統　(B) 基底核　(C) 視丘　(D) 紋狀體

（　）38.下列何者可通過血腦屏障（blood brain barrier）？　(1)氧　(2)蛋白質　(3)葡萄糖　(4)二氧化碳：　(A) (1)(2)(3)　(B) (1)(3)(4)　(C) (1)(2)(4)　(D) (2)(3)(4)

（　）39.下列何者損傷會導致亨丁頓氏舞蹈症（Huntington's chorea）？　(A) 海馬迴　(B) 乳頭體　(C) 韁核（habenular nucleus）　(D) 尾核（caudate nucleus）

（　）40.雙側海馬受損的患者會產生下列何種症狀？　(A) 失語症　(B) 失憶症　(C) 舞蹈症　(D) 帕金森氏症

（　）41.飲食中樞位在下列哪個腦區？　(A) 視丘　(B) 下視丘　(C) 松果體　(D) 腦下垂體

（　）42.人體唯一的單突觸反射是：　(A) 屈肌反射　(B) 伸張反射　(C) 感壓反射

（D) 足底反射

（　）43.下列何者不屬於周邊神經系統？　(A) 腦神經　(B) 運動神經　(C) 感覺神經　(D) 下視丘

（　）44.在針刺手指誘發縮手之反射弧中，下列何者為反射中樞？　(A) 視丘　(B) 脊髓　(C) 大腦　(D) 腦幹

（　）45.與語言表達有關的字羅卡氏區（Broca's area）位於：　(A) 額葉　(B) 頂葉　(C) 枕葉　(D) 顳葉

（　）46.一般感覺區位於大腦何處？　(A) 頂葉　(B) 顳葉　(C) 額葉　(D) 枕葉

（　）47.下列哪個構造與情緒有關？　(A) 大腦腳　(B) 小腦腳　(C) 胼胝體　(D) 邊緣系統

（　）48.控制呼吸與心跳的反射中樞位在：　(A) 間腦　(B) 中腦　(C) 小腦　(D) 延腦

（　）49.下列哪個腦區與記憶功能最為相關？　(A) 黑質　(B) 紅核　(C) 海馬　(D) 腦垂體

（　）50.傳遞軀體感覺之神經纖維由下列何者進入脊髓？　(A) 背根　(B) 腹根　(C) 灰交通枝　(D) 白交通枝

（　）51.媽媽切菜時不慎切到手，食指流血劇烈疼痛，其產生痛覺的傳導路徑，下列何者錯誤？　(A) 經由Aδ型與C型神經纖維傳導　(B) 初級感覺神經傳入脊髓前角　(C) 次級感覺神經於脊髓交叉　(D) 其傳導係經由外側脊髓視丘路徑

（　）52.下列何種構造不會出現在中樞神經系統？　(A) 神經核　(B) 神經元　(C) 神經節　(D) 星狀膠細胞

（　）53.小華車禍受傷，下肢動彈不得，膝跳反射（knee jerk reflex）消失，但手部肌肉握力仍正常，無眩暈症狀，他最有可能的受傷的部位為：　(A) 初級運動皮質（primary motor cortex）　(B) 脊髓運動神經元　(C) 小腦　(D) 基底核

（　）54.運動神經受興奮時，乙醯膽鹼會從神經末梢釋放出來。而該物質作用在運動神經終板的受體時：　(A) 會直接刺激細胞膜的電壓依賴型鈉離子通道　(B) 會使神經終板的膜電位過極化　(C) 會使神經終板對鉀離子的通透性降低　(D) 會使神經終板對鈉離子的通透性增加

（　）55.反射弧（reflex arc）之組成不包括下列何者？　(A) 感覺受器　(B) 聯絡神經元　(C) 運動神經元　(D) 皮質運動前區

（　）56.第三腦室與第四腦室之間的連接構造為何？　(A) 室管膜（ependyma）　(B) 側腦室（lateral ventricles）　(C) 脈絡叢（choroid plexus）　(D) 大腦導水管（cerebral aqueduct）

（　）57.下列何者受損會導致短期記憶無法形成新的長期記憶，但不影響過去的長期

記憶？　(A) 橋腦（pons）　　(B) 海馬（hippocampus）　　(C) 顳葉（temporal lobe）　　(D) 枕葉（occipital lobe）

（　　）58. 下列何種神經膠細胞（neuroglia）具有協助神經組織與腦脊髓液間物質交換的功能？　(A) 室管膜細胞（ependymal cell）　　(B) 星狀膠細胞（astrocyte）　(C) 寡樹突膠細胞（oligodendrocyte）　　(D) 神經膜細胞（neurolemocyte）

（　　）59. 乙醯膽鹼（acetylcholine；ACh）對下列哪一種肌肉具有抑制效應？　(A) 支氣管平滑肌　(B) 腓腸肌　(C) 睫狀肌　(D) 心肌

（　　）60. 股神經（femoral nerve）是屬於何種神經叢（plexus）？　(A) 薦神經叢（sacral plexus）　　(B) 腰神經叢（lumbar plexus）　　(C) 臂神經叢（brachial plexus）　　(D) 尾神經叢（coccygeal plexus）

（　　）61. 有關外側皮質脊髓束（lateral corticospinal tract）的敘述，下列何者正確？　(A) 由中央溝後回傳出　(B) 可控制精巧性隨意運動　(C) 在脊髓交叉到對側　(D) 可傳導痛覺與溫度覺

（　　）62. 參與情緒調節的主要構造，不包括下列何者？　(A) 海馬（hippocampus）　(B) 杏仁核（amygdala）　　(C) 基底核（basal ganglia）　　(D) 下視丘（hypothalamus）

（　　）63. 下列何者是由腦幹受損後所失去的反射？　(A) 瞳孔反射　(B) 肘反射　(C) 膝反射　(D) 踝反射

（　　）64. 下列何者不是小腦病變的主要病徵？　(A) 運動失調（ataxia）　　(B) 意向性顫抖（intention tremor）　　(C) 姿態不穩（unstable posture）　　(D) 休息性顫抖（resting tremor）

（　　）65. 正常情況下，腦脊髓液（cerebrospinal fluid）存在於下列何部位？　(A) 硬腦膜上腔（epidural space）　　(B) 上矢狀竇（superior sagittal sinus）　　(C) 橫竇（transverse sinus）　　(D) 蜘蛛膜下腔（subarachnoid space）

（　　）66. 大腦腦室（ventricles）內壁的何種組織分泌腦脊髓液（cerebrospinal fluid）？　(A) 硬腦膜（dura mater）　　(B) 脈絡叢膜組織（choroid plexuses）　　(C) 蛛網膜（arachnoid mater）　　(D) 軟腦膜（pia mater）

（　　）67. 有關大腦運動中樞及其下行路徑（descending pathway）之敘述，下列何者正確？　(A) 大腦運動中樞調控的所有下行路徑都是以大腦皮質為起點　(B) 支配肌肉運動下行路徑的唯一來源是運動皮質區（motor cortex area）　　(C) 基底核（basal nuclei）在運動控制上扮演極重要之抑制性（inhibitory）角色　(D) 不同區域的感覺運動皮質具有不同的功能，且彼此之間並無互動

（　　）68. 坐骨神經（sciatic nerve）是由下列何種神經叢所發出？　(A) 頸神經叢

（cervical plexus） 　(B) 臂神經叢（brachial plexus） 　(C) 腰神經叢（lumbar plexus） 　(D) 薦神經叢（sacral plexus）

（　）69.有關大腦皮質的敘述，下列何者正確？ 　(A) 每個大腦半球的皮質可分成七葉 　(B) 大腦皮質細胞主要分為三層 　(C) 大腦皮質主要輸出神經元是錐狀細胞（pyramidal cells） 　(D) 投射到大腦皮質的神經纖維主要來自小腦

（　）70.有關白質與灰質的敘述，下列何者正確？ 　(A) 大腦與脊髓的灰質都在表面 　(B) 大腦與脊髓的白質都在表面 　(C) 大腦的灰質在表面、白質在內，而脊髓的白質在表面、灰質在內 　(D) 大腦的白質在表面、灰質在內，而脊髓的灰質在表面、白質在內

（　）71.控制軀體肌肉的運動神經元主要聚集於脊髓的哪個部分？ 　(A) 前角 　(B) 後角 　(C) 外側角 　(D) 灰質連合

（　）72.下列何種腦波頻率最快？ 　(A) β 　(B) δ 　(C) α 　(D) θ

（　）73.關於體運動系統（somatic motor system），下列何者錯誤？ 　(A) 具有神經節 　(B) 具有運動終板 　(C) 只有支配骨骼肌 　(D) 始於大腦運動皮質

（　）74.重症肌無力症（myasthenia gravis）的特徵是肌肉軟弱無力，下列何者是主要原因？ 　(A) 運動神經釋出乙醯膽鹼少於正常量 　(B) 乙醯膽鹼受器被自體抗體阻斷 　(C) 乙醯膽鹼與其受器的親和力降低 　(D) 乙醯膽鹼酯酶活性過強

（　）75.成年人最會出現 α 波的時機是在何時？ 　(A) 慢波睡眠期 　(B) 快速動眼睡眠期 　(C) 閉眼而放鬆的清醒狀態 　(D) 開眼或集中精神的清醒狀態

解答：

1.(B)　2.(B)　3.(B)　4.(A)　5.(C)　6.(C)　7.(B)　8.(A)　9.(B)　10.(C)

11.(D)　12.(C)　13.(D)　14.(A)　15.(D)　16.(B)　17.(A)　18.(B)　19.(A)　20.(D)

21.(A)　22.(B)　23.(A)　24.(A)　25.(D)　26.(B)　27.(B)　28.(C)　29.(B)　30.(A)

31.(C)　32.(C)　33.(C)　34.(B)　35.(C)　36.(B)　37.(A)　38.(B)　39.(D)　40.(B)

41(B).　42.(B)　43.(B)　44.(B)　45.(A)　46.(A)　47.(D)　48.(D)　49.(C)　50.(A)

51.(B)　52.(C)　53.(B)　54.(D)　55.(D)　56.(D)　57.(B)　58.(A)　59.(D)　60.(B)

61.(B)　62.(A)　63.(A)　64.(D)　65.(D)　66.(B)　67.(A)　68.(D)　69.(C)　70.(C)

71.(A)　72.(A)　73.(A)　74.(B)　75.(C)

第七章 自主神經系統

　　自主神經系統（autonomic nervous system）是由交感神經（sympathetic nerve）及副交感神經（parasympatheic nerve）所組成。可自主的調節心肌、平滑肌及腺體的活動。

　　在調節過程中，每一神經衝動皆用到一個自主神經節和兩個運動神經元（即節前神經元與節後神經元，見表7-1）。第一個神經細胞體位於中樞神經中並具有節前纖維（preganglionic fiber）；第二個細胞體位於神經節中並有一節後纖維（postganglionic fiber）。

　　二神經元接觸的突觸即為自主神經節（圖7-1）。此與體運動神經元所控制的骨骼肌隨意動作有所不同（表7-2）。

圖7-1　軀體神經與自主神經

表7-1　節前神經元與節後神經元的比較

項　目	節前神經元	節後神經元
細胞體	在中樞神經系統內	在自主神經節
神經纖維	有髓鞘，屬B纖維	無髓鞘，屬C纖維
軸突終止處	自主神經節	內臟動作器
交感神經	分泌乙醯膽鹼，一條	大部分分泌正腎上腺素，有許多條，可控制許多內臟動作器
副交感神經	分泌乙醯膽鹼，一條	分泌乙醯膽鹼，4～5條，僅控制一個動作器

表7-2　軀體神經系統和自主神經系統的比較

特　　徵	軀體神經系統	自主神經系統
作用器官	骨骼肌	心肌、平滑肌、腺體
神經節	無	自主神經節後神經元細胞體位於椎旁、椎前及終末神經節內
從中樞神經系統傳到作用器所含神經元數目	一個	二個
神經肌肉接合處的種類	特化性運動終板	無特化性突觸後細胞膜；平滑肌細胞的所有部位皆含有神經傳導物質的蛋白質接受器
神經衝動對肌肉的影響	興奮性	興奮性或抑制性
神經纖維的種類	傳導性較快，直徑較大有髓鞘	傳導較慢，節前纖維含髓鞘，節後纖維無髓鞘，兩者直徑皆小
切除神經之後的效應	癱軟及萎縮	肌肉張力及功能仍在，但標的細胞則因神經切除而有過度敏感現象

交感神經分枝

節前神經元

　　交感神經分枝（sympathetic division）的節前神經元細胞體位於脊髓的第一胸髓節（T1）至第二或第三腰髓節的灰質外側角（L2），因此交感神經分枝又稱為胸腰神經分枝（thoracolumbar division）。

自主神經節

1. 交感神經幹神經節：又稱脊柱旁神經節，是位於脊柱兩旁的一連串神經節，由顱底延伸至尾骨，它只接受來自交感神經分枝之節前神經纖維。
2. 脊柱前神經節：又稱側枝神經節，位於脊柱前面並靠近腹腔的大動脈，例如腹腔神經節、腸繫膜上神經節、腸繫膜下神經節等。
   - 交感神經分枝的神經節靠近中樞神經系統而遠離所支配的內臟動作器，所以節前纖維短，節後纖維長。

節後神經元

　　有髓鞘的節前神經纖維由脊神經的腹根自脊髓伸出後，隨即經由白交通枝（white rami communicantes）達同側最近的交感神經幹神經節，每一交感神經幹含有22個神經節（3個頸神經節、11個胸神經節、4個腰神經節、4個骶神經節）。因此進入神經節後可延伸至不同高度與無髓鞘的節後神經元形成突觸，部分經由灰交通枝（gray rami communicantes）進入脊神經，並和脊神經一起分布到體壁、上下肢及頸部的動作器，例如汗腺、豎毛肌、血管壁的平滑肌等；部分形成內臟神經，終止於脊柱前神經節，再經由節後纖維分布至體腔內臟器官。沒有脊神經分布的頭部，交感神經來自上頸神經節之節後神經纖維，隨著血管分布至頭部的內臟動作器。

　　交感神經分枝的每一節前神經纖維與很多節後神經元產生突觸，而通往很多內臟動作器，分布全身，包括皮膚、骨盆腔的內臟器官（圖7-2）。交感神經通常是消耗能量，產生戰鬥或逃跑反應，以應付壓力，度過難關。

圖7-2　交感神經分枝

副交感神經分枝

節前神經元

副交感神經分枝（parasympathetic division）的節前神經元細胞體位於腦幹中第三、七、九、十對腦神經的腦神經核，及第二至第四薦髓節的灰質內。因此副交感神經分枝又稱顱薦（頭骶）神經分枝（圖7-3）。

圖7-3　副交感神經分枝

自主神經節

　　副交感神經分枝的自主神經節是終末神經節，因為非常靠近內臟動作器，甚至可能完全位於此內臟的臟壁內。故節前纖維長，節後纖維短。

節後神經元

　　大部分的副交感神經纖維不與脊神經並行，因此血管、汗腺、豎毛肌只由交感神經支配，並無副交感神經的支配。副交感神經分枝的節後神經元支配的內臟動作器如表7-3。副交感神經分枝每一節前神經纖維只與4或5個節後神經元產生突觸，只通往一個動作器，且只分布到頭部、胸腔、腹腔與骨盆腔的內臟器官。此分枝通常用來儲存能量，是休息、安眠系統，能使身體恢復恆定及安靜狀態。與交感神經分枝的比較如表7-4。

神經傳導物質

　　自主神經纖維可分為膽鹼激性（cholinergic）纖維及腎上腺素激性（adrenergic）纖維（圖7-4、表7-5）。

表7-3　副交感神經分枝的節後神經元

神　經	節前纖維的起源	終末神經節的位置	動作器
Ⅰ動眼神經	中腦	睫狀神經節	眼球瞳孔括約肌及睫狀肌
Ⅷ顏面神經	橋腦	翼顎神經節頜下神經節	鼻腔、口顎、咽的黏膜與淚腺頜下唾液腺、舌下唾液腺
Ⅸ舌咽神經	延腦	耳神經節	耳下唾液腺
Ⅹ迷走神經	延腦	位在臟器內或附近之終末神經節	胸腹腔內臟動作器
骨盆脊神經	S2～S4	位在骨盆的終末神經節	結腸後半段、輸尿管、膀胱、生殖器官

表7-4　交感神經與副交感神經構造之差異

比　較	交感神經	副交感神經
起源	起始於第一胸髓節至第二或第三腰髓節	起始於腦幹中第三、七、九、十對腦神經之神經核及第二至第四薦髓節
自主神經節	含有交感神經幹神經節及脊柱前神節	含有終末神經節

（續）

比　較	交感神經	副交感神經
神經元	神經節靠近中樞神經系統而遠離所支配之內臟動作（節前短、節後長）	神經節靠近或位於所支配之內臟內（節前長、節後短）
與內臟的關係	每一節前神經纖維與很多節後神經元產生突觸，而通往很多內臟動作器	每一節神經纖維只與4或5個節後神經元產生突觸，而只通往一個動作器
分布範圍	分布到全身，包括皮膚	只分布到頭部及胸腔、腹腔與骨盆腔之內臟器官
作用	戰鬥或逃跑	休息或安眠

圖7-4　自主神經纖維所產生的神經傳導物質

膽鹼激性纖維

1. 釋放乙醯膽鹼（Ach）的神經纖維：

　　(1)所有交感及副交感的節前纖維。

　　(2)所有副交感的節後纖維。

⑶分布到汗腺、骨骼肌血管、皮膚及外生殖器的交感節後纖維。

2. 乙醯膽鹼（Ach）接受器依所在位置可分兩大類：

⑴菸鹼（尼古丁）接受器：位於節後神經元上，可被節前神經元釋放的乙醯膽鹼（Ach）興奮。骨骼肌上也是此型接受器，可被運動神經元釋放的乙醯膽鹼（Ach）所興奮。

⑵蕈毒接受器：位於平滑肌、腺體、心肌上，可被副交感神經節後纖維釋放的乙醯膽鹼（Ach）興奮。此類接受器又依其對不同藥物的專一性反應，而分成M1、M2、M3、M4四種。

3. 乙醯膽鹼（Ach）會很快被乙醯膽鹼脂酶分解失去活性，所以作用時間短，作用範圍是局部的。

腎上腺素激性纖維

1. 釋放正腎上腺素（NE）的神經纖維：除了分布到汗腺、骨骼肌血管、皮膚及外生殖器的其餘交感節後纖維。

2. 腎上腺素類接受器：是位於交感的節後神經元所支配的動作器上，例如平滑肌、心肌、腺體等，可被交感神經與腎上腺髓質釋出的正腎上腺素（NE）及腎上腺素（E）所興奮。此類接受器又依其對不同藥物的專一性而分成α_1、α_2、β_1、β_2等類型，通常α接受器是促進性的，β接受器是抑制性的。

3. 正腎上腺素易被COMT（catechol-o-methyltransferase）及MAO（monoamineoxidase）分解，但失去活性的速度比乙醯膽鹼（Ach）慢，而且正腎上腺素能進入血液中，所以作用時間較長，作用範圍也較廣。

表7-5　交感神經及副交感神經的腎上腺素激性和膽鹼激性效應

器　官		交感神經效應		副交感神經效應	
		作　　用	接受器[*]	作　　用	接受器[*]
眼	虹膜輻射肌	收縮	α_1	—	—
	虹膜環狀肌	—	—	收縮	M
	睫狀肌	鬆弛看遠物	β_2	收縮看近物	M
心	竇房結	加速	β_1	減速	M
	收縮力	增加	β_1	減少	M
血管	皮膚、內臟	收縮	α、β	—	—
	骨骼肌	放鬆	β_2	—	—
		放鬆	M[**]	—	—

（續）

器 官		交感神經效應		副交感神經效應	
		作　用	接受器*	作　用	接受器*
支氣管平滑肌		放鬆	β_2	收縮	M
腸胃道	平滑肌壁	放鬆	β_2	收縮	M
	括約肌	收縮	α_1	放鬆	M
	分泌	減少	α_1	增加	M
	腸肌層神經叢	抑制	α_1	—	—
生殖泌尿平滑肌	膀胱壁	放鬆	β_2	收縮	M
	尿道括約肌	收縮	α_1	放鬆	M
	子宮	放鬆	β_2	—	—
	懷孕子宮	收縮	α_1	—	—
	陰莖	射精	α_1	勃起	M
皮膚	豎毛肌	收縮	α_1		
汗腺	調節溫度	增加	M	-	—
	泌離汗腺	增加	α_1	—	—

＊腎上腺素激性接受器以α或β表示。

＊＊骨骼肌的血管平滑肌含有交感膽鹼激性纖維。

自我測驗

（ ）1. 下列何者為自主神經之節前神經元所分泌的主要傳遞物質？ (A) 前列腺素 (B) 腎上腺素 (C) 乙醯膽鹼 (D) 多巴胺

（ ）2. 下列有關副交感神經對消化系統的作用機制何者正確？ (A) 促進腸胃蠕動 (B) 抑制消化液分泌 (C) 促進幽門括約肌收縮 (D) 促進脂肪分解

（ ）3. 下列何種功能屬於交感神經受到刺激之後所造成？ (A) 腸子蠕動加速 (B) 心跳減慢 (C) 腺體分泌增加 (D) 血壓上升

（ ）4. 交感神經節前神經元細胞體的位置在： (A) T1～L2之灰質側角 (B) 第3、7、9、10對腦神經 (C) 內臟裡面 (D) 交感神經節

（ ）5. 交感節前神經纖維直接支配： (A) 腎上腺髓質 (B) 舌下腺 (C) 唾腺 (D) 甲狀腺

（ ）6. 下列有關「戰或逃反應」（fight or flight response）之敘述何者錯誤？ (A) 血糖濃度增加 (B) 肝臟醣解作用減少 (C) 心跳加速 (D) 到活動中肌肉

之血流增加

（　）7. 迷走神經（vagus nerve）興奮時，心臟會出現什麼反應？　(A) 房室節傳導速率會變快　(B) 心跳速率會變慢　(C) 心室收縮功能會變快　(D) 輸出量變大

（　）8. 當身體的 β-adrenergic receptors 受刺激時，則會產生何種變化？　(A) 心臟收縮的功能會下降　(B) 支氣管會發生擴張的現象　(C) 冠狀動脈會收縮　(D) 胃腸的蠕動（peristalsis）會增加

（　）9. 某人服用可以阻斷 β（beta）型腎上腺素受體的藥物，此藥對於心臟功能會有什麼影響？　(A) 心臟節律及收縮力皆會增加　(B) 心臟節律及收縮力皆會減少　(C) 心臟節律增加而收縮力減少　(D) 心臟節律減少而收縮力增加

（　）10.將一實驗動物體內通往腎上腺髓質的交感節前神經切除後，對該動物在靜止狀態下與遭受壓力時，血中腎上腺素的濃度有什麼影響？　(A) 完全沒有影響　(B) 血中腎上腺素皆處於高濃度　(C) 靜止狀態會降得非常低，在遭受壓力時也無法增加　(D) 靜止狀態時處於正常濃度，在遭受壓力時會增加更多

（　）11.腎上腺髓質節前神經元所分泌的神經傳遞物質為何？　(A) 乙醯膽鹼　(B) 腎上腺素　(C) 多巴胺　(D) 血清素

（　）12.自主神經系統中心位於下列何處？　(A) 視丘　(B) 下視丘　(C) 基底核　(D) 中腦

（　）13.迷走神經是屬於：　(A) 交感神經　(B) 脊神經　(C) 中樞神經　(D) 副交感神經

（　）14.下列何種物質競爭性的結合於骨骼肌終板之乙醯膽鹼受器，導致骨骼肌無法接受運動神經的刺激，而使骨骼肌麻痺？　(A) 南美箭毒（curare）　(B) 河豚毒素（tetrodotoxin）　(C) 肉毒桿菌素（botulismotoxin）　(D) 阿托品（atropine）

（　）15.臨床降血壓常用的腎上腺素受器阻斷劑，其主要作用機制為何？　(A) 抑制交感神經作用　(B) 強化交感神經作用　(C) 抑制副交感神經作用　(D) 強化副交感神經作用

（　）16.下列何者是交感神經節？　(A) 腹腔神經節　(B) 翼顎神經節　(C) 睫狀神經節　(D) 背根神經節

（　）17.下列何者所含之副交感神經纖維與腮腺之分泌有關？　(A) 三叉神經　(B) 顏面神經　(C) 舌咽神經　(D) 迷走神經

（　）18.動眼神經的節後副交感神經纖維支配：　(A) 下斜肌　(B) 內直肌　(C) 瞳孔舒張肌　(D) 睫狀肌

（　）19.內臟的活動大多是：　(A) 意識控制　(B) 脊髓控制　(C) 自主反射　(D) 小腦

控制

（　）20. 腎上腺髓質細胞分泌的激素，與下列何者分泌的物質相同？　(A) 心臟交感神經的節前神經細胞　(B) 心臟交感神經的節後神經細胞　(C) 心臟副交感神經的節前神經細胞　(D) 心臟副交感神經的節後神經細胞

（　）21. 下列何者屬於交感神經之反應？　(A) 豎毛肌收縮　(B) 胃酸分泌增加　(C) 支氣管收縮　(D) 心臟收縮力降低

（　）22. 下列何者是椎旁神經節（paravertebral ganglion）？　(A) 上腸繫膜神經節　(B) 下腸繫膜神經節　(C) 腹腔神經節　(D) 交感神經節

（　）23. 下列何者屬於副交感神經之反應？　(A) 瞳孔放大　(B) 血管收縮　(C) 胃腸蠕動降低　(D) 心跳速率下降

（　）24. 腮腺的副交感神經支配來自：　(A) 耳神經節　(B) 翼顎神經節　(C) 下頜神經節　(D) 膝狀神經節

（　）25. 交感神經節前神經纖維末梢所釋放的神經傳遞物質是什麼？　(A) 正腎上腺素　(B) 麩胺酸　(C) 乙醯膽鹼　(D) 神經胜肽

（　）26. 下列何者發出「節前交感神經纖維」？　(A) 整個脊髓的灰質　(B) C1～T12脊髓　(C) T1～L2脊髓　(D) T1～L5脊髓

（　）27. 下列何者為副交感神經興奮時產生之作用？　(A) 增加心跳率　(B) 降低心跳率　(C) 增加傳導速率　(D) 增加收縮強度

（　）28. 下列何者同時分布於頸部、胸縱隔與腹腔？　(A) 食道　(B) 氣管　(C) 胸主動脈　(D) 迷走神經

（　）29. 下列何者是迷走神經興奮時的身體反應？　(A) 心跳速率增加　(B) 呼吸速率增加　(C) 腸胃蠕動增加　(D) 眼睛瞳孔放大

解答：

1.(C)　2.(A)　3.(D)　4.(A)　5.(A)　6.(B)　7.(B)　8.(B)　9.(B)　10.(C)

11.(A)　12.(B)　13.(D)　14.(A)　15.(A)　16.(A)　17.(C)　18.(D)　19.(C)　20.(B)

21.(A)　22.(D)　23.(D)　24.(A)　25.(C)　26.(C)　27.(B)　28.(D)　29.(C)

第八章　感覺器官生理

人體的感覺可分為一般感覺（general sense）及特殊感覺（special sense）。一般感覺是指對於碰觸、壓力、疼痛、溫度的感覺，其感受器並未特化成複雜的器官構造；特殊感覺是指視覺、聽覺、味覺、嗅覺、平衡感覺，其感受器特化成複雜的器官，其中嗅覺的特化程度最低，視覺特化程度最高。

感覺的定義

感覺（sensation）與知覺（perception）不同。能察覺身體內、外環境狀態的是感覺；若是對感覺性刺激經過大腦皮質感覺區後產生意識性認知的是知覺。感覺的產生，需先有內外環境的刺激（包括光、熱、壓力、機械或化學能），經感受器接收興奮去極化，轉變成神經衝動後，沿著神經徑傳導至腦部，再由腦部將神經衝動轉譯成感覺。由此可見，感受器就像能量轉換器，它能將自然界各種不同的能量形式轉換成神經衝動，再沿著感覺神經傳入大腦。

通常感受器具有高度的興奮性及專一性，也就是每一種感受器對特定的刺激具有低的反應閾值，對其他的刺激反應閾值就很高，但是痛覺感受器除外。

感覺的特徵

感覺的特徵有四：投射、適應、餘像及形式；分別說明如下。

1. 投射（projection）：意識性的感覺都發生於大腦皮質，亦即由眼球、耳朵、受傷部位傳來的刺激經大腦轉譯而成視覺、聽覺、痛覺。這種大腦代表身體受刺激部位之感覺的過程，稱為投射。

2. 適應（adaptation）：對於持續性的刺激會使感受性降低，甚至失去感覺。能快速適應的感覺感受器，如嗅覺、觸覺、壓力覺，其中嗅覺適應最快；而痛覺、身體位置、偵測血液中化學物質等的感受器則屬於慢適應感受器，尤其是痛覺根本沒有適應性。

3. 餘像（afterimage）：當刺激移除後，感覺仍存在的，即為餘像。例如注視強光後，視線離開光源或閉上眼睛，光的影像仍可存留數秒或數分鐘（圖8-1）。

4. 形式（modality）：對於各種形式的感覺皆能夠區分。例如我們能辨別疼痛、壓力、溫度、平衡、聽覺、視覺、味覺等。

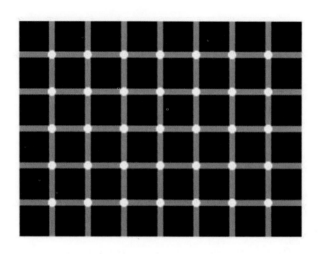

圖8-1　數數看有幾個黑點？此為餘像刺激產生的黑點。

感受器的分類

身體對外來刺激能產生反應，是因身上有無數的感受器（receptor），它能喚起身體對外在環境改變的警覺性。它廣泛的分布於皮膚、黏膜、結締組織、肌肉、肌腱、關節和內臟，可依位置、刺激類型和簡單、複雜分類。

依位置分類

1. 外在感受器：靠近體表，可提供外在環境的訊息。例如視覺、聽覺、觸覺、嗅覺、味覺、溫度覺、壓覺、痛覺等。
2. 內臟感受器：位於內臟及血管內，可提供內在環境的訊息。例如疼痛、壓力、疲勞、飢餓、口渴等。
3. 本體感受器：位於肌肉、肌腱、關節、內耳，以提供身體位置及運動的訊息。例如肌肉張力、關節位置及平衡訊息。

依簡單性或複雜性分類

1. 一般感覺（簡單性）：此類感受器數目多，分布廣。例如觸覺、壓覺、痛覺、溫度覺等。
2. 特殊感覺（複雜性）：此類感受器數目少，分布局部。例如視覺、聽覺、味覺、平衡覺。

依刺激類型分類

表8-1 依刺激類型分類的感受器

感受器	刺激形式	感受機制	例 子
機械感受器	機械力	使感覺神經樹突的細胞膜或毛細胞變形，以活化感覺末梢神經	皮膚的觸覺、壓覺、前庭的平衡、耳蝸的聽覺
痛覺感受器	組織損傷	受傷組織釋放化學物質活化感覺末梢神經	皮膚的痛覺
光感受器	光線	利用光化學反應影響感受器細胞對離子的通透性	視網膜上的視桿、視錐
化學感受器	溶解的化學物質	藉化學性分子的交互作用影響感覺細胞對離子的通透性	口腔的味覺、鼻腔的嗅覺、頸動脈體的化學感受器

皮膚感覺

皮膚上有許多敏感的感受器，可偵測多種不同形式的感覺，皮膚感覺（cutaneous sensation）包括觸、壓、冷、熱及痛覺，皆由不同神經元樹突末梢所傳導（表8-2）。一個感受器在皮膚上所感受的範圍就是此感受器的感受區，而感受區的大小與該區域皮膚上的感受器密度成反比，例如由兩點觸覺辨識試驗（two point discrimination test）即可測得輕觸覺感受區的大小，並能得知身體的觸覺敏銳度。身體依敏銳度由高至低的排列順序為：舌尖、指尖、鼻側、手背、頸部背側。

冷、熱、痛覺的感受器僅由裸露的感覺神經末梢構成。觸覺感受器的裸露感覺神經末梢外層有被囊包住，例如由樹枝狀末梢擴大形成的路氏囊（Ruffini corpuscle）及莫克氏盤（Merkel's disc）；另有一些觸覺及壓覺感受器是由各種包膜的樹突末梢所構成，例如梅斯納氏囊（Meissner's corpuscle）、巴氏囊（Pacinian corpuscle）（圖8-2）。

溫度超過45°C及低於10°C，皆會造成疼痛，而痛覺是日常生活中不可缺的，因為它提供組織傷害刺激的訊息，以免造成更大的傷害。只是痛覺感受器沒有適應性，不會因刺激的持續存在而減弱。

表8-2 皮膚感覺

感覺	感受器名稱	位　　置	傳入路徑	接受中樞
觸覺	梅斯納氏囊	真皮乳頭層	• 粗略：前脊髓視丘徑 • 精細：薄束楔狀束	大腦皮質 1、2、3區
壓覺	巴氏囊	皮下、黏膜下、漿膜下組織中，圍繞關節，在乳腺和外生殖器上	前脊髓視丘徑	大腦皮質 1、2、3區
溫覺	路氏囊 30～45°C	真皮層深部及皮下組織	外側脊髓視丘徑	下視丘
冷覺	克氏小體 10～40°C	真皮層深部	外側脊髓視丘徑	下視丘
痛覺	游離神經末梢	皮膚表皮的生發層及各個組織中	外側脊髓視丘徑	大腦皮質 1、2、3區

圖8-2 皮膚的感受器

一旦痛覺感受器受到刺激，有兩種不同軸突傳遞訊號。有髓鞘的纖維主要負責局部性感覺稱為快痛（fast pain）或刺痛，猶如注射或深切的感覺。這種訊息很快的達到中樞引起體反射和刺激主要感覺皮質。慢速沒有髓鞘的纖維則傳導慢痛（slow pain）或灼熱痛，不像快痛一般，慢痛只能有區域性的感覺。

來自臟層器官的痛覺常被來自相同脊神經支配的表面感覺所取代。這種並非由刺激部位本身所感受的痛覺稱為轉移痛（referred pain），身體臟層痛覺常被與表層相同脊神經支配的區域取代（圖8-3）。

截肢患者常會有幻覺肢（phantom limb），這是因殘肢內的末梢神經形成小結節，稱為神經瘤（neuroma）。神經瘤產生的衝動傳入大腦之後，大腦會將訊息詮釋成「雖已截肢，但仍有肢體的感覺」。

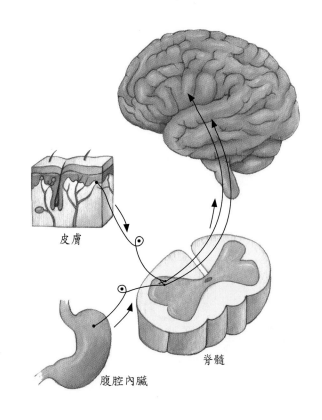

皮膚

脊髓

腹腔內臟

圖8-3　轉移性疼痛

本體感覺

本體感覺（proprioceptive sensation）又稱動力感覺（kinesthetic sense），與肌肉、肌腱、關節活動及平衡有關，故能認知身體某一部分與其他部分之相關位置及運動速度。因此我們可在黑暗中走路、打字、穿衣，不用眼睛也能判斷四肢的位置及運動。

本體感受器位於骨骼肌、肌腱、關節及內耳，能測知肌肉收縮的程度、肌腱張力的大小、關節位置的改變及頭部與地面的位置關係（表8-3），經由的傳導路徑是薄束楔狀束（脊髓後柱徑）。

表8-3　本體感覺

感受器名稱	功　能	位置及組成
肌梭	偵測骨骼肌延伸的訊息	在骨骼肌纖維間的梭內肌纖維與感覺神經末梢組成
高基氏肌腱器	可感應骨骼肌肌腱收縮張力的改變	在梭外肌纖維與肌腱交接處，由薄的結締組織囊包住膠質纖維而成，內有感覺神經纖維。
關節動力感受器	可提供關節壓力、彎曲程度與速度的訊息	在關節囊及韌帶
壺腹嵴及聽斑	可偵測身體動態與靜態的平衡	在內耳的半規管及前庭

內臟感覺

在內臟及血管內有內臟感受器，以提供身體內在環境的訊息（表8-4）。

表8-4　內臟感覺

感　覺	感受器名稱及位置	敏感情況	結　果
動脈氧分壓	頸動脈體、主動脈體之化學感受器	對動脈血中氧壓下降敏感	動脈氧壓下降至60mmHg時會刺激呼吸速率加快
腦脊髓液pH值	延腦腹面呼吸中樞H^+感受器	CSF中H^+上升敏感	CSF中H^+上升會刺激延腦呼吸中樞使呼吸速率加快
血漿滲透壓	下視丘滲透壓感受器	對滲透壓上升敏感	血漿滲透壓上升會促使視上核ADH分泌及感覺口渴，喝水及尿量減少
動脈血壓	頸動脈竇、主動脈竇的壓力感受器	對血壓上升敏感	當血壓上升，頸動脈竇經舌咽神經，主動脈竇經迷走神經送達延腦至心跳抑制中心，使心輸出量減少、血壓恢復正常
	入球小動脈中膜內的壓力感受器	對血壓下降敏感	當血壓下降，入球小動脈的近腎絲球細胞會分泌腎素（renin）並刺激腎上腺皮質，使分泌血管加壓素及留鹽激素，體液增加，血壓恢復正常

（續）

感　覺	感受器名稱及位置	敏感情況	結　果
中央靜脈壓	右心房壓力感受器	對靜脈壓上升敏感	上下腔靜脈回流增加，靜脈壓上升即會刺激右心房的壓力感受器產生brainbridge反射，刺激延腦心跳加速中樞，同時右心房肌細胞分泌心房利鈉尿胜肽（ANP），使尿量增加
肺膨脹	肺組織內的伸張感受器	對肺過度充氣敏感	肺過度充氣會經由迷走神經傳到呼吸中樞，使呼吸速率降低，此種反射稱為赫鮑（Hering-Breuer）二氏反射

特殊感覺

　　視覺、聽覺、味覺、平衡感覺的感受器特別複雜，稱為特殊感覺（specialsensation）。

視覺

眼球的構造

　　成人眼球（eyeball）直徑約2.5公分，位於由額骨、篩骨、上頷骨、顴骨、顎骨、淚骨、蝶骨所組成的眼眶內。眼球壁由外至內分為纖維層、血管層及神經層三層。（圖8-4）

1. 纖維層（fibrous tunic）：是眼球的最外層，包括前面的角膜（cornea）及後面的鞏膜（sclera）。角膜占眼球的前1/6，覆蓋有顏色的虹膜（iris），是無血管且透明的纖維膜，具有折射光線的功能，若不平滑會引起散光。
   鞏膜則是占眼球後面的5/6，形成眼白的部分，能維持眼球的形狀並保護內部構造在角膜與鞏膜的交界處有史萊姆氏（Schlemm）管負責房水的回流，若阻塞會造成青光眼。

2. 血管層（vascular tunic）：是眼球的中層，又稱葡萄膜，包括脈絡膜（choroid）、睫狀體（ciliary body）、虹膜（iris）三部分。
   (1)脈絡膜：位於血管層的後面，襯於鞏膜內面的深色薄層，含有許多血管與色素。
   (2)睫狀體：由睫狀突及睫狀肌所構成，睫狀突能分泌水樣液（房水），由動眼神經支配。睫狀肌是平滑肌，能調節水晶體厚薄。若交感神經興奮，睫狀肌舒張懸韌帶收縮，水晶體變薄，可看遠物；若副交感神經興奮，睫狀肌收縮懸韌帶舒張，水晶體變厚，可看近物。

圖8-4　眼球的構造

　⑶虹膜：包括了環狀肌（括約肌）和放射狀肌（擴大肌），能調節瞳孔的大小及
　　　調整光線的進入量。虹膜中間的黑洞即為瞳孔，是光線進入眼球的地方。
　　　虹膜懸於角膜和水晶體之間，當眼睛受到強光刺激時，副交感神經支配瞳孔括
　　　約肌收縮，使瞳孔變小；若逢弱光，則是交感神經支配放射狀肌收縮，使瞳孔
　　　擴大。

3. 神經層（nervous tunic）：即是網膜層（圖8-5），是眼球壁的內層，位於眼球後面
　　約4/5的部分，形成影像為其主要功能。色素層向前延伸覆蓋於睫狀體及虹膜的後
　　面。視網膜的神經組織層依傳導衝動的先後順序為光感受神經元、雙極神經元、
　　節神經元。

　⑴光感受（photoreceptor）神經元：依構造可分為視桿（rod）和視錐（cone）。
　　　視桿適合夜視，對弱光敏感，使我們在晚間能看到物體的形狀及運動；視錐則
　　　適合明視，對強光及色彩敏感。黃斑（macula lutea）位於視網膜後面正中央，
　　　其內的中央小凹是視錐最密集的地方且無視桿，所以是視覺最敏銳的地方。若

長期接觸陽光或於黑暗處看強光（暗處看手機），皆能導致黃斑病變，嚴重者能引起失明。而節神經元的軸突向後集中於視網膜後面的視盤（optic disc），視盤是視神經纖維的出口，不含視桿及視錐，無感光作用而稱為盲點（blind spot）或視乳頭，是視覺最不敏銳的地方（圖8-6）。

⑵視網膜剝離：乃神經組織層脫離了色素層，常因外傷，例如頭部受重擊引起液體積聚於兩層間，並將視網膜推向玻璃狀液，嚴重時會造成失明。

圖8-5　視網膜的顯微構造

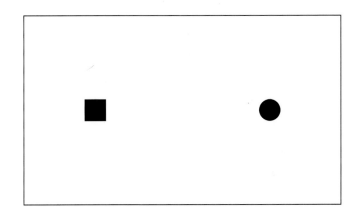

圖9-6　視盤的原理：閉上左眼，將右眼注視左側正方形，並將正方形停留在你的視線中央點，開始慢慢將正方形以幾公分的距離離開你的視線，直到影像落到盲點以後，右側黑點便會消失。反之，測試左眼，閉上右眼，左眼注視著右側黑點重複上述步驟。

4. 水晶體（lens）：位於虹膜及瞳孔的後方，不屬於任何一層，被睫狀體的懸韌帶懸於固定位置。它是由多層蛋白質纖維排列而成，呈透明狀；若失去透明性即成白內障（cataract）。水晶體具有光線折射的功能，在看遠物時，懸韌帶拉緊使水晶體變扁、變薄；看近物時，懸韌帶則鬆弛使水晶體變短變厚來調節焦距。以水晶體為界線，可將眼球分成前腔及後腔。

視覺生理學

1. 影像形成（image formation）：影像形成需經四個基本過程，皆與光線的聚焦有關。

   (1)光線的折射（refraction of light rays）：眼睛含有角膜、水樣液（房水）、水晶體、玻璃狀液等四種會使光線產生折射的介質。當一物體距離眼球6公尺或6公尺以上時，由物體反射回來的光線幾乎是彼此平行的，經過眼睛折射正好落在視覺最敏銳的中央小凹上。若是近物反射回來的光線則不是平行的，需經較大的折射，此時需水晶體的調焦作用。所以折射介質中，水晶體的折射角度最大。

   (2)水晶體的調焦作用（accommodation of the lens）：水晶體是兩面凸出的，能由彎曲度的改變來完成調焦的功能。看近物時，睫狀肌收縮，懸韌帶放鬆，水晶體的彎曲度增加變短變厚，增加光線的折射率；看遠物時，則睫狀肌放鬆，懸韌帶拉緊，水晶體被拉扁變薄。隨著年齡的增加，水晶體的彈性變弱，失去調焦的能力，無法看清近物，即為老花眼（presbyopia）。

   - 用Snellen的視力表測試，具正常視力的人，立於距視力表20呎的位置，應可看到表上一行標有20/20的字母。若是近視（myopia）者，則因眼球眼軸太長，聚焦成像於視網膜前，所看字母是模糊的，需用雙凹透鏡發散進入眼球的光線，使焦點往後移至視網膜上，而獲得矯正；若是遠視（hyperopia）者，則因眼球眼軸太短，聚焦成像於視網膜後，所看字母是模糊的，需用雙凸透鏡聚合進入眼球的光線，使焦點往前移至視網膜上而獲得矯正（圖8-7）。

   - 由於角膜或水晶體不規則彎曲，使水平及垂直的光線聚焦於不同的位置而造成視覺模糊或變形，此為散光（astigmatism），需用圓柱面透鏡來矯正。

   (3)瞳孔的收縮（contraction of pupil）：調焦作用的機轉有一部分涉及瞳孔的收縮，瞳孔的收縮與水晶體的調焦作用是同時發生的，可防止光線通過水晶體的外圍部分。看近物或受強光刺激時，會使副交感神經興奮，瞳孔縮小，以保護視網膜免受突然強光的刺激；看遠物或受弱光刺激時，會使交感神經興奮，瞳孔放大。

A.正視（正常視覺影像
落在視網膜上）

B.近視（影像落在視
網膜前）

C.近視（凹透鏡可矯正影像
落在視網膜上）

D.遠視（影像落在視網膜後）

E.遠視（凸透鏡可矯正影像
落在視網膜上）

圖8-7　眼球的正常及不正常反射

⑷聚合運動（convergence）：需靠眼球外在肌，使兩眼向內側看（內收）的動
　作，使影像投射於視網膜上相對應之點上，產生同一影像。看越近的物體，聚
　合運動的程度會越大。

臨床指引：

　　近視的矯正手術是藉改變角膜的形狀及弧度，使影像準確地落在視網膜上，來
解決屈光不正的問題。

　　早期手術用鑽石刀在角膜邊緣切割，而使影像準確落在視網膜上。例如角
膜放射切開術（RK）、角膜散光切開術（AK）及自動角膜層切割弧度重塑術
（ALK）。由於這些在角膜上的手術可能會造成夜間眩光及光暈視覺或雙影現象，
現在大多採用準分子雷射角膜屈光手術（PRK），以準分子雷射配合電腦程式計算
出要治療的深度，將角膜組織氣化移除，來矯正中高度近視。

　　目前有ALK配上PRK的優點，實施準分子雷射角膜層切除弧度重塑術
（LASIK），藉準分子雷射的精準性，來改變角膜的形狀及弧度，因而改善近視及
散光的問題。

2. 光感受細胞的興奮

(1)視桿的興奮：視桿內的光色素是含紫色色素的視紫質（rhodopsin），對弱光敏感。視紫質吸收弱光後會被裂解成視黃醛或稱網膜素（retinal）及暗視質（scotopsin），使人類在微弱光線下，具有區分明、暗的視覺能力。視黃醛是一種維生素A的衍生物，在缺乏維生素A的情況下，會造成夜盲症（nyctalopia）。

- 已適應光亮的人，在初踏入黑暗的房間時，其眼睛在微弱光線下的視覺敏感度差，過一段時間，其視網膜的光感受器對弱光的敏感性會逐漸增加，此為暗適應。弱光視覺的敏感度會逐漸增加的原因是，感光色素的合成在黑暗中逐漸增加之故。在最初的5分鐘，是視錐的感光色素合成增加，產生輕微的暗適應；5分鐘後，視桿的視紫質大量合成，使眼睛對弱光的敏感度大大增加。

(2)視錐的興奮：視錐是強光及色彩的感受器，含有三類光色素，即視藍質、視綠質、視紅質，可吸收藍、綠、紅三種光，使人類具有三原色彩色視覺。視錐在強光下，光色素分解成視黃醛及光視質（photopsin），引起過極化而產生視覺。視錐受到兩種或兩種以上顏色的刺激，可產生任何顏色的組合。若視網膜失去某些接受色彩能力的視錐，即造成色盲，最常見的是紅綠色盲。

- 當暴露於光亮環境後一段時間，視桿和視錐的感光色素被分解減少，因此眼睛對光線的敏感度降低，此為光適應（圖8-8A&B）。

圖8-8　A.桿狀細胞與錐狀細胞；B.桿狀細胞放大圖。

3. 視覺傳導途徑（visual pathway）：當視桿、視錐產生電位，經由神經傳導物質的釋放，使雙極神經元興奮而將視覺訊息傳至節神經元，節神經元的細胞體位於視

網膜，軸突經由視神經離開眼球通過視神經交叉（optic chiasma）（圖8-9），60%
軸突交叉至對側，剩餘的不交叉。通過視神經交叉後，軸突則成為視神經徑，終
止於視丘的外側膝狀核。外側膝狀核的神經元軸突則終止於大腦皮質枕葉的視覺
區。所以傳導順序為：視桿、視錐→雙極神經元→節神經元→視神經→視神經交
叉→視神經徑→外側膝狀核→視放射→枕葉17區。若視覺傳導途徑發生問題，會
產生表8-5的病變現象。

圖8-9　視覺途徑

表8-5　傳導問題造成的眼球病變

病變位置	病變視野	圖　　示
左側視神經病變	左眼全盲	
視交叉處病變	兩顳側偏盲	
左側視神經徑病變	• 左側：鼻側偏盲 • 右側：顳側偏盲	
左側視放射病變	兩邊同側偏盲	

聽覺及平衡感覺

耳朵除了含有聲波感受器外，亦含有平衡感受器。

耳朵的構造

1. 外耳（outer ear）：包括耳廓、外耳道及鼓膜。

    ⑴耳廓：是一片覆有厚皮膚的喇叭狀彈性軟骨，可收集聲波，又稱耳廓。

    ⑵外耳道：位於顳骨內，由耳翼延伸至鼓膜，呈S型先向後再向前。外耳道在靠近外1/2硬骨部分含有毛及特化的汗腺，與皮脂腺共同分泌耳垢，防止外物進入耳內，此特化汗腺為耳垢腺（ceruminous gland），即耵聹腺。

    ⑶鼓膜：介於外耳道與中耳間的一層薄而半透明的纖維結締組織，正常時在5點的位置有光錐，發生中耳炎時此光錐即消失。在12點位置有鬆弛部，是槌骨柄附著的地方。

2. 中耳（middle ear）：又稱鼓室，位於顳骨，以鼓膜與外耳隔開，以薄的骨質與內耳相隔，相隔的骨質上有圓窗及卵圓窗。後壁與顳骨乳突氣室相通，故中耳感染易引起乳突炎（mastoiditis），甚至感染到腦部。

    ⑴中耳前壁有一開口通往耳咽管（歐氏管），它連接中耳與鼻咽，能平衡鼓膜兩邊的壓力，但是經此通道，感染亦可由鼻腔、咽傳到中耳。

    ⑵中耳是位於外側鼓膜及內側耳蝸之間的空腔（圖8-10），空腔中有三塊聽小骨，由外至內依序為槌骨（malleus）、砧骨（incus）、鐙骨（stapes），彼此以

圖8-10　耳朵的構造

滑液關節相連接，槌骨柄附著於鼓膜的鬆弛部，頭部與砧骨體部相關節，砧骨與鐙骨頭部相關節，鐙骨的足板則嵌入卵圓窗（前庭窗），卵圓窗的正下方是圓窗（耳蝸窗），上面有膜蓋住。

(3)在聽小骨上有兩條肌肉附著，一條是由三叉神經下頜枝支配的鼓膜張肌，能將槌骨往內拉來增加鼓膜的張力，降低鼓膜的震動幅度，防止內耳受大聲音的傷害；另一條是附著於鐙骨頸部由顏面神經支配的鐙骨肌，它是身體最小的骨骼肌，能將鐙骨往後拉，減少震動幅度，功能與鼓膜張肌一樣。若鐙骨肌麻痺就會引起聽覺過敏（hyperacusis）。

3. 內耳（innerear ）：位於顳骨岩部內，因為具有複雜的管道，所以稱為迷路（labyrinth）；結構上可分為骨性迷路及膜性迷路兩部分（圖8-11）。

(1)在構造上，骨性迷路分為前庭（vestibule）、耳蝸（cochlea）、半規管（semicircular canals），內襯有骨膜，並含有外淋巴液，而外淋巴液圍繞著膜性迷路，所以膜性迷路是位於骨性迷路內，其形狀與骨性迷路的一連串囊狀及管狀構造相似。例如前庭是骨性迷路中央的卵圓形部分，其內的膜性迷路即是橢圓囊（utricle）和球狀囊（saccule）；耳蝸內的膜性迷路即是耳蝸管（cochlea duct）；骨性半規管內的膜性迷路是形狀幾乎相同的膜性半規管。膜性迷路內襯有上皮，並含有內淋巴液。

半規管內的半規管道

前
後
外

前庭綜合

耳蝸

前庭
橢圓囊
球狀囊

卵圓窗
圓窗

耳蝸管道

圖8-11 內耳。骨性迷路外觀，可以見到內襯封閉環的膜性迷路。

⑵在功能上，內耳是由掌管平衡的前庭器及職司聽覺的耳蝸所組成。捲曲的耳蝸管可分成基部、中央部及尖部，將其橫切可看到三個分離的管道（圖8-14），上方是前庭管（scala vestibuli），下方是鼓膜管（scala tympani）。前庭管開口於卵圓窗，鼓膜管終止於圓窗，前庭管與鼓膜管屬於骨性迷路的一部分，含外淋巴液，且在耳蝸尖部的蝸孔（helicotrema）互相交通，但與屬於膜性迷路的耳蝸管間有前庭膜及基底膜相隔而不交通。

⑶基底膜上的毛細胞是一種感覺纖維，有覆膜覆蓋在其上方，下方則為與前庭耳蝸神經相連的基底膜，這些構造合稱為螺旋器或柯蒂氏器（spiral organ；organ of Corti）（圖8-12A）。迷路的解剖及生理功能簡述於表8-6。

表8-6 內耳（迷路）的解剖與生理功能

骨性迷路 （含外淋巴液）	膜性迷路 （含內淋巴液）	接受器官	功　能	傳導 神經	接受中樞
耳蝸（包括前庭管與鼓膜管）	耳蝸管（介於前庭膜與基底膜間）	柯蒂氏器（位於基底膜上）	聽覺	耳蝸神經	大腦顳葉41、42區
骨性半規管	膜性半規管	壺腹	動態平衡（旋轉加速）	前庭神經	小腦
前庭	橢圓囊、球狀囊	聽斑（耳石）	靜態平衡（直線加速）	前庭神經	小腦

A

覆膜

毛細胞

支持細胞

前庭管

前庭耳蝸神經
之耳蝸分枝

鼓膜管　神經纖維　耳蝸管　基底膜

B

槌骨　砧骨

鐙骨

壓力波　　前庭膜

前庭管　耳蝸管

卵圓窗　覆膜

圓窗

鼓膜　　基底膜　　神經纖維　柯蒂氏器中　鼓膜管
　　　　　　　　　　　　　的毛細胞

圖8-12　A.耳蝸構造及柯蒂氏器；B.圖之箭號表示壓力由卵圓窗移往圓窗，進而引起
　　　　基底膜振動及使至少2萬個毛細胞中的部分纖毛相對於覆膜而彎曲，因此便
　　　　可產生神經衝動。

聽覺生理學

　　聲波由耳翼進入外耳道，震動鼓膜，由於聲波頻率的高、低，使鼓膜震動的快、慢
有差（空氣傳導），接著由鼓膜鬆弛部震動槌骨、砧骨、鐙骨，鐙骨的前後震動（固體
傳導），聲波經過聽小骨傳導，可放大約20倍的聲音強度使卵圓窗內外來回移動，於是
前庭管外淋巴液產生波動，接著鼓膜管外淋巴液亦隨之波動，此波動壓力會將前庭膜往
內推，增加耳蝸管內淋巴的壓力（液體傳導），使基底膜受壓力突向鼓膜管，當此波動
傳至耳蝸基部時，圓窗會往中耳腔位移。在聲波減弱時，鐙骨往回移動產生相反過程，
使基底膜突向耳蝸管。當基底膜震動時，使柯蒂氏器毛細胞抵住覆膜使纖毛移動和彎
曲，以刺激毛細胞膜上鉀離子通道的開啟產生去極化，去極化使神經傳導物質釋放，刺
激相連的感覺神經元，經耳蝸神經至延腦，再經延腦的神經元將聽覺訊息投射至中腦的

下丘，再經由視丘的內側膝狀核轉換傳送至大腦顳葉41、42聽覺區（圖8-12B）。

　　將上述文字以簡單聽覺傳導方向來標示如下：聲波→鼓膜震動→聽小骨傳導（放大20倍）→卵圓窗振動→外淋巴液（前庭管）→前庭膜→內淋巴液（耳蝸管）→基底膜→覆膜→柯蒂氏器→毛細胞去極化→耳蝸神經→延髓耳蝸核→中腦下丘→視丘內側膝狀核→大腦顳葉41、42區。

　　臨床指引：

　　　判斷聲波差異的標準是聲波的頻率和強度，聲波的頻率以赫茲（hertz; Hz）為單位，聲波的頻率越高，聲音的音調也越高。聲波的強度是指聲波震幅的大小，以分貝（decibels; dB）為測量單位。經過訓練的年輕人，耳朵可聽到的聲波頻率範圍是20～20,000Hz；能承受聲音強度的範圍是0.1～120分貝，超過即會引起耳朵疼痛。常見的聽覺障礙情況有兩種：

　　1.傳導性聽力障礙（conductive hearing loss）：常因中耳炎或耳硬化使聲波經由中耳傳至卵圓窗的傳導途徑發生缺損，患者對所有聲波頻率的聽力發生障礙，可經由手術（鼓室成形術、聽小骨成形術）來修補缺損所在。

　　2.感音性聽力障礙（sensorineural hearing loss）：常因傳導聽覺訊息的神經路徑產生了病理變化、老化或暴露於極強大的聲波下使內耳毛細胞受損，使聽覺訊息由耳蝸至聽覺皮質傳導過程發生問題所致。患者會喪失部分聲音頻率的聽覺。可配戴助聽器放大聲波，加強聲波由鼓膜至內耳的傳送。

平衡生理學

　　平衡覺的感受器位於內耳，稱為前庭器，它提供了頭部的方向位置。當頭部移動時，會使前庭內的液體隨之流動，因而牽動其內含的毛細胞，使毛細胞彎曲並產生動作電位，釋放神經傳導物質，刺激前庭神經元的樹突，產生的神經訊息沿著神經傳入小腦及腦幹的前庭核，前庭核再將訊息投射至動眼中樞及脊髓。動眼中樞有控制眼球動作的功能，而脊髓則有控制頭、頸及四肢動作的功能。所以前庭核投射至動眼中樞及脊髓的訊息，可作為軀體和眼球運動平衡的依據。

　　前庭器可分成耳石器官（包括橢圓囊和球狀囊）及半規管（圖9-11）。橢圓囊和球狀囊的毛細胞主要負責線性加速（linear acceleration）的訊息，包括水平或垂直方向的速度變化，所以在駕車或跳躍時，能偵測到加速或減速的感覺，此為靜態平衡（static equilibrium）。半規管內的毛細胞則是偵測旋轉加速（rotational acceleration），因為半規管有三個，互相垂直方向排列，能測知三個方向的訊息，使人在轉頭、旋轉或翻滾時，可維持身體的平衡。

1. 橢圓囊及球狀囊（ｕｔｒｉｃｌｅａｎｄｓａｃｃｕｌｅ）：含有特化的上皮細胞，稱為聽斑
   （macula），它由毛細胞和支持細胞組成。毛細胞突出於充滿內淋巴液的膜性迷
   路內，其纖毛埋於支持細胞所分泌的膠質肝醣蛋白的耳石膜（otolithic membrane）
   裡，耳石膜內有一層稱為耳石（otoliths）的碳酸鈣結晶，耳石能增加耳石膜的重
   量，使具有對抗動作變化阻力的慣性（圖8-13）。

A

頂

毛細胞

支持細胞

神經的前庭分枝

液體流

a.動態平衡：一半規管的壺腹

B

耳石

耳石膜

纖毛

毛細胞

支持細胞

神經的前庭分枝

纖毛

b.靜態平衡：橢圓囊和球囊

平衡器：a.旋轉運動使半規管壺腹的毛細胞移位；b.點頭使得橢圓囊和球囊中的纖毛移位。

圖8-13　橢圓囊及球狀囊。A.動態平衡：一半規管的壺腹。旋轉運動使半規管壺腹的
　　　　毛細胞移位；B.靜態平衡：橢圓囊和球狀囊。點頭使得橢圓囊和球狀囊中的
　　　　纖毛移動。

- 由於耳石膜會影響毛細胞的排列方向，所以橢圓囊對水平方向的加速度較敏
  感，球狀囊則對垂直方向的加速度較敏感。向前加速時，因為耳石膜位於毛細
  胞後方，使得橢圓囊毛細胞的纖毛被向後拉，這與汽車突然向前加速時，我們
  身體卻向後的道理是相同的。當我們乘坐電梯快速下降時，球狀囊的毛細胞纖
  毛卻是向上的。由此可見，人體朝某方向加速時，毛細胞纖毛會被拉往反方
  向，因此刺激了與毛細胞相連的感覺神經元，產生動作電位，以將身體加速狀
  態的訊息傳入大腦。

2. 半規管（semicircular canal）：有三條，分別位於三個不同的平面且互相垂直，每

一條膜性半規管基部都有一個膨大的壺腹（ampulla），其中隆起的區域即是壺腹嵴（crista ampullaris）（圖8-14）。每個嵴皆是由一群毛細胞和支持細胞所構成，毛細胞的纖毛埋於凝膠質的膜中，稱為嵴頂。當頭部移動時，膜性半規管的內淋巴液會流過毛細胞的纖毛，纖毛彎曲的方向與身體加速方向相反。例如頭向右邊轉動，半規管內淋巴液會將嵴頂毛細胞纖毛推向左邊，被牽動的毛細胞，引起相連的感覺神經元興奮，而將加速狀態的訊息傳入大腦。茲將上述文字以簡單平衡傳導方向來標示如下：

⑴靜態平衡：前庭的聽斑上耳石改變→刺激毛細胞→前庭神經→橋腦前庭核→延髓→小腦。

⑵動態平衡：半規管的壺腹嵴之淋巴液流動→刺激毛細胞→前庭細胞→橋腦前庭管→延髓→小腦。

臨床指引：

　　眩暈（vertigo）是病人突然發生天旋地轉的感覺，無法維持身體平衡而需靜臥休息，嚴重時會噁心、嘔吐、盜汗。通常維持數小時，然後逐漸減輕至2～3週內復原。在急性發作時，會給予神經安定劑，抗膽鹼激素及止暈劑來抑制眩暈。眩暈常見的原因如下：

1. 中耳或內耳病變引起，例如梅尼爾氏症、良性陣發姿勢性眩暈、膽脂瘤、內耳阻塞，內耳動脈血栓等。這部分占眩暈的多數，茲將詳述如下。

   (1)梅尼爾氏症（Meniere's disease）：是由於內耳迷路內淋巴量增多水腫引起，原因未明，由於平衡神經及聽神經會合併成聽神經，因此梅尼爾氏症最後都會導致眩暈、耳鳴及聽力障礙。

   (2)良性陣發姿勢性眩暈（benign paroxysmal positimal vertigo; BPPV）：是由於半規管的耳石脫落下來，到處刺激毛細胞，導致在頭部自由轉動時引起眩暈。

   (3)前庭神經炎（vestibular neurnitis）：是由於上呼吸病毒感染而引起嚴重眩暈，並伴隨噁心與嘔吐，在轉頭時會加劇症狀，會有耳鳴但聽力正常，症狀在幾天內會減輕。

2. 第八對腦神經病變引起，例如前庭神經炎、聽神經瘤等。

3. 腦幹、大腦及小腦病變引起，例如脊底動脈循環不全、腦動脈阻塞或破裂、腦瘤等。

前庭神經節

上半規管

耳蝸神經

壺腹嵴

聽斑

水平半規管

球狀囊

橢圓囊

後半規管

耳蝸管

圖8-14　半規管與前庭的相關位置

嗅覺

嗅覺感受器的構造

嗅覺感受器位於鼻腔頂部鼻中膈兩側的上皮（圖8-15）。嗅覺上皮由支持細胞、嗅覺細胞、基底細胞所組成。

1. 支持細胞：位於鼻腔內襯黏膜的柱狀細胞，富含酵素，可將厭水性的揮發性氣味分子氧化，使這些分子的脂溶性降低，不易穿過細胞膜而進入腦部。

2. 嗅覺細胞：為雙極神經元，其細胞位於支持細胞之間。

3. 基底細胞：位於支持細胞基部之間，約每隔1～2月，會分裂產生新的感受器細胞，來取代因暴露於環境中受損的神經元。

嗅覺上皮底下的結締組織內有嗅腺（olfactory gland），可產生黏液經由導管送至上皮表面，以作為氣味物質的溶劑，並可潤濕嗅覺上皮的表面。由於黏液的不斷分泌，可更新嗅覺上皮表面的液體，以防止嗅毛連續受到同一種氣味的刺激。

嗅覺適應

嗅覺的特徵就是低閾值，所以只要空氣中有極微量的物質就可聞的到，因此產生與適應皆相當快速。而且嗅覺接受器蛋白質位於嗅覺感受器神經元的細胞膜中呈結合狀態，當嗅覺接受器與氣味分子結合時會使蛋白質解離，蛋白質解離後會放出大量的蛋白

圖8-15　嗅覺感受器及傳導途徑

次單位來放大生理效應，此放大效應使嗅覺具有相當敏感的特性。但是區分氣味的機制
還是需仰賴大腦對於來自不同嗅覺接受器蛋白訊息的整合，然後再以類似指紋特徵的方
式來辨識特定的氣味。

嗅覺傳導途徑

　　負責嗅覺的雙極神經元，一端為樹突，延伸至鼻腔處終止於含纖毛的終末球（圖
8-15），另一端是無髓鞘的軸突，穿過篩板上的篩孔進入大腦的嗅球，與嗅球中的第二級
神經元形成突觸。所以傳送嗅覺的神經路徑不需通過視丘，而是直接傳入大腦皮質。嗅
球的第二級神經元會投射至大腦內側顳葉海馬回和杏仁核，它屬邊緣系統，與情緒、記
憶有關，故特殊氣味極易引起與情緒有關的記憶。

　　將上述嗅覺傳導途徑（olfactory pathway）以簡單的文字標示如下：雙極神經元細胞
→嗅神經穿過篩板→嗅球→嗅徑→顳葉海馬回。

味覺

味覺感受器的構造

　　味覺感受器是由桶狀排列的上皮細胞所構成，稱為味蕾（taste bud），約有2,000個

（圖8-16A）。每個味蕾由50～100個上皮細胞所組成，在上皮細胞頂端有長的微絨毛伸出，它穿過味蕾孔突出舌頭表面，可與外面的環境接觸。雖然這些感覺上皮細胞不是神經元，卻有類似神經元的反應，受刺激時也能發生去極化產生動作電位，並釋出神經傳導物質，刺激與味蕾結合的感覺神經元。

　　味蕾中的特化上皮細胞稱為味覺細胞，其微絨毛與不同的化學分子作用而產生酸、甜、苦、鹹及鮮味，鮮味是由胺基酸中的麩胺酸所產生，所以在食物中加入味精（麩胺酸鈉）可增加鮮味。

圖8-16　A.味覺感受器（味蕾）；B.傳導途徑。

在過去認為舌頭的不同區域負責感受不同的味覺，但現在科學家認為每一個味蕾可能含有負責各種味覺的味覺細胞，且一個感覺神經元可能會被數個不同味蕾中的味覺細胞所刺激，但每個感覺神經元只負責一種特定味覺形式的訊息，例如糖所引發的甜味，只會由專門傳遞甜味的感覺神經元傳送至腦部。由於傳遞各類味覺訊息的感覺神經元之活化，再加上嗅覺提供的重要細微差異，因而產生了複雜的味覺。

味覺傳導途徑

顏面神經支配舌前2/3味蕾，舌咽神經支配舌後1/3味蕾，迷走神經支配喉及會厭之味蕾，味覺訊息會先傳到延腦，在延腦與第二級神經元形成突觸再投射至視丘，第三級神經元則由視丘投射至大腦皮質中央後回的味覺區（43區）。將上述味覺傳導途徑（gustatory pathway）以簡單的文字標示如下：味蕾→味覺神經→延髓孤立束核→內側蹄系交叉→對側視丘→對側大腦皮質味覺區（圖8-16B）。

自我測驗

（　）1. 下列有關光感受細胞的特性之敘述，何者正確？　(A) 錐細胞的解像力顯著低於桿細胞　(B) 黃斑的中央小凹處無桿細胞　(C) 桿細胞包含三種對不同顏色敏感的細胞　(D) 錐細胞的視紫（rhodopsin）對光線非常敏感

（　）2. 下列何者與味覺的傳導最無關連？　(A) 舌咽神經　(B) 滑車神經　(C) 顏面神經　(D) 迷走神經

（　）3. 聽覺的傳導路徑與下列何處最無關連？　(A) 延腦的耳蝸核（cochlear nuclei）　(B) 中腦的下丘（inferior colliculi）　(C) 視丘（thalamus）　(D) 大腦皮質的額葉（frontal lobe）

（　）4. 梅斯納氏小體（Meissner's corpuscles）負責何種感覺？　(A) 觸覺　(B) 壓覺　(C) 冷覺　(D) 痛覺

（　）5. 負責聽覺的感覺受器是下列何者？　(A) 毛細胞　(B) 錐細胞　(C) 黏膜細胞　(D) 桿細胞

（　）6. 下列有關視覺的敘述，何者正確？　(A) 青光眼是眼球晶狀體內壓力過高所引起　(B) 白內障是玻璃體內房水過多所引起　(C) 夜盲症是因錐細胞缺乏維生素A所引起　(D) 中央凹位於黃斑，只含錐細胞

（　）7. 夜間或幽暗處之視力主要靠下列哪一種光受體細胞（photoreceptor cells）？　(A) 桿細胞（rods）　(B) 角錐細胞（cones）　(C) 雙極細胞（bipolar cells）　(D) 節細胞（ganglion cells）

（　）8. 視覺的神經傳導由光感受細胞→雙極神經元→節神經元→視神經之後的路徑，下列何者正確？　(A) →下視丘外側膝狀體→大腦皮質顳葉　(B) →視丘外側膝狀體→大腦皮質枕葉　(C) →視丘內側膝狀體→大腦皮質額葉　(D) →下視丘內側膝狀體→大腦皮質頂葉

（　）9. 下列何種感覺不經過視丘的感覺輸入途徑？　(A) 味覺　(B) 嗅覺　(C) 視覺　(D) 聽覺

（　）10. 眼球的最內層，同時可形成影像的部分為何？　(A) 鞏膜　(B) 脈絡膜　(C) 視網膜　(D) 水晶體

（　）11. 如果某藥物破壞了視網膜內所有錐狀細胞（cone cell），則此人視覺變化之敘述，下列何者錯誤？　(A) 在低亮度時，視覺正常　(B) 在高亮度時，就無法產生清楚的視覺影像，所有影像都是灰色陰影　(C) 在非常強的光線下，無法產生任何視覺　(D) 在低亮度時，無法產生任何視覺

（　）12. 下列何者與平衡鼓膜兩側壓力有關？　(A) 內淋巴　(B) 耳咽管　(C) 卵圓窗　(D) 半規管

（　）13. 觸覺接受器與下列何種接受器相同？　(A) 體感覺　(B) 溫覺　(C) 痛覺　(D) 壓覺

（　）14. 視覺訊息主要傳送至大腦何葉？　(A) 顳葉　(B) 枕葉　(C) 頂葉　(D) 額葉

（　）15. 歐氏管一端開口於中耳腔，另一端開口於：　(A) 喉部　(B) 喉咽　(C) 口咽　(D) 鼻咽

（　）16. 當音量由0分貝增加到40分貝時，代表聲音能量增加幾倍？　(A) 10^4倍　(B) 4倍　(C) 10倍　(D) 40倍

（　）17. 聲音在內耳的傳導媒介是：　(A) 動作電位　(B) 空氣　(C) 聽小骨　(D) 淋巴液

（　）18. 下列有關嗅覺之性質，何者錯誤？　(A) 人體有四種基本嗅覺　(B) 嗅覺之適應性非常快　(C) 嗅覺只有在吸氣時才能產生　(D) 嗅球內沒有嗅覺接受器

（　）19. 下列何者屬於聽覺系統？　(A) 耳蝸　(B) 半規管　(C) 橢圓囊　(D) 球狀囊

（　）20. 下列何者屬於本體感覺的接受器？　(A) 裸露神經末梢　(B) 路氏小體　(C) 肌梭　(D) 頸動脈竇

（　）21. 我們聽到的聲音最後是傳送到大腦何處？　(A) 枕葉　(B) 額葉　(C) 顳葉　(D) 頂葉

（　）22. 聲音在中耳的傳導方式是何種傳導？　(A) 空氣傳導　(B) 液體傳導　(C) 機械傳導　(D) 電位傳導

（　）23. 下列何者是由於水晶體硬化，而導致焦距調節功能變化？　(A) 老花眼

(B) 近視眼　(C) 遠視眼　(D) 散光

(　) 24.氣味物質與嗅覺感受器結合後，會導致嗅細胞的膜電位產生下列何者反應？ (A) 動作電位　(B) 過極化　(C) 再極化　(D) 去極化

(　) 25.下列何者不屬於特殊感覺？　(A) 嗅覺　(B) 視覺　(C) 聽覺　(D) 痛覺

(　) 26.轉移痛與下列何者最相關？　(A) 肢體痛　(B) 偏頭痛　(C) 截肢痛　(D) 內臟痛

(　) 27.眼睛之何種構造負責調節焦距之功能？　(A) 脈絡膜　(B) 水晶體　(C) 玻璃體　(D) 視網膜

(　) 28.青光眼是由於眼球何處異常而造成眼壓過高？　(A) 視網膜　(B) 水晶體　(C) 前腔　(D) 玻璃體

(　) 29.下列何種是視覺感光色素的重要成分？　(A) 維生素A　(B) 維生素B_{12}　(C) 維生素C　(D) 維生素D

(　) 30.下列何種部位具有平衡感覺接受器？　(A) 鼓膜　(B) 耳蝸　(C) 半規管　(D) 外耳

(　) 31.下列何者不是人體的基本味覺？　(A) 酸　(B) 甜　(C) 苦　(D) 辣

(　) 32.影像之形成是在眼球何處？　(A) 結膜　(B) 角膜　(C) 脈絡膜　(D) 視網膜

(　) 33.眼睛之何種構造負責調節光線進入之多寡？　(A) 黃斑　(B) 角膜　(C) 瞳孔　(D) 虹膜

(　) 34.聲音強度最常用的單位是：　(A) 赫茲　(B) 分貝　(C) 毫巴　(D) 伏特

(　) 35.觸覺的敏感度通常與其接受器的何種性質成反比關係？　(A) 接受器數目　(B) 適應速度　(C) 反應區大小　(D) 接受器種類

(　) 36.視覺最敏銳的地方是：　(A) 視盤　(B) 黃斑　(C) 虹膜　(D) 瞳孔

(　) 37.下列何種視覺功能變化，是由於眼球外在肌收縮協調產生問題？　(A) 散光　(B) 近視　(C) 斜視　(D) 遠視

(　) 38.下列何者與聽覺的傳導無關？　(A) 毛細胞　(B) 耳蝸神經　(C) 外側膝狀核　(D) 內側膝狀核

(　) 39.若腦下垂體腫瘤壓迫到視交叉，會造成何種視野異常？　(A) 右眼全盲　(B) 左眼全盲　(C) 兩眼顳側偏盲　(D) 兩眼同側偏盲

(　) 40.有關嗅覺的敘述，下列何者錯誤？　(A) 需經過視丘傳到大腦皮質　(B) 具有快適應作用　(C) 嗅覺細胞為一種雙極神經元　(D) 嗅覺細胞含有氣味分子結合蛋白

(　) 41.光線通過下列何種眼球構造時，不會產生折射作用？　(A) 瞳孔　(B) 水晶體　(C) 角膜　(D) 房水

（　）42.眼睛之何種構造類似相機底片，具有感光功能？　(A) 視網膜　(B) 玻璃體
　　　　　(C) 水晶體　(D) 脈絡膜

（　）43.下列何者不屬於維持平衡的前庭系統？　(A) 半規管　(B) 耳蝸　(C) 橢圓囊
　　　　　(D) 球狀囊

（　）44.下列何者支配會厭部位的味覺？　(A) 三叉神經　(B) 顏面神經　(C) 舌咽神
　　　　　經　(D) 迷走神經

（　）45.下列何者是黃斑中央小凹為視覺最敏銳之處的原因？　(A) 含有最多的網膜
　　　　　素　(B) 含有最多的視桿細胞　(C) 含有最多的視紫素　(D) 含有最多的視錐
　　　　　細胞

（　）46.下列神經，何者不參與味覺的傳導？　(A) 迷走神經　(B) 顏面神經　(C) 舌
　　　　　下神經　(D) 舌咽神經

（　）47.下列何者是眺望遠處時眼睛產生調節焦距的作用機轉？　(A) 交感神經興
　　　　　奮，睫狀肌鬆弛　(B) 懸韌帶鬆弛，水晶體變薄　(C) 懸韌帶拉緊，水晶體變
　　　　　厚　(D) 副交感神經興奮，睫狀肌收縮

（　）48.人體聽覺系統中的內耳毛細胞受到刺激時會去極化而興奮起來，這主要是由
　　　　　於下列何種離子流入所引起？　(A) Na^+　(B) K^+　(C) Ca^{++}　(D) Mg^{++}

（　）49.維生素A是眼睛何種構造之重要成分？　(A) 玻璃體　(B) 脈絡膜　(C) 水晶
　　　　　體　(D) 視網膜

（　）50.與錐細胞（cone cell）相比，下列何者為桿細胞（rod cell）之特徵？
　　　　　(A) 視覺敏銳度（visual acuity）較低　(B) 可提供色彩視覺　(C) 在中央小凹
　　　　　（central fovea）分布最多　(D) 感光色素含光視質（photopsin）。

（　）51.下列何者附著於鐙骨（stapes）的基底部？　(A) 球囊（saccule）　(B) 橢圓
　　　　　囊（utricle）　(C) 圓窗（round window）　(D) 卵圓窗（oval window）。

（　）52.下列何者屬於慢適應接受器（slowly adapting receptors）？　(A) 傷害接受器
　　　　　（nociceptors）　(B) 嗅覺接受器（olfactory receptors）　(C) 巴齊尼氏小體
　　　　　（Pacinian corpuscles）　(D) 梅斯納氏小體（Meissner's corpuscles）。

（　）53.下列何者為看近物時眼睛的調適反應？　(A) 副交感神經活性增加　(B) 虹膜
　　　　　放射狀肌收縮　(C) 睫狀肌舒張　(D) 水晶體變扁平。

（　）54.有關視覺調適（accommodation）之敘述，下列何者正確？　(A) 睫狀肌
　　　　　（ciliary muscle）位在晶狀體（lens）與懸韌帶（zonular fiber）中間
　　　　　(B) 看近物時，睫狀肌受到交感神經（sympathetic nerve）興奮的刺激而
　　　　　收縮　(C) 看近物時，懸韌帶（zonular fiber）放鬆使得晶狀體呈現肥厚
　　　　　（thickened）之圓形狀　(D) 睫狀肌收縮，使得瞳孔（pupil）縮小。

解答：

1.(B)　2.(B)　3.(D)　4.(A)　5.(A)　6.(D)　7.(A)　8.(B)　9.(B)　10.(C)

11.(A)　12.(B)　13.(D)　14.(B)　15.(D)　16.(A)　17.(D)　18.(A)　19.(A)　20.(C)

21.(C)　22.(C)　23.(A)　24.(D)　25.(D)　26.(D)　27.(B)　28.(C)　29.(A)　30.(C)

31.(D)　32.(D)　33.(D)　34.(B)　35.(C)　36.(B)　37.(C)　38.(C)　39.(C)　40.(A)

41.(A)　42.(A)　43.(B)　44.(D)　45.(D)　46.(C)　47.(A)　48.(B)　49.(D).　50.(A)

51.(D)　52.(A)　53.(A)　54.(C)

解析：

16.分貝（decibel, dB）是聲音強度的單位。人耳能聽到的最小聲音定為0分貝，音量單位增加10分貝，代表聲音能量增加10倍；音量增加20分貝時，聲音能量增加100倍（10^2）。

第九章　血液系統

血液是由血球與血漿組成在血管流動的液體。血液能與身體各組織液交通，也是人體與外在環境進行物質交換的中繼站。由循環的幫浦，心臟，將人體所需的養分藉由血液送至各器官，並將身體代謝後的廢物經由血液帶離至皮膚、腎臟、腸胃道及肺臟等器官排泄至體外。

血液

功能

血液（blood）有運輸、調節、保護三項主要功能。

運輸

細胞新陳代謝需要的物質及廢物皆由血液運輸（transportation）。

1. 營養物質：消化系統負責將食物經機械及化學方式分解成能被小腸壁吸收的小分子，然後進入血管及淋巴管中，血液即會帶著這些消化吸收的營養物質通過肝臟送至身體需要的細胞。
2. 氧及二氧化碳：肺吸入之氧氣經肺微血管中紅血球攜帶運送至細胞供有氧呼吸之用，而細胞呼吸所產生的二氧化碳亦由血液攜帶至肺排出體外。
3. 荷爾蒙：內分泌系統產生的荷爾蒙由血液運送至身體需要的組織器官。
4. 廢物：例如尿素、尿酸等代謝廢物或過量的水、離子等，可經血液送至腎臟、汗腺、肺等處排出。

調節

1. 調節新陳代謝：血液將荷爾蒙由來源細胞送至標的組織，以執行各種調節（regulation）功能。
2. 調節體溫：血液可藉著吸收和再分配熱來幫助調節體溫。例如血液可將體內活性較高組織產生的熱量送至體表散發；若體溫太低，溫暖的血液就流向重要的溫度敏感器官。
3. 調節體內pH值：藉由體內的緩衝系統來調節身體pH值，以維持血液呈弱鹼性。
4. 調節體液的平衡：藉由血液的膠體滲透壓來調節體液的平衡。

保護

1. 凝血機轉：血液中含有凝血因子，可防受傷時大量血液流失。
2. 免疫：血液中有白血球、抗體，可抵抗外來微生物及毒素的侵襲。

物理特性

除了淋巴管外，所有流經血管的紅色體液，稱為血液（blood），其黏滯性是水的4.5～5.5倍（水為1.0），所以流速會較水慢。

1. 屬結締組織，全身血液量是體重的8%，約5,000c.c.。例如50公斤體重者的全身血液量是50公斤×8%，約4,000c.c.。
2. 比重1.056～1.059，與0.9%生理食鹽水成等張溶液。
3. pH值為7.35～7.45，呈弱鹼性。
4. 黏滯性為4.5～5.5，其決定於：血中水分、紅血球數目、血流速度、血漿蛋白濃度與種類等因素。
5. 滲透壓為290～300mOsm/L，與0.9%生理食鹽水成等滲溶液。
6. 動脈是鮮紅色，靜脈是暗紅色。

組成成分

血液由定形成分（formed element）（細胞與類細胞構造）及血漿（plasma）（含有溶解物質的液體）兩部分組成。定形成分約占血液容積的45%，血漿約占血液容積的55%（圖9-1）。血球在血液容積中的比例是血比容（hematocrit; Hct），在人體中40～45%的血比容最有利於心臟將氧送至周邊組織。

圖9-1　血液的正常成分

　　若血液中加入抗凝劑（肝素或3.8%的檸檬酸鈉）後離心，血球會緊密的聚集在試管的底部（紅色），留下液態血漿在試管上層（黃綠色）。紅血球是數目最多的血球，而白血球和血小板只形成薄的、白色的一層，位於紅血球及血漿間的交界面（圖9-2）。不加抗凝劑的血液靜置，可見下層的血凝塊及上層稻草色的透明液體血清。換句話說，凝固後的血液，除去纖維蛋白及血球後，即為血清。

定形成分

　　血液的定形成分包括：紅血球（erythrocyte; red blood cell; RBC）、白血球（leukocyte, white blood cell; WBC）及血小板（platelet）。紅血球的數目最多，每立方毫米的血液中，健康男性約有510～600萬個，女性則約為400～520萬個。相同體積的血液中，只含有4,000～10,000個白血球（圖9-1）。

1. 紅血球

　　⑴形成過程：紅血球（erythrocyte; RBC）的形成過程，稱為紅血球生成（erythropoiesis），是由紅骨髓內未分化的血胚細胞或稱有核原始血球母細胞，分化成有核、細胞較大的前紅血球母細胞（圖9-3），經一系統衍生細胞，最後經網狀紅血球（reticulocyte）脫核後成為成熟、無核、體積小的紅血球。所以由血液中網狀紅血球計數（與正常紅血球比例應為0.5～1.5%）可測知人體紅血球的生成速率，若低於0.5%表示紅血球生成太慢，有貧血之虞，若超過1.5%則表示血球生成太快，像缺氧、骨髓癌患者的血液中，網狀紅血球就會高於正常。

圖9-2　血液的組成

紅骨髓中的多潛能幹細胞
分裂形成特殊的幹細胞

早期分化將骨髓幹細胞
與淋巴球性幹細胞分離

骨髓
幹細胞

淋巴球性
幹細胞

紅血球母細胞　巨核母細胞　　白血球母細胞　單核母細胞　　　　淋巴母細胞

巨核細胞

紅血球細胞	血小板	嗜鹼性球　嗜酸性球　嗜中性球	單核球	骨髓中產生　胸腺中產生 之B淋巴球　之T淋巴球
		顆粒性白血球		**非顆粒性白血球**

圖9-3　血球細胞的來源、發育與構造

(2)構造：紅血球為雙凹圓盤狀，直徑7.5～8μm，厚度2.6μm（圖9-4A）。成熟
的紅血球不具細胞核、DNA及RNA、粒線體、核糖體，故不能複製、再生，
也不能進行多方面的代謝活動。是體內唯一無核的細胞，細胞質富含血紅素
（hemoglobin），約占細胞重量的33%，可攜帶氧和二氧化碳，亦使血液呈紅
色。血紅素正常值在嬰兒為14～20gm/dl，成年男性為14～16.5gm/dl，成年女性
為12～15 gm/dl。

①血紅素分子是由血球素（globin）及血基質（heme）組成，血球素是一種蛋
白質（球蛋白），血基質是一種含鐵色素，有四個鐵原子，每個鐵原子可與
一個氧分子結合，所以一分子的血紅素可攜帶四個氧分子。血基質的鐵可在

肺臟中與氧結合成氧合血紅素（oxyhemoglobin），並攜帶至組織中，這占氧輸送方式的97%。

②1gm的血紅素可攜帶1.34c.c.的氧，所以男性動脈血中100ml含有20ml的氧，但供給組織的氧量只有7ml，若肺功能正常，但血紅素減少，總血氧含量也會減少。

③若因遺傳上缺陷使血紅素結構不正常，則可能導致鎌刀型貧血（sickle cell anemia），造成紅血球成鎌刀狀而無法正常攜帶氧氣（圖9-4B），並使紅血球硬化不易變形，導致其通過微血管時容易破裂形成血栓，造成組織局部缺氧或梗塞。

⑶合成紅血球成熟所必需的因子：有維生素B_{12}、鐵、葉酸、內在因子及胺基酸等（現詳述於表9-1）。

⑷紅血球的壽命及破壞流程：紅血球的壽命約120天，老化的紅血球不但不具功能且漿膜變脆，每天以約5%的代謝率進行破壞。主要是由肝臟、脾臟、骨髓等網狀內皮系統中的巨噬細胞所破壞分解成血球素和血基質，血球素進入血漿，血基質中的鐵離子可再循環至紅骨髓儲存，重新合成血紅素；色素則轉化成膽紅素進入肝臟，由膽汁排泄，在腎臟形成尿膽素，在腸道形成糞膽素。

臨床指引：

　　貧血（anemia）是指血液中紅血球濃度少，血色素降低。一般情況下，男性紅血球低於410萬，女性低於380萬；男性血紅素低於13.5gm，女性低於12.8gm，表示有貧血傾向。

　　缺鐵性貧血：是台灣最常見的貧血，育齡婦女（16～44歲）中患缺鐵性貧血比例達60%。患者容易心悸、呼吸不適、舌頭粗糙及指甲呈湯匙狀容易破裂。有此症的病患需注意是否因胃潰瘍、胃癌或痔瘡引起的出血；女性尚要注意是否有子宮肌瘤或子宮癌。如無上述疾病，可能是營養不均衡導致，應多攝取豬肝、文蛤、蜆及魚乾等含鐵較多的食物。

　　地中海型貧血：為隱形遺傳染色體變異所導致，台灣病患約占8%，病患的紅血球壽命比正常人短，所以提早破裂紅血球中的鐵質會長期釋放到人體內，造成鐵質沉澱在肝、胰、骨髓等部位，成為鐵質沉積症。此患者在日常生活中應避免含鐵的食物與藥物，以避免上述器官進一步的傷害。根本治療方式是骨髓移植，否則只能定期輸血及注射排鐵劑來控制。

A 正常紅血球　　　　　　　　　B 鐮刀型貧血的紅血球

圖9-4　紅血球的構造

表9-1　合成血球成熟所必需的因子

必需的因子	特　性
維生素B$_{12}$	• 可刺激紅骨髓製造血球 • 維生素B$_{12}$缺乏，紅血球細胞核無法成熟、分裂，而成巨大紅血球的惡性貧血 • 維生素B$_{12}$是由食物中取得，迴腸吸收儲存肝臟
鐵	• 紅血球攜氧所必需 • 鐵正常吸收量是攝入量的3～6%，大部分身體攝取的是Fe^{+++}，胃只能吸收微量，但胃分泌可溶解鐵，使還原成Fe^{++}形式，才易吸收 • 鐵的吸收為主動過程，大部分在小腸上段，以十二指腸和相鄰的空腸吸收最多 • 缺鐵時，血球會變小、變淡，為缺鐵性貧血
葉酸	• 缺葉酸時，DNA合成受阻，分裂受抑制但生長未受影響，紅血球變大、色深、易破裂，引起類似惡性貧血症狀
内在因子	• 維生素B$_{12}$吸收需靠內在因子的協助，才能在迴腸吸收 • 内在因子由胃壁細胞分泌
胺基酸	組成球蛋白所必需

2. 白血球

　(1)構造與種類：白血球（leukocyte）有核，呈圓球形，直徑8～15μm，平均每立方毫米5,000～10,000個。白血球有顆粒性（granular）與無顆粒性（agranular）兩種，顆粒性白血球由紅骨髓發育而來，占75%，胞質可染色、胞核分成多葉，有嗜中性球（neutrophil）、嗜酸性球（eosinophil）、嗜鹼性球（basophil）；無顆粒性白血球是由類淋巴組織及骨髓發育而來，占25%，胞質不染色，胞核呈球形，有單核球（monocyte）及淋巴球（lymphocyte）。

⑵功能與特性

上述各類白血球的功能與特性見表9-2。

表9-2　白血球的功能與特性

種　　類		功能與特性
顆粒性白血球	嗜中性球	• 具有趨化性：可藉阿米巴運動穿過血管壁，接近侵入的微生物並吞噬之 • 是血液中比例最多的白血球 • 於急性感染時數量會增加，且最快到達感染區，對抗急性細菌傳染病
	嗜酸性球	• 在過敏反應中釋出酵素分解組織胺的物質，解除過敏反應 • 專門吞噬被抗體標示的物質 • 氣喘、寄生蟲感染、猩紅熱等會使數量增加
	嗜鹼性球	• 在過敏反應時釋出組織胺，與過敏現象的形成有關 • 是血液中比例最少的白血球 • 可製造肝素（heparin），防止血液凝固
無顆粒性白血球	單核球	• 是最大的白血球 • 慢性感染時數量會增加，並釋出內生性致熱原 • 是吞噬功能最強的白血球 • 至組織間隙可轉變成爲巨噬細胞，存在於肝（庫氏細胞）、肺（灰塵細胞）、腦（微小膠細胞）、骨骼（破骨細胞）等處
	淋巴球	• 可轉變成漿細胞製造抗體，來參與抗原抗體免疫反應 • B細胞負責體液性，T細胞負責細胞性免疫

臨床指引：

　　白血病（leukemia）是一種癌症，會產生許多不正常的白血球細胞，這些不正常的白血球細胞會堆積在骨髓、淋巴結、脾及肝臟內，使這些器官無法正常運作，也不能抵抗病毒細菌，造成身體發燒與感染。正常白血球在1萬以下，白血病則從幾萬到幾十萬，確定診斷需做骨髓穿刺檢查。

　　最常見的白血病有：

1. 急性淋巴性白血病（ALL）：最常見於年幼小孩，而成人患者多半在65歲以上。

2. 急性骨髓性白血病（AML）：小孩、成人均可能發生。

3. 慢性淋巴性白血病（CLL）：最常發生在55歲以上的成年人，幾乎不發生在小孩。

4. 慢性骨髓性白血病（CML）：主要發生在成年人，少部分小孩也患有此症。

發生白血病的原因可能是暴露輻射線與電磁場中、染色體缺陷（唐氏症小孩易得白血病）與病毒感染等。化學治療可用來摧毀不正常白血球細胞，使正常細胞恢復功能。一般而言，2～10歲小孩比其他年齡的病患有較佳的預後（50～60%）。

3. 血小板
    (1)構造：血小板（platelet）是骨髓中巨核細胞（megakaryocyte）的細胞質碎片掉落之後，被細胞膜包住所形成的凝血細胞（thrombocyte）。進入循環的血小板沒有細胞核，外形呈圓形或卵圓形，直徑約3～4μm。
    (2)功能：血小板在血液凝固中扮演著重要角色。血凝塊大部分由血小板構成，因為血小板細胞膜上的磷脂質可活化血漿中的凝血因子，使纖維素產生並結成絲狀，加強血小板栓塞。而血凝塊中的血小板會釋放血清胺（serotonin），刺激血管收縮，減少受傷部位的血流量。血小板也分泌生長因子（PDGF）來維持血管的完整性。
    (3)生命期與數目：每立方毫米血液中約有25～40萬個血小板，約可存活5～9天，老舊血小板會在脾臟及肝臟中被破壞。血小板60～70%在血循中，其餘存於脾臟，所以脾臟切除後，血小板數量會增加。

血漿

將血液的定形成分去除後，剩下的液體稱為血漿（plasma），是由91.5%的水和8.5%的溶質所組成。在血漿溶質中含量最多的是血漿蛋白（plasma protein），其餘為非蛋白質的含氮物質、食物分子、呼吸氣體及電解質等物質。

1. 血漿蛋白（plasma protein）：血漿蛋白可分成血漿白蛋白（albumin）占55%、血漿球蛋白（globulin）占38%、纖維蛋白元（fibrinogen）占7%等三大類，現將其製造、功能、特徵敘述於表9-3。
2. 其他溶質（other components）：血漿的其他溶質有電解質、氣體、營養物質、代謝廢物等，詳見表9-4。

血液凝固

基本機轉

當血管受損或破裂時，會活化一連串的生理機制，以防失血。只要血管內皮層損傷，其下結締組織的膠原蛋白暴露於血液中，即會引發止血（hemostasis）機制，但此機制通常只對小血管失血有用，對於大量失血還是得靠適當的人為處理。

1. 血管痙攣（vascular spasm）：受傷的血管鄰近組織之痛覺會引發神經反射，使血管壁平滑肌收縮。再加上受傷的血小板會釋出血清素（serotonin），一樣會使血

管壁平滑肌收縮，以減少血液流失達30分鐘，此時間內會引發更進一步的止血機轉。

表9-3　血漿蛋白的種類

種　類	製造處	特徵與功能
白蛋白	肝臟	• 含量最多，與球蛋白的比例是1.5：1或3：1 • 維持血液膠體滲透壓的物質，藉以維持血液的黏滯性及避免水腫的發生 • 可攜帶游離脂肪酸和膽紅素 • 兼具酸鹼反應的兩性物質，故有緩衝劑的作用
球蛋白	漿細胞	• 分 α、β、γ 三種，其中 α、β 作為運輸用，而 γ 球蛋白可產生抗體，為抗體蛋白，可產生免疫作用 • 血漿蛋白中唯一不由肝臟製造者
纖維蛋白元	肝臟	配合血小板參與血液凝固的機轉

表9-4　血漿的其他溶質

種類	成　分	含　　量	功　　能
電解質	Na^+	135～145mEq/L	膜電位、酸鹼平衡、滲透壓之維持
	K^+	3.5～5.0mEq/L	膜電位、酸鹼平衡、滲透壓之維持
	Ca^{++}	9～10.5mEq/L	膜電位、酸鹼平衡、滲透壓之維持
	Cl^-	98～106mEq/L	參與紅血球輸送二氧化碳之氯轉移
	HCO_3^-	26mM	二氧化碳在血液中之形式，酸鹼緩衝劑
	$HPO_4^=$	1.7～2.6mM	酸鹼緩衝劑
	H^+	—	體液之酸鹼平衡
氣體	CO_2	2ml/100ml	有氧呼吸作用的產物，以 HCO_3^- 形態存在血液中作為緩衝劑
	O_2	0.2ml/100ml	有氧呼吸作用及電子傳遞鏈的最終反應物
	N_2	0.9 ml/100ml	—
營養物質	葡萄糖	100mg/100ml	能量來源，組成細胞及分子之基本成分
	胺基酸	40 mg/100ml	能量來源，組成細胞及分子之基本成分
	三酸甘油	500 mg/100ml	能量來源，組成細胞及分子之基本成分

(續)

種類	成　分	含　　量	功　　能
	膽固醇	150～250mg/100ml	－
	維生素	0.0001～2.5 mg/100ml	輔酶，促進酵素反應
代謝廢物	尿素	34 mg/100ml	蛋白質代謝的產物，由腎臟排除
	尿酸	0.5 mg/100ml	蛋白質代謝的產物，由腎臟排除
	膽色素	0.2～1.2 mg/100ml	血紅素之代謝產物，部分由肝臟製成膽汁，由小腸排出
	乳酸	－	無氧呼吸作用之產物，可由肝臟轉化為葡萄糖
其他	酶	－	催化體內化學反應
	荷爾蒙	－	促進或抑制生理反應

2. 形成血小板栓塞（platelet plug formation）：受傷的血管壁膠原纖維暴露，活化了血液中之血小板，於是血小板開始變大，彼此黏附於膠原纖維上並釋出腺嘌呤核苷雙磷酸（ADP）和血漿血栓素A_2（thromboxane A_2），此釋出物質可吸引新的血小板到附近並黏附於原先活化的血小板上，並釋出腺嘌呤核苷雙磷酸（ADP）和血漿血栓素A_2吸引更多的血小板凝集，形成血小板栓子塞住傷口，但結構鬆散，需靠凝血因子的強化（圖9-5）。

3. 血液凝固（blood clotting）：在出血的15～20秒即會開始血液凝固的反應，此反應可分成三階段（圖9-6）：

(1)第一階段：凝血酶元致活素（凝血活素；thromboplastin）的形成。凝血酶元致活素並不是血液中的正常成分，是由受傷組織細胞和血小板游離出來的。由於凝血因子的來源不同，可由兩種途徑產生凝血酶元致活素，而後引發一連串的凝血反應。

①外在徑路：是受傷組織中產生的物質和血液混合後引起的外在凝血徑路。

②內在徑路：是由血液內的凝血因子（Ⅰ～ⅩⅢ）所引起的內在凝血徑路。

(2)第二階段：凝血酶元致活素可催化凝血酶元（prothrombin）變成凝血酶（thrombin）。

(3)第三階段：凝血酶又可催化纖維蛋白元（fibrinogen）變成纖維蛋白（fibrin），然後纖維蛋白網住血小板、血球細胞及血漿，形成血凝塊。

4. 凝塊收縮與纖維蛋白分解（clot retraction and fibrinolysis）：纖維蛋白凝塊收縮，

使受傷血管邊緣變小，減少出血的危險。正常凝塊收縮需要足夠的血小板參與，而纖維蛋白分解包含血塊溶解。當凝塊形成時，血液及組織會釋放酵素把血塊中的胞漿素原（plasminogen）活化成胞漿素（plasmin）。胞漿素可將纖維蛋白分解成片段，因而促進血塊溶解。凝塊的形成，可避免失血過多，是生理上的重要機轉。凝塊的形成需要維生素K及Ca^{+2}的存在，維生素K是合成凝血因子VII、IX、X所必需，而並非實際參與凝塊的形成。

5. 預防血栓形成（prevention of thrombosis）：血液在破裂血管中形成血栓，若不能自行溶解即會阻斷組織氧氣的供應，若血栓阻塞在腦、心等重要器官的血管，則會造成嚴重的栓塞現象（embolism）。臨床上可用來阻止血液凝固的化學物質，稱為抗凝劑（anticoagulant）。常見的抗凝劑如下：

⑴肝素（heparin）：肝素本身帶負電，並與多醣類結合，本身不具抗凝血質的特性，需與血漿中抗凝血酶第三因子（antithrombin III）結合後，才會產生抑制凝血酶的作用。人體內的肥胖細胞及嗜鹼性白血球可分泌，亦可由動物的肺組織及腸黏膜中萃取而來。

⑵雙香豆素（dicumarol）：是利用對抗維生素K依賴因子II、VII、IX、X凝血因子來抑制凝血。

圖9-5 血小板栓子及血液凝塊的形成

圖9-6　凝血的過程

　⑶檸檬酸鈉（sodium citrate）或乙二胺四乙酸（ethylenediamine tetraacetic acid; EDTA）：可與血漿中的Ca^{+2}結合，使凝血無法發生。

　⑷阿斯匹靈（aspirin）：會抑制攝護腺素產生，導致血小板釋放反應不全而無法凝血。

血型

　　身體所有細胞的表面皆有特定的分子，能夠被另一個體的免疫系統辨識為外來物，此特定的分子即是抗原（antigen）。另一個體的特定淋巴球能產生抗體（antibody），與侵入的抗原能結合成抗原抗體反應，此為免疫反應的部分。紅血球表面含有遺傳決定的抗原，稱為凝集原（agglutinogen），在血漿中遺傳決定的抗體，稱為凝集素（agglutinin）。兩者若產生抗原抗體反應，則紅血球出現凝集現象（agglutination），隨後產生溶血現象（hemolysis）。

ABO血型

　　紅血球表面上的抗原在臨床上是極重要的，因為在輸血過程中，供血者與受血者的血型（blood group）必須配合，才不會出現輸血反應。

　　若紅血球表面含有A抗原（凝集原）的是A型，含有B抗原的是B型，含有A和B兩種抗原的是AB型，既無A、亦無B的抗原者為O型。A型者體內血漿含有抗B抗體（凝集素），B型者體內血漿含有抗A抗體，O型者體內血漿含有抗A及抗B抗體，而AB型者體內血漿不含任何抗體（圖9-7）。因此A型者不可接受B型或AB型血液，但可接受A或O型血液。AB型者血漿中不含任何抗體，故可接受A、B、AB、O型的血液，被稱為全適受血者。O型者的紅血球不含抗原，故可輸血給任何血型者，被稱為全適供血者。

圖9-7　在ABO血型分類及交叉反應

Rh血型

在大部分的紅血球上會發現另一種抗原為Rh凝集原，此凝集原有三種，其中RhD凝集原與輸血反應最有關聯。紅血球上具有Rh凝集原的為Rh（＋），不含Rh凝集原的為Rh（－）。據估計，美國白人中85%、黑人中88%、東方人中99%為Rh（＋）。

正常情況下，人類血漿不含抗Rh凝集素。若是有Rh（－）的人接受了Rh（＋）的血液，體內即會開始製造抗Rh凝集素，並留存血液中，若此人不幸又接受了第二次的Rh（＋）血液，則體內原先形成的抗Rh凝集素就會與第二次輸入的血液引起反應。

若Rh（－）的母親生下Rh（＋）的嬰兒時，胎兒的Rh凝集原會穿過胎盤進入母體血液中，使母體產生抗Rh凝集素。當她第二次懷孕時，若胎兒是Rh（－）就不會有任何問題。但是若懷的仍是Rh（＋）胎兒時，母親血液中的Rh凝集素即會經由胎盤進入胎兒血液，使胎兒發生溶血反應，此稱為新生兒溶血症（hemolytic disease of newborn; HDN），或稱新生兒紅血球母細胞過多症（erythroblastosis fetalis）（圖9-8）。此類嬰兒出生後90分鐘內應以Rh（－）血液置換原來血液；而母親則應在產後立即注射抗Rh凝集素，以結合進入母體的Rh凝集原，以防止母體產生抗Rh凝集素，影響下一胎的胎兒。

輸血反應

輸血反應是指在輸血過程中或之後，受血者發生了與輸血相關的新的異常表現或疾病。輸血反應在分類上可分為立即型以及遲發型兩大類，所謂的立即型輸血反應是輸血反應在輸血時或輸血後數分鐘至數小時內發生的溶血。常出現發燒（超出原體溫1℃）、蕁麻疹、心悸、呼吸困難、低血壓、血紅蛋白尿甚至尿閉、急性腎衰竭的症狀。在多數情況下這時必須要立刻停止輸血，直到其他的評估完成，可使病人免於不可逆的腎衰竭。

遲發型輸血反應發生的時間通常為輸血24小時以後，位置常為血管外溶血，原因為紅血球上某些次要血型系統的抗原與相對應的異體抗體作用所導致溶血。特徵為輸血後血紅素在短時間內有下降及膽紅素上升發生黃疸的情況發生。預防措施為需檢測出病患異體抗體種異及提供沒有對應抗原血品來供應輸血。

Rh⁻母親
第一次懷孕

胎盤

母體組織

胎兒組織

胎兒遺傳來自
父親的Rh⁺

母體組織

胎兒組織

母體組織

母體產生抗Rh凝集素

母體組織

胎兒組織

第二次懷孕
紅血球溶血

*藍色：Rh⁻；紅色：Rh⁺

圖9-8　Rh血型不相容。第二次懷孕，母體之抗Rh凝集素進入胎兒血液，造成溶血。

自我測驗

（　）1. 臨床上輸血之前除檢查血型之外，尚需做下列何種檢查以確保輸血之安全？
　　　 (A) 紅血球計數　(B) 白血球分類　(C) 交叉配合試驗　(D) 血球沉降試驗

（　）2. 正常人白血球中比例最高者為下列何者？　(A) 淋巴球　(B) 單核球　(C) 嗜
　　　 中性白血球　(D) 嗜酸性白血球

（　）3. 正常人體內紅血球約可存活：　(A) 30日　(B) 60日　(C) 120日　(D) 150日

（　）4. 每分子的血紅素含有幾個鐵原子？　(A) 1　(B) 2　(C) 3　(D) 4

（　）5. 下列何種情況會延長凝血時間（coagulation time）？　(A) 膽固醇堆積在血管
　　　 壁　(B) 交感神經興奮　(C) 紅血球生成素（erythropoietin）升高　(D) 缺乏鈣
　　　 離子

（　）6. 下列哪種物質與血液凝固有關？　(A) 血清球蛋白　(B) 血清白蛋白　(C) 纖
　　　 維蛋白原　(D) 免疫球蛋白

（　）7. 下列哪種貧血的原因與溶血有關？　(A) 失血性貧血　(B) 缺鐵性貧血
　　　 (C) 惡性貧血　(D) 地中海型貧血

（　）8. 下列何者可生成血小板？　(A) 骨髓母細胞　(B) 巨核母細胞　(C) 淋巴母細
　　　 胞　(D) 單核母細胞

（　）9. 紅血球（erythrocyte）的直徑約：　(A) 7～8 μm　(B) 15～20 μm　(C) 25～
　　　 30 μm　(D) 50 μm

（　）10. 正常血液的pH值為：　(A) 6.8　(B) 7.0　(C) 7.4　(D) 7.8

（　）11. 下列有關正常血液特性之敘述，何者正確？　(A) 健康男性之血球容積比
　　　 （Hct）為60%　(B) 血漿黏稠度與水相同　(C) 血清不含凝血因子，而血漿含
　　　 凝血因子　(D) 血中一半的氧是由氧合血紅素攜帶

（　）12. 在凝血過程中，纖維蛋白原（fibrinogen）受到凝血酶及何種離子之作用方可
　　　 形成纖維蛋白（fibrin）？　(A) Mg^{2+}　(B) K^+　(C) Ca^{2+}　(D) Na^+

（　）13. 何種血型的人被認為是萬能供血者（universal donor）？　(A) A型　(B) B型
　　　 (C) AB型　(D) O型

（　）14. 一個血紅素分子可攜帶多少個氧分子？　(A) 1　(B) 2　(C) 3　(D) 4

（　）15. 有關A型血型的人之敘述，下列何者正確？　(A) 紅血球表面上含有A凝集原
　　　 (B) 在血漿中含有抗A凝集素　(C) 在血漿中含有A凝集原　(D) 在紅血球表面
　　　 上含有抗A凝集素

（　）16. 血漿中具有凝集素（agglutinins）A及B的血型是：　(A) A型　(B) B型
　　　 (C) AB型　(D) O型

（　）17.下列有關人類Rh血型之敘述，何者錯誤？　(A) Rh（＋）的人紅血球表面上有Rh凝集原（agglutinogens）　(B) Rh（＋）的人血漿內含有抗Rh的凝集素（agglutinins）　(C) Rh（－）的人紅血球表面上沒有Rh凝集原　(D) 正常情況下，Rh（－）的人血漿內不含抗Rh的凝集素

（　）18.巨核細胞（megakaryocyte）主要在何處分化？　(A) 胸腺　(B) 淋巴結　(C) 骨髓　(D) 甲狀腺

（　）19.血漿中最多的蛋白質是：　(A) 白蛋白　(B) 球蛋白　(C) 脂蛋白　(D) 纖維蛋白原

（　）20.嗜鹼性球是由下列何者分化而成？　(A) 骨髓母細胞　(B) 淋巴母細胞　(C) 巨核母細胞　(D) 單核母細胞

（　）21.下列何者不為造血器官？　(A) 肝臟　(B) 心臟　(C) 脾臟　(D) 骨髓

（　）22.下列何者不是造血生長因子（hematopoietic growth factor）？　(A) 紅血球生成素（erythropoietin）　(B) 血管升壓素（angiotensin）　(C) 介白素-3（interleukin-3）　(D) 聚落刺激因子（colony-stimulating factor）

（　）23.血紅素之何種成分能與氧分子結合，將氧運送到組織？　(A) 鈣　(B) 鎂　(C) 鐵　(D) 鋅

（　）24.有關血小板（platelet）形成的敘述，何者正確？　(A) 由骨髓母細胞（myeloblast）發育成熟而成　(B) 由巨核細胞（megakaryocyte）發育成熟而成　(C) 由巨核細胞的細胞質碎裂而成　(D) 由骨髓組織碎裂而成

（　）25.有關紅血球的敘述，下列何者正確？　(A) 成熟時為雙凹圓盤狀的有核細胞　(B) 生命週期有7～9天　(C) 正常人類的紅血球數量約為100萬個／毫升　(D) 老化的紅血球可在肝臟及脾臟中被攔截、分解

（　）26.在正常生理情形下，白血球分類計數中數量最少的是：　(A) 嗜中性球　(B) 嗜酸性球　(C) 嗜鹼性球　(D) 淋巴球

（　）27.有關白血球之敘述，下列何者錯誤？　(A) 嗜中性球細胞核有明顯的分葉　(B) 單核球（monocytes）為最大之白血球　(C) 嗜鹼性球為顆粒球中數目最少之白血球　(D) 嗜酸性球可製造肝素（heparin）

（　）28.下列何者不屬於顆粒性白血球？　(A) 單核球　(B) 嗜中性球　(C) 嗜酸性球　(D) 嗜鹼性球

（　）29.下列何者源自於巨核細胞（megakaryocyte）？　(A) 嗜中性球　(B) 單核球　(C) 淋巴球　(D) 血小板

（　）30.關於紅血球的敘述，何者錯誤？　(A) 血紅素使血液呈紅色　(B) 成人的紅血球主要由黃骨髓生成　(C) 成熟的紅血球不具細胞核及胞器　(D) 老化的紅血

球可被脾臟及肝臟中的巨噬細胞破壞

( ) 31. 一般情況下，血漿約占血液容積的多少%？ (A) 30% (B) 40% (C) 55% (D) 65%

( ) 32. 有關血小板之敘述，下列何者錯誤？ (A) 源自巨核細胞（megakaryocyte） (B) 有細胞膜 (C) 正常狀況下，每立方毫米血液約含25～40萬個血小板 (D) 生命週期約120天

( ) 33. 血紅素的主要功能為： (A) 運送氧氣 (B) 運送抗體 (C) 運送激素 (D) 進行代謝作用

( ) 34. 下列關於血清與血漿的敘述何者正確？ (A) 血清不含纖維蛋白原（fibrinogen） (B) 血漿不含纖維蛋白原 (C) 兩者皆不含纖維蛋白原 (D) 兩者皆含纖維蛋白原

( ) 35. 根據ABO系統，血型AB型的病人是全能受血者，是因為其血漿中： (A) 只有抗A抗體 (B) 只有抗B抗體 (C) 同時有抗A與抗B抗體 (D) 缺乏抗A與抗B抗體

( ) 36. 下列影響血壓的因素當中，何者是最重要的？ (A) 血管長度 (B) 血管半徑 (C) 血液黏滯度（viscosity） (D) 血球數目

( ) 37. 下列何者可直接將纖維蛋白原（fibrinogen）轉變為纖維蛋白（fibrin）？ (A) 凝血酶（thrombin） (B) 胞漿素（plasmin） (C) 第十因子（factor X） (D) 第十一因子（factor XI）

( ) 38. 有關血紅素（hemoglobin）的敘述，何者正確？ (A) 可與氧作用形成氧化態血紅素 (B) 一個血紅素分子可攜帶一個氧分子 (C) 成人血紅素對氧的親和力大於胎兒血紅素 (D) 一氧化碳與血紅素結合能力高於氧的結合能力

( ) 39. 下列哪一種血漿蛋白（plasma proteins）與凝血（blood coagula-tion）有關？ (A) 白蛋白（albumin） (B) 球蛋白（globulin） (C) 纖維蛋白原（fibrinogen） (D) 脂蛋白（lipoprotein）

解答：

1.(C)　2.(C)　3.(C)　4.(D)　5.(D)　6.(C)　7.(D)　8.(B)　9.(A)　10.(C)

11.(C)　12.(C)　13.(D)　14.(D)　15.(A)　16.(D)　17.(B)　18.(C)　19.(A)　20.(A)

21.(B)　22.(B)　23.(C)　24.(C)　25.(D)　26.(C)　27.(A)　28.(A)　29.(D)　30.(B)

31.(C)　32.(D)　33.(A)　34.(A)　35.(D)　36.(B)　37.(A)　38.(D)　39.(C)

第十章　心血管系統與循環生理

　　循環系統是由血液、心臟、血管組成。血液是心臟血管系統中循流的液體，也是一種特化的結締組織。心臟是一個含四個腔室的幫浦，此幫浦形成一個壓力源，可推動血管中的血液到肺臟及體細胞。血管則形成一個管狀的網路，讓血液由心臟流向全身細胞再返回心臟。循環功能在維持血液於其循環的路徑內移動，參與循環的血液能提供身體細胞營養、氧氣和化學指令及廢物排除的機轉。血液也運送特化的細胞以防禦周邊組織受到感染和疾病，完全缺乏循環的區域可能在數分鐘內死亡。

心臟

　　心臟（heart）約在胚胎第7週發育完成，是循環系統的中樞，每天約可跳動10萬次以上，約可送出7,000公升的血液，經血管供應全身。

大小與位置

　　心臟位於兩肺之間的中縱膈腔內，約有2/3在身體中線的左側（圖10-1A），大小如握緊的拳頭，呈中空圓錐狀，重量約為250～350公克。心尖（apex）是左心室形成的尖端，指向左前下方，是心室壁最厚的地方。

構造

1. 心外層—心包膜（pericardium）：心包膜包圍著心臟，並將其固定於一定的位置。心包膜包括纖維性（fibrous）與漿膜性（serous）兩部分（圖10-1B）。
2. 心臟壁（heart wall）：心臟壁分成三層（圖10-2）。
   (1)外層：心外膜（epicardium）(2)中層：心肌（myocardium）(3)內層：心內膜（endocardium）。
3. 心內層（interior of heart）
   (1)分成四個腔室（four chambers），以接受循環血液（圖10-3）。
   　①上面兩個腔室稱為左、右心房（atria），心房上附有心耳（auricle），以增加心房的表面積。心房的內襯表面有梳狀肌（pectinate muscles）。左、右心房間有心房間隔（interatrial septum），間隔在右心房面上有一卵圓形凹陷，是為卵圓窩（fossa ovalis），此窩在胎兒時為卵圓孔。下面兩個腔室是左、右心室（ventricles），兩心室間有心室間隔分開。心室壁上有乳頭肌（papillary muscles），腱索連接瓣膜尖端與乳頭肌，共同配合指引血流的方向。

圖10-1　心臟在胸腔內的位置。A.心臟位於縱膈腔內，胸骨之後面；B.心臟與心包腔的關係可與拳頭和氣球相比喻。

圖10-2　心胞膜與心臟壁的構造

圖10-3　心臟的內部構造（冠狀切面）

②心臟外表在心房、心室間有冠狀溝（coronary sulcus）環繞，後方埋有冠狀竇（coronary sinus）。在左、右心室間前後各有前室間溝及後室間溝。這些溝埋有冠狀動脈及心臟的靜脈（圖10-4）。

(2)瓣膜（valve）：當心臟每個腔室收縮時，可將一部分血液推入心室中，或經由動脈而將血液送出心臟。心臟具有由緻密結締組織所組成的四組瓣膜（圖10-3、表10-1），可防止血液逆流。

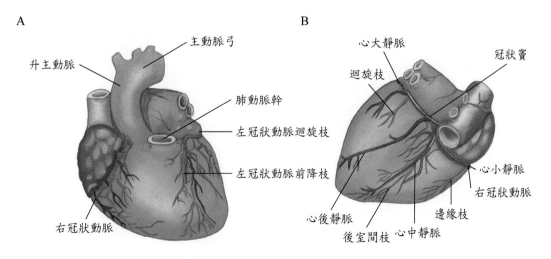

圖10-4　心臟的外觀及冠狀循環。A.前面觀；B.後面觀。

表10-1　心臟的瓣膜

種類	解剖位置	瓣尖	瓣數	血流方向	目　的
房室瓣	二尖瓣：左心房、心室間	朝下	2	左心房→左心室	防止血液逆流回心房
	三尖瓣：右心房、心室間	朝下	3	右心房→右心室	
半月瓣	主動脈與左心室間	朝上	3	左心室→主動脈	防止血液逆流回心室
	肺動脈與右心室間	朝上	3	右心室→肺動脈	

3. 九條連接心臟的大血管（associated great vessels of the heart）：上腔靜脈（superior vena cava）收集上半身的靜脈血液，下腔靜脈（inferior vena cava）收集下半身的靜脈血液，冠狀竇收集心臟壁大部分的靜脈血液。此三條靜脈血管將收集的血液送入右心房，接著送入右心室，經肺動脈幹的左、右肺動脈（pulmonary arteries）將血液送入肺臟進行氣體交換，再由四條肺靜脈流回左心房，進入左心室，送往主動脈（aorta），經其分枝將血液送往全身各部位。由於左心室要用高壓力將血液壓入通往全身各個部位的血管中，所以心肌層是四個腔室中最厚的（圖10-5、表10-2）。

*藍色表缺氧血、紅色帶氧血

圖10-5　血液流經心臟的途徑

表10-2　連接心臟的大血管

種　類	數　目	含氧情形	血流方向
上腔靜脈	1條	缺氧血	上半身靜脈血→上腔靜脈→右心房
下腔靜脈	1條	缺氧血	下半身靜脈血→下腔靜脈→右心房
冠狀竇	1條	缺氧血	冠狀靜脈→冠狀竇→右心房
肺動脈幹	1條	缺氧血	右心室→肺動脈幹→肺動脈→肺
肺靜脈	4條	充氧血	肺→肺靜脈→左心房
主動脈	1條	充氧血	左心室→主動脈

血管

　　血管（blood vessel）形成一個遍及全身的網路，使血液可由心臟經動脈到達身體中所有活細胞後，再經靜脈返回心臟。血液離開心臟經過的動脈管腔逐漸縮小，所以有大、中、小動脈，然後經過微血管進入管腔逐漸變大的靜脈，返回心臟。

　　動脈壁和靜脈壁皆是由三層膜組成（圖10-6），說明如下：

1. 外膜（tunica externa）：動、靜脈皆是由結締組織組成。
2. 中膜（tunica media）：動脈此層最厚，含有具彈性的彈性纖維及收縮性的平滑肌，且中膜與外膜間有外彈性膜。靜脈的彈性纖維及平滑肌含量皆較少，無外彈性膜，但有較多的白色纖維組織，所以管壁比動脈薄。
3. 內膜（tunica interna）：最內層是單層扁平上皮的內皮，直接與血液接觸。內皮的外面是基底膜，在基底膜外，動脈比靜脈多了一層內彈性膜。

動脈

　　身體大部分區域接受兩條以上的動脈（artery）分枝，分枝末端彼此結合的稱為吻合（anastomosis），所以一支發生阻塞時，會產生側支循環。無吻合的動脈稱為終動脈（end arteries），若阻塞即產生此區的壞死，例如心肌梗塞。

彈性動脈

　　彈性動脈（elastic artery）或稱輸送動脈、傳導動脈，為大的動脈，包括主動脈、頭臂動脈、頸總動脈、鎖骨下動脈、椎動脈、髂總動脈等。其特徵是中膜含較多的彈性纖維，較少的平滑肌，所以管壁較薄。此類動脈可承受由左心室壓縮所射出大量血液的巨

圖10-6　各種血管構造的比較。A.靜脈；B.動脈；C.微血管。

大壓力，心臟舒張時，又可反彈使血液向前流動，故有引導血液的功能。其血管總橫切面積最小，血流速度最快。

肌肉動脈

肌肉動脈（musclar artery）又稱分配動脈的中等口徑動脈，包括腋動脈、肱動脈、橈動脈、肋間動脈、脾動脈、腸繫膜動脈、股動脈、脛動脈等。其特徵是含有平滑肌較彈性纖維多，所以管壁較厚，有較大的收縮力和擴張力來調節血量。

小動脈

小動脈（arteriole）是血管中阻力最大的血管，又稱阻力動脈。其起端構造似動脈，末端似微血管，幾乎由內皮構成，周圍散列平滑肌細胞（圖10-7），故可改變血管直徑，影響周邊阻力，與血壓調節有關。

微血管

微血管（capillary）連接小動脈和小靜脈（圖10-7），幾乎所有細胞的附近皆有它的存在。體內微血管的分布因組織的活動性而有差異，活動性較高的，如肌肉、肝臟、腎臟、肺臟、神經系統等處就富含微血管；活動性較低的肌腱、韌帶等處的微血管就不密集，像是表皮、眼角膜、軟骨等地方就無微血管。

側副動脈

小動脈

微血管

靜脈

小靜脈

小的小靜脈

微血管前括約肌

動靜脈吻合

圖10-7 小動脈與微血管的組成

　　微血管壁是由單層的內皮細胞及基底膜所構成，管腔雖小但總橫切面積最大，血流速度慢，便於營養物質與廢物能在血液與組織細胞間交換。流至微血管的血液量完全由小動脈的血流阻力來決定，在小動脈接近微血管處的後小動脈外圍散列著平滑肌細胞（圖10-10），這些平滑肌的收縮和鬆弛可調節血量和血流的力量。微血管的起始部分有微血管前括約肌（precapillary sphincter），可控制進入真微血管的血流（圖10-7）。

靜脈

　　靜脈（vein）包括了小靜脈（venule）在內，小靜脈是由許多微血管匯集而成，它收集來自微血管的血液，最後注入靜脈（vein）。靠近微血管的小靜脈構造較簡單，只有內皮組成的內膜及結締組織組成的外膜，當靠近靜脈時，構造即似靜脈，亦含有中膜。

　　當血液離開微血管流入靜脈時，已失去大部分的血壓，所以血管破裂時，血流速度比動脈慢。低的靜脈壓不足以使血液返回心臟，特別是下肢的靜脈，所以需靠骨骼肌收縮及靜脈瓣膜來幫助靜脈回流，及防止血液倒流（圖10-8）。若因遺傳、長期站立、懷孕或年紀大使瓣膜功能不全，會使大量血液因地心引力而積存於靜脈遠端，於是靜脈擴大、彎曲形成靜脈曲張（varicose veins）。若靜脈曲張發生於肛道壁，即是痔瘡（hemorrhoid）。

　　靜脈竇（venous sinus）又稱血管竇，為只含薄層的內皮管壁靜脈，不含平滑肌，故

不能改變其直徑。如硬腦膜形成的靜脈竇、心臟的冠狀竇、肝臟的竇狀隙，皆屬於血管竇。

　　靜脈、小靜脈、靜脈竇約含全身血液的75%，動脈含20%，微血管含5%，因此靜脈中存有大量的血液，被稱為血液的貯存所。

辦膜關閉

辦膜開啟

辦膜關閉

圖10-8　靜脈瓣膜的功能

血液循環

　　血液的循環路線包括心臟本身的冠狀循環，心臟與肺之間的肺循環，心臟與全身之間的體循環，吸收養分的肝門靜脈系統以及胎兒時期的胎血循環。

冠狀循環

　　供應心肌的血管有左、右冠狀動脈（coronary artery），兩者皆起源於升主動脈。左冠狀動脈在左心房下，馬上就分成左前降枝（在前室間溝）及迴旋枝，左前降枝供應兩心室壁的血液，迴旋枝則供應左邊的心房、心室。右冠狀動脈在右心房下，並分成後室間枝（在後室間溝）及邊緣枝，後室間枝供應兩心室壁的血液，邊緣枝則供應右邊的心房、心室。

　　左前降枝、左迴旋枝與右冠狀動脈是供應心肌營養的三大血管（圖10-4）。

　　心臟大部分的缺氧血，先收集至冠狀竇，再注入右心房。冠狀竇的主要支流是收集

心臟前部靜脈血液的心大靜脈（great cardiac vein）及收集心臟後部靜脈血液的心中靜脈（middle cardiac vein）。

休息時，人類的冠狀血流平均255ml/min，占心輸出量的4～5%。心臟收縮時，心肌的收縮對心肌內血管造成壓迫，因此，此時冠狀動脈的血流量最小。當冠狀動脈有90%阻塞時，會形成側枝循環，雖然側枝循環血管皆很小，但心肌只要能接受正常血流量的10～15%即能存活，在活動增加時，由於心肌的耗氧增加，當冠狀動脈血流量無法負荷時，即會出現缺血性心臟病的現象。

> 臨床指引：
>
> 　冠狀動脈疾病（coronary artery disease; CAD），泛指因冠狀動脈病變而導致的心臟疾病。冠狀動脈供應心肌營養，當冠狀動脈阻塞或狹窄時，會導致心肌缺氧或壞死，而引起CAD。其症狀有心絞痛、心肌梗塞、心律不整及猝死。在西方國家已名列死亡原因之首，在台灣是十大死因第四名。
>
> 　造成CAD的元凶是動脈粥狀硬化（atherosclerosis），就是在動脈血管壁上有塊斑（plaque）的形成，塊斑大多由膽固醇及血栓組成。造成的因素有吸菸、高血脂、高血壓、糖尿病、肥胖、少運動等。
>
> 　罹患CAD的病患在初期以控制危險因子來著手，包括減重、多運動、多吃低脂、低鹽、多纖維的食物，並控制好血壓與血糖等。當臨床症狀加重時，可用藥物治療，包括阿斯匹靈、硝化甘油錠、β腎上腺阻斷劑、鈣離子阻斷劑。當三條冠狀動脈有不同程度阻塞時，可用心導管檢查冠狀動脈攝影術來確定阻塞部位，並藉由氣球擴張術（甚至放置血管支架）來治療。
>
> 如果三條冠狀動脈都阻塞的話，則實施冠狀動脈繞道術CABG，將患者腿上的大隱靜脈移植在心血管阻塞的位置並繞過其阻塞部位，來重新建立一條血流通路到心肌。如果冠狀動脈部分阻塞，可實施冠狀動脈再形成術（percutaneous coronary intervention; PCI），又稱血管擴張術，就是經皮穿刺周邊動脈（股或橈動脈等）沿著動脈向心方向送入氣球導管或血管支架等介入性治療器械到阻塞的冠狀動脈，進行擴張及疏通的一種心導管治療技術。

肺循環

肺循環（pulmonary circulation）是將來自全身的缺氧血由右心室送至肺進行氣體交換後，使缺氧血變成充氧血送回心臟的過程。如圖10-9的中間部分，右心室將暗紅色的缺氧血經肺動脈幹送至左、右兩條肺動脈，分別進入左、右肺臟。肺動脈進入肺臟後一再分枝，最後形成微血管圍繞於肺泡周圍進行氣體交換，將缺氧血變成鮮紅色的充氧血，經

肺內微血管匯合成的小靜脈、靜脈，最後形成左、右各兩條肺靜脈，將充氧血送入左心房、左心室。肺靜脈是胎兒出生後唯一含充氧血的靜脈（圖10-5）。

圖10-9　肺循環系

體循環

　　所有體循環的動脈皆源自於接受左心室血液的主動脈（aorta），它在肺動脈幹深部往上行而成升主動脈（ascending aorta）。升主動脈至心肌層分成左、右冠狀動脈；往左後方彎曲即成主動脈弓（aortic arch）。主動脈弓彎曲至第四胸椎的高度往下降成為降主動脈（descending aorta），它貼於體腔後壁並靠近椎體，在胸腔的位置是胸主動脈（thoracic aorta）、在腹腔的位置為腹主動脈（abdominal aorta），至第四腰椎的高度而分成左、右髂總動脈（common iliac arteries）。如圖10-10。

1. 升主動脈：是主動脈的第一部分，基部分出左、右冠狀動脈可營養心肌。
2. 主動脈弓：將血液送至頭頸部、上肢及一部分的胸壁構造，有三條主要的分枝，即頭臂動脈、左頸總動脈、左鎖骨下動脈。
3. 胸主動脈：介於第四至第十二胸椎高度間，分枝分布至胸部內臟及體壁。橫隔的上面是胸主動脈，下面是腹主動脈。
4. 髂總動脈：腹主動脈在第四腰椎處分叉成左、右髂總動脈，每一分枝下行約5公分再分成髂內、外動脈，分別至骨盆腔內臟、臀部、會陰、下肢。

右頸總動脈
左頸總動脈
主動脈弓
右鎖骨下動脈
頭臂動脈
升主動脈
左鎖骨下動脈
降主動脈
肱動脈
腹主動脈
橈動脈
左髂總動脈
尺動脈
掌弓動脈
股動脈
膕動脈
脛後動脈
脛前動脈
腓動脈
足背動脈

圖10-10　人體動脈循環系統圖

體循環的主要靜脈（main systemic veins）

　　所有體循環的靜脈血會匯流入上腔靜脈、下腔靜脈、冠狀竇，進入右心房。體循環的主要靜脈和動脈雖有許多類似的地方，但亦有下列之差異：

- 心臟是由一條主動脈將動脈血送至全身；而靜脈血液則是由上腔靜脈及下腔靜脈二條血管送回心臟，同時心臟的靜脈血液另由冠狀竇送回右心房。
- 動脈皆位於身體的深部，而靜脈除位於深部外，尚有些位於皮下。除了少數例

外，深部靜脈皆與動脈相伴，且名稱相同。

- 在部分的身體部位，其動脈的分布與靜脈的匯流都相類似，但在某些身體部位的靜脈匯流卻較特別。例如：腦部的靜脈血液在顱腔內先匯流至靜脈竇；來自消化器官的靜脈血需先經過肝門脈循環進入肝臟，才回到體循環的靜脈。

肝門靜脈系統

將血液由胃、腸以及其他器官帶到肝臟。所謂門脈系統是指起始點和終止點皆為微血管者，因此，在一條動脈和一條最終靜脈間有兩套微血管。上腸繫膜動脈將血液帶到小腸，此處即有第一套微血管；許多靜脈匯合起來形成可將血液帶到肝臟的肝門靜脈（hepatic portal），在此形成第二套微血管；接著，肝靜脈離開肝臟而進入下腔靜脈（圖10-11）。

肝門靜脈

胃靜脈

上腸繫膜靜脈

4.血液經由肝靜脈進入一般循環

3.肝臟監控血液含量

2.營養分子經由肝門靜脈到達肝臟

1.小腸吸收消化產物

圖10-11　肝門靜脈系統

胎兒循環

胎兒循環（fetal circulation）是指在母體中的胎兒因其肺臟、腎臟、肝臟及消化道不具功能，因此需經由臍帶（umbilical cord）在胎盤（placenta）與母體血液進行物質交換

的過程（圖10-12）。臍帶中含有兩條由胎兒髂內動脈來的臍動脈（umbilical artery）及經由靜脈導管導入下腔靜脈的臍靜脈（umbilical vein），尚有一條來自胎兒膀胱的臍尿管（urachus）。臍動脈將胎兒血液送至胎盤內之葉狀絨毛膜絨毛的血管，而絨毛內的血液循環則經由臍靜脈回流至胎兒。母體血液則被輸送引流至位於絨毛間的基蛻膜內的空腔中，所以胎兒與母體的血液在胎盤內可以更接近，但不會直接混合。

圖10-12　胎兒循環圖

　　胎盤是母體和胎兒血液間物質交換的場所。氧氣及養分由母體擴散至胎兒，而二氧化碳和廢物則以相反方向擴散。但是，胎盤不僅是母親與胎兒血液交換的被動導管，它本身具有非常高的代謝率，對母體血液所提供的氧氣和葡萄糖的利用率達1/3，蛋白質的

合成率也比肝臟高，並能產生種類繁多的酵素，能將激素和外來的藥物轉化成較不活化的分子，來防止母體血液中可能有害的分子傷害胎兒。

胎兒出生後，肺臟、腎臟、肝臟及消化器官立即產生功能，但胎兒原先的特殊循環則會產生下列變化（表10-3）。

表10-3　胎兒特殊循環的變化

胎兒體內原本構造	器官產生的變化	重要特徵
臍尿管	轉變成正中臍韌帶	來自胎兒膀胱
臍動脈	轉變成外側臍韌帶	二條，含缺氧血
臍靜脈	轉變成肝圓韌帶	一條，含充氧血
胎盤	以胎衣排出母體	胎盤由絨毛膜與子宮內膜構成
靜脈導管	轉變成靜脈韌帶	連接臍靜脈與下腔靜脈
動脈導管	轉變成動脈韌帶	連接主動脈與肺動脈幹
卵圓孔	轉變成卵圓窩	使左、右心房相通

循環生理學

傳導系統

心臟的傳導系統（conduction system）是由特化的心肌組織構成，能產生並傳導衝動以刺激心肌纖維的收縮。這些特化的組織依傳導順序包括了：竇房結（sinoatrial node）、房室結（atrioventricular node）、房室束（atrioventricular bundle）及其分枝、浦金埃氏纖維（Purkinje fibers）（圖10-13）。自主神經對心臟只有調節的功能，並不會引發心臟收縮。

竇房結（S-A node）具有自我興奮性，能自發有節律的產生動作電位，故稱為節律點（pacemaker），它是位於右心房壁、上腔靜脈開口下方的細胞組織，其節律可受自主神經、血液中的甲狀腺素或正腎上腺素等化學物質的作用而改變。其傳導速度為每秒鐘0.05公尺。竇房結一旦引發一個動作電位，此衝動即會傳遍兩個心房使其收縮（傳導速度每秒鐘1公尺），同時使位於心房間隔下方的房室結（A-V node）去極化，然後以每秒鐘0.05公尺的速度傳至心室間隔的房室束（His bundle），以每秒鐘1公尺的速度經房室束左

右分枝至左、右心室壁，再經浦金埃氏纖維以每秒鐘4公尺的速度穿入心肌纖維，使左右心室同時收縮。由此可見，傳導速度最快的是浦金埃氏纖維。

心房中膈

竇房結

左右支束

房室結

房室束（希氏束）

心室中膈

浦金埃氏纖維

心尖

圖10-13　心臟的傳導系統

心電圖

　　由於人體組織液含有高濃度的離子，可對電位差產生移動而形成電流，因此身體是電的良導體。心臟產生的電位差藉由上述原理傳導至身體表面，能被置於皮膚表面的電極記錄到心動週期電位變化的即為心電圖（electrocardiogram）（圖10-14）。記錄的裝置即為心電圖描記器（electrocardiograph）。典型的心電圖紀錄中，每一次心動週期伴有三個明顯的偏向波（圖10-15、表10-4）。

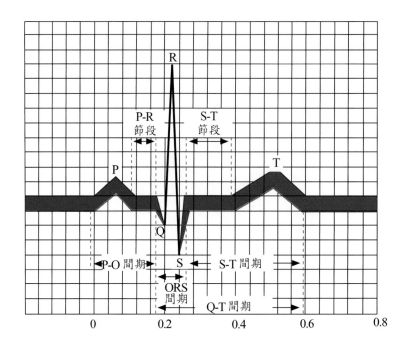

圖10-14　單一次心跳的正常心電圖

表10-4　心電圖的波形

波形	正常時間	代表意義	異常狀況
P波	0.08秒	心房收縮時的去極化	
QRS波	0.08～0.10秒	心室收縮時的去極化	• ≧0.12秒，表示心律不整，源於心室的異位節律點或束支傳導受阻滯 • 時間延長，表示血鈣濃度降低 • 時間縮短，表示血鈣濃度升高
T波	0.16秒	心室舒張時的再極化	高血鉀會出現高而尖的T波
P-Q間期（interval）	0.12～0.20秒（平均0.16秒）	由心房開始興奮（收縮）到心室開始興奮之間的傳導時間，亦即由P波至QRS波之間所需的時間	>0.2秒，表示房室傳導阻滯
S-T節段（segment）	0.13秒	心室去極化結束至心室再極化開始所需的時間	時間增加或減少，表示可能有缺血性心臟病
Q-T間期	0.40～0.43秒	心室去極化開始至心室再極化結束所需的時間	心肌梗塞的患者，會留下變寬變深的大Q波

　　心電圖的測量方式為，在身體兩個不同部位安置兩個金屬電極板，用導線連到心圖描記器中的正極（＋）、負極（－）兩端，使電流進入電流計再回返到人體，構成一個完整電路，此記錄方法稱為導程（leads）。臨床上記錄心電圖通常採用12個導程，如表10-5。分兩類：

1. 雙極肢導程（bipolar limb leads）：記錄放在手腕和腳踝上的電極之間的電壓，包括：第一肢導程（右手臂（－）到左手臂（＋））、第二肢導程（右手臂（－）到左腳（＋））、第三肢導程（左手臂（－）到左腳（＋））。

2. 單極導程（unipolar leads）：記錄放在身體的單一探查電極（－）與無關電極（＋）之間的電位差，分為：單極肢導程（unipolar limb leads）、單極胸導程（unipolar chest leads）。

表10-5　心電圖導程

導程名稱	電極配置	
雙極肢導	第一肢導（I）	右手臂和左手臂
	第二肢導（II）	右手臂和左腳
	第三肢導（III）	左手臂和左腳
單極肢導	右手加強肢導（aVR）	右手臂
	左手加強肢導（aVL）	左手臂
	左腳加強肢導（aVF）	左腳

　　心電圖各導程的貼法如圖10-15。

圖10-15　心電圖的導程：A.雙極肢導；B.單極肢導；C.單極胸導。

心動週期

　　左、右兩個心房充血後，同時收縮將血液送入心室。接著兩個心室同時收縮，將血液送入肺循環和體循環。當心房收縮時，心室是舒張的；當心室收縮時，心房是舒張的。心動週期（cardiac cycle）就是指心臟收縮與舒張重複進行的週期性變化，故包括了收縮期（systole）與舒張期（diastole）。現分述於下（圖10-16）：

　　1. 心室收縮期（ventricular systole）：由QRS波至S-T間段。

⑴等容積收縮期（isovolumetric contraction）：當心室開始收縮時，心室壓力增加，會使房室瓣關閉（此時出現第一心音）、半月瓣打開，但由於房室瓣先關、半月瓣後開，當中有0.05秒時間，房室瓣與半月瓣皆在關閉狀態，心室未送出血液，此時容積未變，但其內壓力卻快速上升。

⑵射出期（ejection period）：當心室壓大於動脈壓時，即會將半月瓣壓開，將血液送入動脈內。約持續0.25秒，直至半月瓣關閉為止。此時左、右心室射出的血液量即為心搏量，約70ml。在前1/3時間射出量占70%，稱為快速射出期；後2/3時間射出量只有30%，稱為緩慢射出期。

2. 心室舒張期（ventricular diastole）：T波。

圖10-16　心動週期與心臟相關變化和心電圖之間的關係

⑴等容積舒張期（isovolumetric relaxation）：在心室舒張時，半月瓣關閉後約經0.05秒房室瓣開啟，這段時間心室壓大降，但心室容積不變。

⑵重搏切跡（dicrotic notch）：心室收縮結束，舒張突然開始，產生較高的動脈壓讓血液回流，撞擊剛關閉的半月瓣上所產生的聲音，是為第二心音。

3. 心室填注期（ventricular filling）：由T波至P波。

⑴被動填注期（快速填注期）：在心室等容積舒張期後，心房也處於舒張狀態，由於血液不斷的匯流入心房，使心房壓大於心室壓，血液自然流入心室，占總注入量的70%。可見，房室瓣並不是在心房收縮時才打開。

⑵主動填注期（慢速填注期）：當心房血液流入心室70%後，壓力降低無法壓開房室瓣，因此需靠心房收縮來使房室瓣打開，血液才能注入心室，占總注入量的30%。所以此時的EKG是在P波上。

若每分鐘平均心跳75次，每一個心動週期需要0.8秒。心房收縮期為0.1秒，舒張期為0.7秒；心室收縮期為0.3秒，舒張期為0.5秒。當心跳比較快時，舒張期就會縮短。

用聽診器聽診主要是聽由瓣膜關閉使血液產生渦流時的心音。第一心音，聲音長而低，是心室在等容積收縮時房室瓣關閉所產生的。第二心音的聲音尖而短，是當心室內壓力降到低於動脈壓時半月瓣關閉所產生的。若房室瓣關閉不全，少量血流會倒流回心房，即會引起不正常的心音，稱心雜音（murmur）。

血流與血壓

由於血液在血管中的流動形成血流，血流對血管壁的壓力產生血壓。血液是由壓力高的部位流向壓力低的部位。主動脈的平均壓力約為100mmHg，此壓力在通過動脈系統時持續的快速下降（圖10-17），在通過靜脈系統時，下降的速度就較緩慢。血液由主動脈依次流到動脈（100～40mmHg）、小動脈（40～25mmHg）、微血管（25～12mmHg）、小靜脈（12～8mmHg）、靜脈（10～5mmHg）、腔靜脈（2mmHg），最後回到右心房，則壓力接近於零。

血液流動（blood flow）除了靠主動脈與腔靜脈兩端的壓力差外，還有在血液進入靜脈系統後，因為管徑較動脈大而降低了對血流的阻力，再加上骨骼肌的收縮及靜脈瓣膜的聯合作用，有助於血液流回心臟。

影響血壓的因素

血壓（blood pressure）是指血液施加於血管壁的壓力，臨床上是指左心室在收縮期時施於動脈的壓力。因動脈血壓＝心跳速率（HR）×心搏量（SV）×周邊阻力，所以影響動脈血壓最重要的因素即是心跳速率、心搏量（取決於血液容積）和周邊血管阻力。

1. 心輸出量：是指每分鐘左心室射到主動脈的血液量。而心輸出量決定於每分鐘的心跳速率與心室每次收縮射出的血液量（心搏量），所以兩者增加時，心輸出量即會增加，血壓也會上升。

2. 血液容積：血壓與心臟血管系統內的血液容積成正比。體內血液容積增加，靜脈回流量即會增加，因此心搏量增加、心輸出量增加，血壓即會上升。反之，血壓會下降。

圖10-17　各種血管管內的壓力變化

3. 周邊阻力：是指血液與血管壁間的摩擦力，對血液流動產生的阻礙，它與血液的黏稠度、血管的管徑相關。血管的阻力與血管半徑的四次方成反比，亦即管徑較小血管的阻力是管徑較大血管阻力的16倍。所以流經較大管徑的血流量是較小管徑的16倍。小動脈主要就是利用管徑的改變來控制周邊阻力，因而控制血壓。

4. 動脈管壁彈性：年齡越長，血管越容易硬化，彈性變差，血壓即會上升。

血壓控制機轉

影響心跳速率及心臟收縮力的因素，皆會影響血壓。

1. 中樞神經對血壓的控制

    (1)血管運動中樞（vasomotor center）：在延腦內有一群特殊的神經元可透過交感神經系統來維持全身阻力性血管（小動脈）管壁平滑肌的張力，使血管管徑保持在適當大小，以維持基本血壓。若此中樞的興奮性受到影響而增強或減弱，使阻力血管收縮或擴張，血壓即隨之上升或下降。

    (2)壓力感受器（baroreceptor）：感壓反射（baroreflex）是體內維持血壓穩定的重要自主神經反射作用。反射弧的接受器在主動脈弓（aortic arch）及頸動脈竇（carotid sinus），稱為壓力感受器。當血壓改變時，壓力感受器接受訊息分別經由迷走神經和舌咽神經傳送神經衝動至延腦的心跳中樞，改變心跳、心收縮力，心輸出量跟著改變，因而血壓獲得調節。感壓反射雖能於數秒內迅速調節

血壓，但只對75～150mmHg範圍內血壓變動敏感，超過此範圍則需其他方式來幫忙。

(3)化學感受器（chemoreceptor）：位於壓力感受器附近的主動脈體（aortic body）及頸動脈體（carotid body），對於動脈血液中的氧、二氧化碳、氫離子之含量敏感。如果血液中缺氧、氫離子濃度升高或二氧化碳過多，則會刺激化學感受器送出神經衝動至血管運動中樞，增加對小動脈之交感神經刺激，使血管收縮，阻力增加，血壓即隨之上升。

(4)高級腦中樞（higher brain center）：在強烈情緒或盛怒下，大腦皮質會刺激血管運動中樞，使其送出交感神經衝動至小動脈，血管收縮，阻力增加，於是血壓上升。若情緒低落，則血管擴張，血壓降低。

2. 內分泌對血壓的控制

(1)腎素—血管緊縮素系統（renin-angiotensin system）：當體內大量失血時，因體液的不足刺激腎臟近腎絲球器分泌腎素（renin）至血液中，使血液中的血管緊縮素原（angiotensinogen）轉換成血管緊縮素I，再經去掉兩個胺基酸變成血管緊縮素II，其能產生三種情況。

①直接作用於小動脈，使管徑變小，血壓上升。

②作用於腎上腺皮質，使醛固酮（aldosterone）的分泌增加，刺激遠曲小管和集尿管對鈉離子和水的再吸收增加，血容積增加，心輸出亦增加，血壓即上升。

③刺激下視丘視上核分泌血管加壓素（vasopressin），或稱為抗利尿激素（ADH），使小動脈收縮，血壓上升。

(2)血管加壓素、正腎上腺素、腎上腺素三種內分泌物質皆可直接作用於小動脈血管平滑肌，使血管收縮，血壓上升。

(3)心房利鈉尿肽（atrial natriuretic peptide; ANP）：主要由心房細胞分泌的一種胜肽，可產生下列作用。

①增加腎絲球的過濾作用，並促進對鈉的排泄。

②降低血管平滑肌對血管緊縮素的作用，降低血壓。

③降低腎上腺皮質顆粒層分泌醛固酮（aldosterone）的有效反應。

④抑制腎素的分泌，降低血液中血管緊縮素的濃度，使血壓下降。

⑤抑制下視丘產生抗利尿激素（ADH），使血壓下降。

(4)其他局部作用物質：例如組織胺（histamine）和激肽（kinins）均為局部的血管擴張劑，除非全身性過敏大量釋放時，才會造成血壓下降。

生理檢查

脈搏之測量

隨著左心室每一次的收縮，動脈產生交替的擴張及彈性反彈，這就是脈搏。越靠近心臟的地方脈搏越強，遠離心臟越遠脈搏也越弱。靠近體表及跨過骨骼或其他硬組織的動脈較易感覺到脈動。最常用於檢查脈搏的地方是腕部的橈動脈，最常用來量血壓的是肱動脈，緊急狀況下用來檢查脈搏的是頸總動脈，手術後回病房想知周邊循環情形時測足背動脈。此外尚可測出脈搏的動脈有：淺顳動脈、顏面動脈、股動脈、膕動脈、脛後動脈（圖10-18）。

血壓之測量

在臨床上，血壓是指左心室收縮時施加於動脈之壓力，為心縮壓（systolic blood pressure），及左心室舒張時存留於動脈之壓力，為心舒壓（diastolic blood pressure）。通常是以血壓計在左肱動脈處測量血壓。常用的血壓計包括了橡皮氣袖、可壓縮的橡皮球及有mm刻度的水銀柱三部分。氣袖有橡皮管連接橡皮球及水銀柱，現多為電子血壓計。

圖10-18　可測量脈搏的動脈圖

當環繞肱動脈的氣袖脹大而對肱動脈產生壓力，直到氣袖之壓力超過動脈的壓力為止。此時肱動脈的管壁緊貼在一起使血液不能通過，以手指置於腕部的橈動脈則感覺不到脈搏（圖10-19A）。

緊接著氣袖慢慢放氣，當氣袖壓力稍小於肱動脈的最大壓力時，血流開始流過肱動脈，經由聽診器可聽到聲音，此為柯羅德科夫聲音（sound of Koratkoff）（圖10-19B）。當氣袖壓力進一步下降時，聲音突然變弱直至完全消失（圖10-19C、D）。當開始聽到聲音時之水銀柱讀數為心縮壓，當聲音消化時之水銀柱讀數為心舒壓。

A	B	C	D

無聲音
氣囊壓力 = 140

第一個柯羅德科夫聲音
氣囊壓力 = 120
收縮壓 = 120 mmHg

每次收縮時的聲音
氣囊壓力 = 100

最後的柯羅德科夫聲音
氣囊壓力 = 80
舒張壓 = 80 mmHg

*血壓 = 120/80 mmHg

圖10-19　血壓測量原理

自我測驗

（　）1. 下列心臟組織中，何者之傳導速度最快？　(A) 寶房結　(B) 房室結　(C) 心室肌　(D) 浦金埃氏纖維

（　）2. 下列何者不是形成水腫的可能原因？　(A) 血管內之白蛋白含量上升　(B) 血管內之靜液壓上升　(C) 血管通透性增加　(D) 淋巴管堵塞

（　）3. 心肌動作電位之高原期主要是因為下列何種因素所造成的？　(A) 鈉離子流入細胞內　(B) 鉀離子流出細胞外　(C) 鈣離子流入細胞內　(D) 氯離子流出

細胞外

（　）4. 下列哪一條血管中的血液含氧量最高？　(A) 上腔靜脈　(B) 下腔靜脈　(C) 肺靜脈　(D) 肺動脈

（　）5. 下列何者不是幫助靜脈血液及淋巴液回流到心臟的因素？　(A) 地心引力　(B) 肢體運動　(C) 瓣膜　(D) 呼吸動作

（　）6. 下列哪一個構造中的血液為充氧血？　(A) 右心室　(B) 肺動脈　(C) 門靜脈　(D) 冠狀動脈

（　）7. 有關心臟節律點的敘述，下列何者是錯的？　(A) 竇房結是心臟節律點　(B) 可以產生動作電位　(C) 可以改變心肌收縮力　(D) 可以改變心跳速率

（　）8. 下列有關心電圖的敘述，何者正確？　(A) P波代表心室去極化　(B) QRS波代表心室去極化　(C) T波代表心房去極化　(D) PR期間代表心房去極化

（　）9. 心臟傳導系統中傳導速度最慢的部位是：　(A) 浦金埃氏纖維（Purkinje fiber）　(B) 心房　(C) 心室　(D) 房室結

（　）10.局部血流中下列何者會引起血管的擴張？　(A) 血中的二氧化碳上升　(B) 血中的氧含量上升　(C) 血中的一氧化氮（nitric oxide）下降　(D) 血中的乳酸下降

（　）11.心電圖中的P波與T波分別代表：　(A) 心房去極化與心室再極化　(B) 心房再極化與心室再極化　(C) 心室去極化與心室再極化　(D) 心房再極化與心室去極化

（　）12.下列有關心臟傳導系統之敘述，何者正確？　(A) 正常狀況下，竇房結（S-A node）是節律點　(B) 正常竇房結產生動作電位之頻率與房室結（A-V node）相同　(C) 由房室結可經浦金埃氏纖維（Purkinje fiber）將電訊號由心房傳至心室　(D) 副交感神經興奮可刺激心跳速率

（　）13.下列有關胎兒循環之敘述何者正確？　(A) 臍靜脈攜帶充氧血進入胎兒　(B) 卵圓孔直接連接左、右心室　(C) 胎兒血紅素與成人血紅素具相同之氧親和力　(D) 臍動脈在胎兒出生後成為下腔靜脈之一部分

（　）14.下列何者並非血管緊縮素II（angiotensin II）之作用？　(A) 血管收縮　(B) 抑制醛固酮（aldosterone）釋出　(C) 刺激抗利尿素（ADH）釋出　(D) 引起渴慾而要喝水

（　）15.有關動脈感壓反射（baroreceptor reflex）之敘述，何者不正確？　(A) 主要受器位在主動脈弓與頸動脈竇　(B) 血壓下降會引發此受器上行訊息增加　(C) 血壓下降會經此反射而興奮交感神經　(D) 作用迅速但長期會發生適應現象

（　）16.下列何者會使心臟竇房結細胞（sinoatrial node cells）的放電頻率增快？
(A) 乙醯膽鹼（acetylcholine）　(B) 腎上腺素（epinephrine）　(C) 腺苷酸
（adenosine）　(D) 前列腺素（prostaglandin）

（　）17.心電圖中QRS complex 產生的主要原因為何？　(A) 心房去極化　(B) 心室去
極化　(C) 心室再極化　(D) 心房再極化

（　）18.下列各種血管中何者之血流速度最慢：　(A) 微血管　(B) 小靜脈　(C) 小動
脈　(D) 大靜脈

（　）19.右心房內血壓上升引起的反射作用稱為：　(A) 主動脈反射（aortic reflex）
(B) 頸動脈反射（carotic reflex）　(C) 班布吉反射（Bainbridge reflex）
(D) 赫鮑二氏反射（Hering-Breuer reflex）

（　）20.下列哪一種情況可造成水腫（edema）？　(A) 降低動脈壓　(B) 降低靜脈壓
(C) 降低血漿蛋白質濃度　(D) 降低組織間液（interstitial fluid）

（　）21.何種情況能刺激腎素（renin）之分泌？　(A) 血壓上升　(B) 腎動脈壓上升
(C) 細胞外液量增加　(D) 腎交感神經之興奮性增加

（　）22.下列何者最不可能是造成心雜音出現的直接原因？　(A) 瓣膜閉鎖不全
(B) 血液逆流　(C) 心臟中隔缺損　(D) 高血壓

（　）23.有關一氧化氮（nitric oxide）的敘述，下列何者正確？　(A) 正常情形下，主
要由血管內皮細胞分泌　(B) 可造成血管收縮　(C) 可作用於 α 型受體引起主
動充血　(D) 可促進凝血反應

（　）24.有關血液循環之敘述，下列何者正確？　(A) 各器官的微血管擴張程度決定
進入該器官之血液量　(B) 心室射出血液後所產生之最大動脈壓力稱為心縮
壓（systolic pressure）　(C) 喝咖啡會降低心跳速率　(D) 主動充血（active
hyperemia）受內分泌系統調節

（　）25.右心室所打出的血液進入：　(A) 主動脈　(B) 冠狀動脈　(C) 肺動脈　(D) 肺
靜脈

（　）26.有關微血管的敘述，下列何者錯誤？　(A) 由多層內皮細胞組成　(B) 管壁不
具平滑肌　(C) 不分布在軟骨中　(D) 可進行物質交換

（　）27.若血管兩端的壓力相等，則血液的速度為何？　(A) 視流入的血流量多少而
改變　(B) 血流量視血管的直徑大小而異　(C) 為零　(D) 視管壁阻力大小而
不同

（　）28.動脈中的血液通常都為充氧血，但下列何種動脈中的血液為缺氧（oxygen-
poor）血？　(A) 主動脈（aorta）　(B) 冠狀動脈（coronary arteries）　(C) 小
動脈（arteriole）　(D) 肺動脈（pulmonary artery）

（　）29.臨床上測量脈搏最常用的為下列何者？　(A) 肱動脈　(B) 股動脈　(C) 尺動脈　(D) 橈動脈

（　）30.下列何者不是血管擴張物質（vasodilator）？　(A) 緩激肽（bradykinin）　(B) 一氧化氮（nitric oxide）　(C) 血管升壓素II（angiotensin II）　(D) 環前列素（prostacyclins）

（　）31.下列哪一種胚胎期的構造在胎兒出生後，會閉鎖並退化成肝圓韌帶？　(A) 臍動脈　(B) 臍靜脈　(C) 動脈導管　(D) 靜脈導管

（　）32.下列有關循環的敘述，何者正確？　(A) 肺循環是一個低壓高阻力的血流系統　(B) 體循環和肺循環的總血流量不相同　(C) 肝門靜脈含大量養分和氧氣　(D) 胎兒的臍靜脈血是充氧血

（　）33.供給心肌細胞養分的特殊循環為：　(A) 內臟循環　(B) 冠狀循環　(C) 腦脊髓液　(D) 皮膚循環

（　）34.比較主動脈與肺動脈壓力的大小，下列何者正確？　(A) 肺動脈壓大於主動脈壓　(B) 肺動脈壓小於主動脈壓　(C) 兩者相同　(D) 不一定，要看是收縮期或舒張期

（　）35.竇房結位於何處？　(A) 左心室壁　(B) 左心房壁　(C) 右心室壁　(D) 右心房壁

（　）36.於有動脈硬化病變的血管內聽到血管內的嘈雜音，主要原因為何？　(A) 動脈狹窄造成的亂流血流的聲音　(B) 動脈狹窄造成的層流血流的聲音　(C) 半月瓣關閉的聲音　(D) 血中脂肪量太高

（　）37.胎兒之靜脈導管連接下列哪兩條血管？　(A) 臍靜脈與下腔靜脈　(B) 肺靜脈與下腔靜脈　(C) 主動脈與下腔靜脈　(D) 臍靜脈與臍動脈

（　）38.與第二心音相比，則第一心音：　(A) 音調較低；時間較長　(B) 音調較低；時間較短　(C) 音調較高；時間較長　(D) 音調較高；時間較短

（　）39.哪一類血管的總截面積最大？　(A) 小動脈　(B) 大動脈　(C) 微血管　(D) 靜脈

（　）40.臨床最常用來抽血的靜脈是：　(A) 肱靜脈　(B) 尺靜脈　(C) 股靜脈　(D) 肘正中靜脈

（　）41.胎兒的血紅素與氧之親和力，與成人的相比較，其結果為何？　(A) 兩者差不多　(B) 前者高　(C) 後者高　(D) 無法比較

（　）42.每分鐘由左心室射出至主動脈的血液總量稱為：　(A) 心搏量　(B) 心輸出量　(C) 靜脈回流量　(D) 心跳速率

（　）43.打開右心房無法觀察到下列哪一個構造？　(A) 梳狀肌（pectinate muscle）

(B) 乳頭肌（papillary muscle）　(C) 卵圓窩（fossa ovalis）　(D) 心房間隔

(　　) 44.有關心電圖的敘述，下列何者正確？　(A) QT間隔約0.8秒　(B) T波（T wave）代表心房的去極化　(C) QRS複合波（QRS complex）代表心室的去極化　(D) T波為向下的小波形

(　　) 45.有關平滑肌內離子對血管的影響之敘述，下列何者正確？　(A) 鈣離子濃度上升，會促使血管收縮　(B) 氫離子濃度上升，會促使血管收縮　(C) 鈉離子濃度上升，會促使血管收縮　(D) 鎂離子濃度上升，會促使血管收縮

(　　) 46.威利氏環（circle of Willis）主要供應下列何者的血液？　(A) 心臟　(B) 腦膜　(C) 腦　(D) 肺臟

(　　) 47.血液在血管中之流速，依快慢排序下列何者正確？　a.主動脈　b.微血管　c.小靜脈　d.腔靜脈　(A) abcd　(B) acdb　(C) abdc　(D) adcb

(　　) 48.正常心音中的第二個心音是在心週期中什麼時間產生？　(A) 房室瓣的開始開啟　(B) 房室瓣的開始關閉　(C) 主動脈瓣的開始開啟　(D) 主動脈瓣的開始關閉

(　　) 49.打開心臟的哪一個腔室後，可以清楚觀察到卵圓窩（fossa ovalis）？　(A) 左心房　(B) 右心房　(C) 左心室　(D) 右心室

(　　) 50.血液的儲存庫（blood reservoir）是指：　(A) 動脈　(B) 微血管前括約肌段　(C) 微血管　(D) 靜脈

(　　) 51.有關心臟傳導系統的敘述，下列何者錯誤？　(A) 竇房結能自發性產生動作電位　(B) 竇房結的衝動經由神經纖維傳到房室結　(C) 房室結為心房最後去極化的部分　(D) 由心肌組織特化而成

(　　) 52.會引起補償性心輸出量增加的情況是：　(A) 大出血　(B) 動脈阻塞　(C) 心肌梗塞　(D) 心瓣膜閉鎖不全

(　　) 53.胎兒心房間的卵圓孔在出生後會變成：　(A) 靜脈韌帶　(B) 肝圓韌帶　(C) 臍帶韌帶　(D) 卵圓窩

(　　) 54.竇房結（S-A node）的解剖位置是在哪二者間？　(A) 上腔靜脈與右心房　(B) 右心房與右心室　(C) 左心室與左心房　(D) 右心房與肺動脈

(　　) 55.左心房與左心室間的瓣膜是：　(A) 僧帽瓣　(B) 三尖瓣　(C) 肺動脈半月瓣　(D) 主動脈半月瓣

(　　) 56.血液與組織之間氣體及物質的交換，主要在哪一部位進行？　(A) 主動脈　(B) 肺動脈　(C) 微血管　(D) 肺靜脈

(　　) 57.有關利用血壓計測量到的心收縮壓之敘述，下列何者正確？　(A) 血流受到壓迫後，第一次通過氣袖（cuff）所產生的輕拍聲時的壓力　(B) 最後一次聽

到輕拍聲時的壓力　(C) 當血流呈現平靜時的壓力　(D) 心房收縮時的壓力

(　) 58. 有關心臟收縮時的變化，下列敘述何者正確？　(A) 右心室收縮時二尖瓣開啟　(B) 左心室收縮時三尖瓣開啟　(C) 右心室收縮時半月瓣開啟　(D) 左心室收縮時房室瓣開啟

(　) 59. 有關血管疾病之敘述，下列何者正確？　(A) 冠狀動脈疾病（coronary artery disease）的發生與飲食中蛋白質含量有密切關係　(B) 糖尿病會惡化冠狀動脈硬化的病變　(C) 高血壓不會惡化冠狀動脈疾病　(D) 肥胖的人一定會有冠狀動脈硬化的病變

(　) 60. 心肌細胞受到刺激時所引發快速去極化的原因為何？　(A) 細胞膜對Na^+通透性增加　(B) 細胞膜對Ca^{2+}通透性增加　(C) 細胞膜對K^+通透性增加　(D) 細胞膜對Mg^{2+}通透性增加

(　) 61. 心臟傳導的節律點在：　(A) 竇房結（S-A node）　(B) 房室結（A-V node）　(C) 希氏束（Bundle of His）　(D) 浦金埃氏纖維（Purkinje fiber）

(　) 62. 有關正常心跳速率的敘述，下列何者正確？　(A) 每分鐘約跳動100次　(B) 不受神經系統控制　(C) 腎上腺素作用於竇房結（S-A node）上α型受體以增加心跳　(D) 副交感神經作用時會使心跳變慢

(　) 63. 血管半徑與血流阻力之間的關係為何？　(A) 兩者無關　(B) 阻力與半徑平方成反比　(C) 阻力與半徑三次方成反比　(D) 阻力與半徑四次方成反比

(　) 64. 心臟電位衝動傳導組織中，下列何者傳導速度最慢？　(A) 竇房結（S-A node）　(B) 房室結（A-V node）　(C) 希氏束（bundle of His）　(D) 浦金埃氏纖維（Purkinje fibers）

(　) 65. 循環系統中，何種血管的血流阻力最大？　(A) 主動脈　(B) 小動脈　(C) 大靜脈　(D) 小靜脈

(　) 66. 在心臟腔室中，心肌層最厚的是：　(A) 左心房　(B) 右心房　(C) 左心室　(D) 右心室

(　) 67. 下列何者血液中的含氧量最低？　(A) 肺靜脈　(B) 大動脈　(C) 右心室　(D) 左心房

(　) 68. 下列何者的管壁無平滑肌？　(A) 主動脈　(B) 冠狀動脈　(C) 上腔靜脈　(D) 微血管

(　) 69. 血液在肺臟內釋出二氧化碳並換攜氧氣，再由何者流回左心房？　(A) 肺動脈　(B) 肺靜脈　(C) 主動脈　(D) 冠狀竇

(　) 70. 右心室與其相接的大動脈之間的瓣膜是：　(A) 二尖瓣　(B) 三尖瓣　(C) 肺動脈半月瓣　(D) 主動脈半月瓣

（　）71.下列內皮細胞衍生的因子中，何者不會使血管舒張？　(A) 一氧化氮（NO）　(B) 緩激肽（bradykinin）　(C) 前列腺環素（prostacyclin）　(D) 內皮因子-1（endothelin-1）

（　）72.利用心縮壓與心舒壓數值，可計算平均動脈壓的近似值為何？　(A) 心舒壓＋2/3（心縮壓－心舒壓）　(B) 心縮壓＋2/3（心縮壓－心舒壓）　(C) 心舒壓＋1/3（心縮壓－心舒壓）　(D) 心縮壓＋1/3（心縮壓－心舒壓）

（　）73.有關肺循環的敘述，下列何者正確？　(A) 平均血壓約為120 mmHg　(B) 對血管的阻力低於體循環的阻力　(C) 可使充氧血轉變成缺氧血　(D) 整個肺循環的壓力差約為50 mmHg

（　）74.第二心音發生於心電圖中之何時？　(A) P波時　(B) QRS複合波時　(C) T波後　(D) PR時段（PR interval）

（　）75.心臟組織中傳導速度最快的是：　(A) 心房細胞（atrial cell）　(B) 浦金埃氏纖維（Purkinje fiber）　(C) 房室結（A-V node）　(D) 希氏束（bundle of His）

（　）76.循環系統中，總血容量增加時會引起下列何種現象？　(A) 減少抗利尿激素（ADH）的分泌　(B) 尿液中鈉離子濃度減少　(C) 增加腎素的分泌　(D) 增加醛固酮的分泌

（　）77.感應血壓變化的感壓受器（baroreceptor）位於：　(A) 頸動脈竇及主動脈弓　(B) 頸動脈體及主動脈體　(C) 上腔靜脈及右心房　(D) 下腔靜脈及右心房

（　）78.下列何種因子會造成血管收縮？　(A) 副交感神經（parasympathetic neuron）　(B) 抗利尿激素（ADH）　(C) 組織胺（histamine）　(D) 緩激肽（bradykinin）

（　）79.下列何者不直接注入右心房？　(A) 肺靜脈　(B) 冠狀竇　(C) 上腔靜脈　(D) 下腔靜脈

（　）80.皮質醛酮（aldosterone）可作用於何處而引起血壓上升？　(A) 鮑氏囊　(B) 冠狀動脈　(C) 腎小管　(D) 靜脈

（　）81.舒張末期心室的總血量（end-diastolic volume）愈多，所造成的心臟收縮愈大（史達林定律，Starling law of the heart），其機制為何？　(A) 進入心肌細胞中的鈣離子增加　(B) 肌漿內質網釋放出的鈣離子增加　(C) 交感神經的作用　(D) 心肌纖維的長度增加

（　）82.關於冠狀循環血流量的分布，於心動週期中的變化，下列何者正確？　(A) 收縮期增加　(B) 舒張期減少　(C) 舒張期增加　(D) 維持恆定不變

（　）83.在正常生理情況下，自主神經主要作用於下列何種組織而影響心跳速率？　(A) 竇房結（S-A node）　(B) 房室結（A-V node）　(C) 希氏束（bundle of

His） 　(D) 浦金埃氏纖維（Purkinje fibers）

（　）84.肺動脈壓約為： 　(A) 2 mmHg 　(B) 15 mmHg 　(C) 40 mmHg 　(D) 100 mmHg

（　）85.有關冠狀循環的敘述，下列何者正確？ 　(A) 冠狀動脈是主動脈弓上的主要分枝 　(B) 冠狀動脈主要供應腦部的血液 　(C) 心臟之靜脈血大多回流入冠狀竇，再注入左心房 　(D) 邊緣動脈主要將充氧血送到右心室壁

（　）86.運動時會增加血流量分布至骨骼肌，主要是因為下列何種機制？ 　(A) α 腎上腺素受體的刺激 　(B) 胰島素受體的刺激 　(C) 膽鹼受體的刺激 　(D) 運動中的肌肉細胞釋放代謝產物的刺激

（　）87.在正常的心動週期中，心室等容收縮時，下列關於心臟腔室與主動脈壓力的敘述何者正確？ 　(A) 左心室 > 主動脈 > 左心房 　(B) 主動脈 > 左心房 > 左心室 　(C) 左心房 > 主動脈 > 左心室 　(D) 主動脈 > 左心室 > 左心房

（　）88.有關心房利鈉素（atrial natriuretic peptide）分泌增加之敘述，下列何者錯誤？ 　(A) 會促進腎素（renin）的分泌 　(B) 會抑制醛固酮（aldosterone）的分泌 　(C) 會使腎絲球過濾率增加 　(D) 會抑制鹽分及水分的再吸收

（　）89.有關第一心音的敘述，下列何者正確？ 　(A) 半月瓣（semilunar valve）關閉所產生 　(B) 發生於心室射血期（ventricular ejection） 　(C) 房室瓣（atrioventricular valve）打開所產生 　(D) 發生於等容心室收縮期（isovolumetric ventricular contraction）。

（　）90.造成動脈壓升高的原因，下列何者不正確？ 　(A) 迷走神經（vagus nerve）活性增加 　(B) 血比容（hematocrit）增加 　(C) 抗利尿激素（ADH）分泌增加 　(D) 腎素（renin）分泌增加。

（　）91.下列何者為腎素（renin）的主要作用？ 　(A) 將血管張力素 I（angiotensin I）轉變成血管張力素 II（angiotensin II） 　(B) 刺激血管張力素轉化酶（angiotensin-converting enzyme）的活性 　(C) 刺激血管張力素原（angiotensinogen）的合成 　(D) 將血管張力素原轉變成血管張力素 I。

（　）92.有關心室收縮期的敘述，下列何者錯誤？ 　(A) 收縮期時間比舒張期時間長 　(B) 心室射血期發生在心電圖 QRS 波後 　(C) 收縮期當中房室瓣關閉 　(D) 第一心音發生於等容心室收縮期。

（　）93.下列何者是長期調控血壓的主要方式？ 　(A) 感壓接受器反射 　(B) 血液容積的變化 　(C) 自主神經活性的變化 　(D) 周邊化學接受器反射。

（　）94.當血液黏稠度增加為原來的2倍時，其血管阻力為原來的幾倍？ 　(A) 1/2倍 　(B) 1/16倍 　(C) 2倍 　(D) 16倍。

（　）95.正常第二心音開始於心動週期的哪一期？ 　(A) 心室充血期 　(B) 等容心室收

縮期 (C) 心室射血期 (D) 等容心室舒張期。

( ) 96.肌肉組織中,下列何者含量增加時不會引起血管舒張(vasodila-tion)?
(A) 鉀離子 (B) 氫離子 (C) 氧氣 (D) 二氧化碳。

( ) 97.有關組織缺氧(hypoxia)之敘述,下列何者正確? (A) 肺臟缺氧部位血管
會收縮,使得通氣量 − 血流灌注量不相配之情形獲得改善 (B) 肺臟缺氧部
位血管會舒張,使得通氣量 − 血流灌注量不相配之情形獲得改善 (C) 所有
組織缺氧時,該部位血管會擴張,以減緩缺氧所造成之損傷 (D) 所有組織
缺氧時,該部位血管會收縮,以減緩缺氧所造成之損傷。

( ) 98.有關心搏量(stroke volume)之敘述,下列何者錯誤? (A) 交感神經會增加
心肌收縮力而增加心搏量 (B) 副交感神經會降低心肌收縮力而減少心搏量
(C) 靜脈血液回流越多心搏量越多 (D) 腎上腺素(epinephrine)會增加心搏
量

解答:

1.(D)	2.(A)	3.(C)	4.(C)	5.(A)	6.(C)	7.(C)	8.(B)	9.(D)	10.(A)
11.(A)	12.(A)	13.(A)	14.(B)	15.(B)	16.(B)	17.(B)	18.(A)	19.(C)	20.(C)
21.(D)	22.(D)	23.(A)	24.(B)	25.(C)	26.(A)	27.(C)	28.(D)	29.(D)	30.(C)
31.(B)	32.(D)	33.(B)	34.(B)	35.(D)	36.(A)	37.(A)	38.(A)	39.(C)	40.(D)
41.(B)	42.(B)	43.(B)	44.(C)	45.(A)	46.(C)	47.(D)	48.(D)	49.(B)	50.(D)
51.(B)	52.(A)	53.(D)	54.(A)	55.(A)	56.(C)	57.(A)	58.(C)	59.(B)	60.(A)
61.(A)	62.(D)	63.(D)	64.(B)	65.(B)	66.(C)	67.(C)	68.(D)	69.(B)	70.(C)
71.(D)	72.(C)	73.(B)	74.(C)	75.(B)	76.(A)	77.(A)	78.(B)	79.(A)	80.(C)
81.(D)	82.(B)	83.(A)	84.(B)	85.(D)	86.(D)	87.(D)	88.(A)	89.(D)	90.(A)
91.(D)	92.(A)	93.(B)	94.(D)	95.(D)	96.(C)	97.(D)	98.(D)		

第十一章　淋巴系統與免疫

淋巴系統

　　淋巴系統（lymphatic system）是一個大的淋巴網狀系統，由淋巴結的小塊組織連接而成（圖11-1）。其組成包括了淋巴、淋巴管、淋巴組織及淋巴器官。

　　淋巴系統的主要功能為：

1. 淋巴管能將微血管滲入組織間隙的含蛋白質液體導回心臟血管系統中，以維持水在組織與血液之間的分布。
2. 淋巴液能將消化後的脂肪運送至血管中。
3. 淋巴組織能製造淋巴球並產生抗體，與巨噬細胞共同擔任監督與防禦功能。

腺樣增殖體
扁桃體
右淋巴導管
鎖骨下靜脈
胸管
紅骨髓

淋巴結
胸腺
脾臟
乳糜池
小腸（培氏斑）
淋巴管

圖11-1　淋巴系統

淋巴

血漿成分可以通過微血管壁進入組織間隙，即為組織間液（間質液）。當組織間液由組織間隙進入微淋巴管後，即成淋巴（lymph）。所以組織間液與淋巴基本上是相同的，只是所在位置不同而已。

組織間液、淋巴的成分與血漿相似，三者皆不含紅血球及血小板，只是蛋白質的含量較血漿少，那是因為血漿內蛋白質分子太大無法輕易通過微血管壁。組織間液、淋巴尚有一點與血漿不同的是含有不定數目的白血球，因為白血球可藉血球滲出作用進入組織間液，而淋巴組織本身即為製造顆粒性白血球之處。

淋巴管

淋巴管（lymphatic vessel）起始於細胞間細微的微淋巴管（lymph capillary）（圖11-2），它可能單獨一條或密集成叢。淋巴管遍及全身，但血管的組織、中樞神經系統、脾臟、骨髓等構造則無淋巴管。

微淋巴管的管徑比微血管大，通透性也較佳，有一端是盲端，且管壁是由單層扁平內皮細胞互相重疊成皮狀小瓣膜（圖11-2），使液體容易流入不易流出，類似單向瓣膜。管壁內皮的外表面藉固定絲連結在周圍組織上（表11-1）。

如同微血管匯集成小靜脈和靜脈，微淋巴管也會匯集成較大的淋巴管（圖11-3），淋巴管在構造上與靜脈相似（表11-2），但管壁較薄、有較多的瓣膜、每一段間隔含有淋巴結。淺層的淋巴管位於皮下組織層中與靜脈伴行，內臟的淋巴管通常與動脈伴行，並形成叢狀繞在臟器周圍。所有的淋巴管最後匯集於胸管和右淋巴管。

圖11-2 微淋巴管的分布特徵

表11-1　微淋巴管與微血管的比較

比　較	微淋巴管	微血管
歸屬	淋巴循環系統	血液循環系統
內皮細胞	連續性的內皮細胞且有部分發生重疊，形成類似瓣膜的開口	有連續性或不連續性的內皮細胞
始末端	一端接淋巴管，一端為盲端	一端接小動脈，一端接小靜脈，但腎絲球例外，始末端皆為動脈
成分	淋巴液	血液
功能	收集組織液成淋巴液進入淋巴管，是血液循環的輔助路線	完成血液與組織細胞間的物質交換
分布	不存在於中樞神經系統、脾臟、骨髓中	較廣
瓣膜	較多	沒有
脂肪	高	低
管腔、壁孔	大	小
通透性	極佳	佳
血流量	大	小
阻力	小	大

表11-2　淋巴管與靜脈管的比較

比　較	淋巴管	靜脈管
歸屬	淋巴循環系統	血液循環系統
構成	由內皮、平滑肌、結締組織構成	由內皮、平滑肌、結締組織構成
位置	微淋巴管→淋巴管→鎖骨下靜脈	微血管→靜脈→心房
管壁	較薄	較厚
成分	淋巴液	血液
瓣膜	較多	較少
功能	將淋巴液送回靜脈，又成血液	將微血管血液送回心臟
特殊構造	間隔之間有淋巴結	無
管徑	較大	較小

圖11-3　淋巴系統與心臟血管系統的關係

淋巴結

在身體的前脊椎區、腸繫膜、腋窩、鼠蹊等疏鬆結締組織中可發現呈卵圓形或腎臟形的淋巴結（lymph node），長約1～25公釐。淋巴結略呈凹陷的部分稱為門（hilum），此處有輸出淋巴管（圖11-4）。每一個淋巴結被一層緻密結締組織構成的囊（被膜）所包覆，囊向內延伸成小樑（trabeculae），囊、小樑、網狀纖維與網狀細胞組成淋巴結的基質部分；淋巴結的實質可分為皮質（cortex）及髓質（medulla）兩部分。外層皮質含有緊密排列成團的淋巴球所形成的淋巴小結，淋巴小結的中央是生發中心（germinal center），為製造淋巴球的地方；內層髓質的淋巴球排列成索，稱為髓索（medullary cord），其間有巨噬細胞和漿細胞。

在淋巴結的凸側有幾條含有瓣膜開口朝向淋巴結的輸入淋巴管，淋巴液由輸入淋巴管流入淋巴結後，最後流入管徑較大且含有瓣膜開口朝外的輸出淋巴管，將淋巴匯流離開淋巴結。當淋巴循環流經淋巴結時，外來的異物會被淋巴結內的網狀纖維及巨噬細胞捕捉、分解、吞噬。

圖11-4 淋巴結的構造

淋巴器官

扁桃體

　　許多淋巴結聚集被黏膜包埋的構造稱為扁桃體（tonsil），它不具輸入淋巴管，而是由組織周圍的微淋巴管叢匯流入輸出淋巴管，故無過濾淋巴液的功能。扁桃體可製造淋巴球與抗體，參與身體的防衛與免疫反應。有表11-3三種扁桃體，與咽後壁小淋巴結構成華代爾環（Waldeyer's ring），是人體口咽部抵禦細菌病毒的第一道防線。

　　臨床指引：

　　扁桃腺炎（tonsillitis）及扁桃腺切除術（tonsillectomy）：顎扁桃體是人體入口的淋巴組織，當細菌或病毒入侵時，會引起一連串免疫反應，引起扁桃發炎、紅腫、發燒、咽喉疾病等，即是扁桃腺炎。當病原體被消滅掉時，發炎反應就會結束。但如果是鏈球菌（streptococcus）感染，則會長期寄生在扁桃體內，造成慢性扁

表11-3　扁桃體的種類

種　類	數量	解剖位置	異　常
咽扁桃體	1個	鼻咽後壁	在童年或青春期時常感染腫大，稱爲腺樣增殖體，過於腫大則易打鼾
顎扁桃體	2個	顎咽弓與顎舌弓間的扁桃窩內	扁桃腺炎即指此處發炎，是一般扁桃體切除的位置
舌扁桃體	多個	舌的基部	腫大易造成異物感及喉部不適

桃腺炎。久而久之，鏈球菌也隨著血液循環至骨頭、關節、心臟、腎臟，造成風濕性關節炎，風濕性心臟病、腎臟炎等。此時就必須實施扁桃腺切除術。摘除顎扁桃腺並不會影響免疫功能，因為其他華代爾環的淋巴組織會取代其功能。所以實施扁桃腺切除術有下列幾個原因：

1.反覆感染發作：1年5次以上或1個月2次以上的扁桃腺急性發炎。

2.扁桃體過度肥大，影響生長發育、呼吸阻塞（打鼾）。

3.扁桃腺腫瘤。

4.已有併發症者。

胸腺

胸腺（thymus gland）位於上縱膈腔、胸骨之後與兩肺之間。往上延伸入甲狀腺下方，往下至第四肋骨。胸腺與身體比例是在2歲時最大，至青春期時最大（40克），此後逐漸萎縮而被脂肪組織和結締組織取代呈黃色，雖萎縮、退化但仍具功能（圖11-5）。胸

圖11-5　胸腺的位置

腺內有許多小葉，每一小葉由緻密排列的外部皮質和內部髓質組成，皮質內淋巴球進行有絲分裂成為T細胞時將其移入髓質內。散布在淋巴球間的是上皮細胞，負責胸腺激素的生成。

脾臟

　　卵圓形的脾臟（spleen）是身體最大的淋巴組織。脾臟被一層緻密結締組織與散布平滑肌纖維的囊包住（圖11-6），這層囊又被一層漿膜（腹膜）包覆。它與淋巴結相似，有門、小樑、網狀纖維與細胞構成脾臟的基質。脾動脈、脾靜脈及輸出淋巴管通過脾門，但不具輸入淋巴管，沒有過濾淋巴液的功能。

　　脾臟的實質包括紅髓（red pulp）和白髓（white pulp）。紅髓是由充滿血液的靜脈竇和脾索（splenic cord）所組成，脾索是索狀細胞組織，含有紅血球、巨噬細胞、淋巴球、漿細胞、顆粒性白血球；白髓是包圍中央動脈排列而成的淋巴組織。

圖11-6　脾臟的構造。A.脾臟外觀；B.橫切面。

　　脾臟主要的功能是製造B淋巴球產生抗體，也能吞噬細菌與衰老的紅血球、血小板。靜脈竇能儲存大量血液，在危急時受交感神經刺激，可引起外囊中平滑肌收縮而放血，

在胚胎第5個月時，也是一個重要的造血器官。

淋巴循環

淋巴循環（lymph circulation）乃指淋巴由有盲端的微淋巴管（lymph capillary）進入較大的淋巴管（lymphatic），再由輸入淋巴管進入淋巴結（lymph node），流經淋巴竇後由輸出淋巴管離開淋巴結再進入其他個或群淋巴結。然後再進入相近淋巴管匯合而成的淋巴幹（lymph trunk），匯流入胸管（thoracic duct）及右淋巴管（right lymphatic duct），最後進入內頸靜脈與鎖骨下靜脈交會處，進入右心房參與血液循環（圖11-7）。

圖11-7　淋巴循環的路線

　　胸管是體內最粗大的淋巴管，起源於第二腰椎前的乳糜池（cisterna chyli），它接受來自左側頭、頸、胸、上肢及肋骨以下身體的淋巴液回流。右淋巴管則收集右上半部來的淋巴回流，亦即匯流右頸淋巴幹、右鎖骨下淋巴幹及右支氣管縱膈淋巴幹來的淋巴。

免疫系統

　　人體有自己的防禦機轉來抵抗外來病原的侵入（或己身出錯的細胞），以維持身體的恆定，這種防禦的機轉稱為免疫（immunity）。免疫包括非特異性防禦及特異性防禦兩種。

　　非特異性防禦即是體內天生具有防禦的機轉，可用來對抗所有的病原入侵，即入口屏障、發炎及補體系統等。特異性防禦即是適應性免疫，是由特定的抗原（antigen）侵入，引發身體產生特定的抗體（antibody）來對抗攻擊的過程。特異性防禦通常可持續一段很長的時間。

非特異性防禦

　　非特異性防禦（nonspecific defense）作用於出生後才具有，包括入口屏障、吞噬作用、免疫性監視、干擾素、補體系統、發炎反應及發燒等（圖11-8）。

入口屏障

　　入口屏障（barriers of entry）為皮膚及內襯在消化、呼吸及泌尿道的黏膜是防止病原體進入的屏障。例如皮膚油脂的分泌含有化學物質，可殺死或減弱病原體毒性。內襯的黏膜纖毛可阻擋外來物，黏液可包圍、陷住病原，胃液酸性pH值可抑制細菌生長等。

吞噬作用

　　任何皮膚受傷會讓病原體進入身體。這時，嗜中性球（neutrophil）和單核球（monocyte）可像變形蟲般擠過微血管壁而進入組織中執行吞噬作用（phagocytosis）（圖11-9）。單核球會分化成巨噬細胞（macrophage），可作為清道夫以吞噬老舊血球細胞、死亡組織，並促進白血球生成與釋放。

免疫性監視

　　身體的免疫作用是不會攻擊自己正常的細胞。免疫性監視（immunological surveillance）是監視組織上細胞，如有異常的細胞產生就會被攻擊摧毀。主要的攻擊淋巴球是自然殺手細胞（natural killer cell），它們面對異常細胞或感染病毒的細胞時，會分泌特殊蛋白質來破壞這些異常感染細胞的細胞膜，藉此來殺死細胞。

入口屏障 皮膚和黏膜可防止異物或病原體進入	毛髮 分泌物 上皮細胞
吞噬作用 移除廢物和病原	固定的 巨噬細胞　嗜中性球　游離的 巨噬細胞　嗜酸性球　單核球
免疫性監視 破壞不正常細胞	自然殺手細胞　破壞異常或侵入細胞　溶解不正常細胞
補體系統 攻擊和破壞病原細胞壁，刺激發炎反應	補體　溶解病原
發炎反應 多重作用	1. 增加血流 2. 活化吞噬細胞 3. 增加微血管通透性 4. 活化補體 5. 形成血塊 6. 增加局部溫度 7. 活化特異性防禦 肥大細胞釋放化學物質
發燒 動員防禦，促進修復	致熱原使體溫升高到37℃以上
干擾素 增加細胞對抗感染的作用，減緩疾病的擴散	經由被活化的淋巴球、巨噬細胞以及被感染的細胞釋放

圖11-8　非特異性防禦

圖11-9　白血球從血管移動至組織的過程

補體系統

　　補體系統（complement system）是由許多血漿蛋白所組成，通常是以C及數字來表示，例如C2。當病原體進入身體時，會將補體蛋白活化，一旦補體蛋白被活化後，它會一個接著一個活化其他蛋白質，如此，活化的補體蛋白會破壞細菌的細胞壁及細胞膜，讓液體及鹽類進入病原體內造成膨脹破裂死亡（圖11-10）。補體也可釋放化學物質來吸引巨噬細胞到病原處，以吞噬方式引起發炎反應。

圖11-10　補體的功能。A.補體蛋白質在細菌細胞壁和細胞膜上形成一個洞；B.洞允許液體和鹽類進入細菌中；C.細菌持續膨脹直到破裂為止。

發炎反應

　　皮膚或組織受傷裂開時，會產生一連串紅、腫、熱、痛的反應，稱為發炎

（inflamma- tion）。肥大細胞（mast cell）源自於嗜鹼性球，且位在結締組織內，是參與發炎反應（inflammatory reaction）相當重要的角色。當身體組織受傷時，肥大細胞會放出組織胺（histamine）和肝素（heparin）到組織中，引起血管擴張，增加微血管通透性，增加血流，並吸引吞噬細胞和嗜中性白血球聚集。嗜中性球與單核球和死亡的細胞、細菌、組織碎片等會形成黃色濃稠的膿（pus）。膿的產生表示身體的非特異防禦正抵抗著細菌，並可以形成血塊，讓受傷部位引起紅腫熱痛反應，並活化特異性防禦來修復組織（圖11-11）。

圖11-11　發炎反應

發熱

　　人體的體溫是由下視丘的體溫調節中樞所控制，維持體溫在37°C。但病毒或病原體會產生致熱原（endogenous pyrogen），使體溫升高。雖然高燒超過40°C有其危險性，會損傷身體許多系統，但輕及中度的發熱（fever）可抑制微生物的活性，加速身體免疫反應。

干擾素

　　干擾素（interferon）是被病原體或病毒感染的細胞所分泌的小分子蛋白質。干擾素能干擾病毒在細胞複製，也可刺激活化巨噬細胞與自然殺手細胞，例如C型肝炎的干擾素即可降低C型肝炎病毒的感染。

特異性防禦

　　特異性防禦（specific defense）是指能對抗某一種特定威脅或防禦特定病菌傳染的能力。有兩種淋巴球提供特異性防禦的免疫，分別是T淋巴球與B淋巴球。T淋巴球（T lymphocyte）在胸腺成熟，提供的防禦是對抗異常的細胞，又稱為細胞性免疫（cellular immunity）。B淋巴球（B lymphocyte）在骨髓成熟，所提供的防禦是對抗血漿中的抗原和病原體，它會產生並分泌和抗原結合的抗體，又稱為體液性免疫。

圖11-12　免疫的形式與種類

圖11-13　B淋巴球被刺激變成漿細胞和記憶細胞

圖11-14　細胞毒性T細胞的活化

自我測驗

（　）1. 有關發炎反應之敘述，下列何者正確？　(A) 調理素（opsonin）包括補體系統中之C3b　(B) 只有單核球（monocyte）會由血管壁透出至組織　(C) 受傷組織細胞釋出組織胺（histamine）會使微血管通透性降低　(D) 吞噬小泡（phagosome）可與胞內內質網融合

（　）2. 有關淋巴結的敘述，下列何者錯誤？　(A) 淋巴結內有巨噬細胞　(B) 輸出淋巴管較輸入淋巴管的數目少　(C) 具有生發中心可製造淋巴球　(D) 構造上可區分為紅髓及白髓

（　）3. 製造抗體的細胞是：　(A) 單核球（monocyte）　(B) 漿細胞（plasma cell）　(C) 巨噬細胞（macrophage）　(D) T淋巴球（T lymphocyte）

（　）4. 下列哪一個淋巴器官有紅髓與白髓的區分？　(A) 脾臟　(B) 胸腺　(C) 扁桃腺　(D) 淋巴結

（　）5. 在正常血液中，何種白血球細胞膜上有IgE分子？　(A) 嗜中性白血球（neutrophil）　(B) 嗜酸性白血球（eosinophil）　(C) 嗜鹼性白血球（basophil）　(D) T淋巴球（T lymphocyte）

（　）6. 下列何者不適用在氣喘的治療？　(A) 吸入性的類固醇　(B) 吸入性的白三烯抑制劑（leukotriene inhibitor）　(C) 支氣管擴張劑　(D) 阿斯匹靈

（　）7. 位於鼻咽後上部的淋巴組織稱為：　(A) 顎扁桃體　(B) 咽扁桃體　(C) 舌扁桃體　(D) 腮腺

（　）8. 在正常生理狀況下，下列何者是血液中已分化成熟並可迅速吞噬細菌的白血球？　(A) 淋巴球（lymphocyte）　(B) 嗜中性球（neutrophil）　(C) 巨噬細胞（macrophage）　(D) 單核球（monocyte）

（　）9. 位於口咽側壁的淋巴組織稱為：　(A) 顎扁桃體　(B) 咽扁桃體　(C) 舌扁桃體　(D) 腮腺

（　）10.下列何者不是脾臟的功能？　(A) 具有免疫的功能　(B) 靜脈竇能儲存血液　(C) 胚胎時期是造血器官　(D) 能幫助脂肪消化

（　）11.血清中的抗體屬於：　(A) 白蛋白　(B) 球蛋白　(C) 纖維蛋白　(D) 醣蛋白

（　）12.B淋巴球（B lymphocyte）主要分布在何處？　(A) 腎上腺　(B) 淋巴結　(C) 胸腺　(D) 甲狀腺

（　）13.過敏反應時，何種血球會釋出組織胺？　(A) 嗜中性球（neutrophils）　(B) 嗜酸性球（eosinophils）　(C) 肥大細胞（mast cells）　(D) B淋巴球（B lymphocytes）

（　）14.下列何者是外分泌液中主要的免疫球蛋白（immunoglobulin; Ig）？
　　　　(A) IgG　(B) IgA　(C) IgE　(D) IgD。

（　）15.有關淋巴管構造與功能的敘述，何者不正確？　(A) 胸管是體內最大的淋巴
　　　　管　(B) 微淋巴管的通透性比微血管差　(C) 淋巴管的內壁與靜脈同樣具有瓣
　　　　膜　(D) 右淋巴管可匯集身體右上部的淋巴液回流。

（　）16.胸腺（thymus）位於人體的哪一個部位？　(A) 縱膈（mediastinum）
　　　　(B) 心包腔（pericardial cavity）　(C) 胸膜腔（pleural cavity）　(D) 腹腔
　　　　（abdominal cavity）。

（　）17.施打流行性感冒疫苗屬於下列何者？　(A) 先天免疫（innate immunity）
　　　　(B) 自動免疫（active immunity）　(C) 被動免疫（passive immunity）　(D) 細
　　　　胞性免疫（cellular immunity）。

解答：

1.(A)　　2.(D)　　3.(B)　　4.(A)　　5.(C)　　6.(D)　　7.(B)　　8.(B)　　9.(A)　　10.(D)

11.(B)　　12.(B)　　13.(C)　　14.(B)　　15.(B)　　16.(A)　　17.(C)

第十二章　呼吸生理

　　呼吸系統是由胸腔以上之上呼吸道的鼻、咽、喉氣體進出通道及胸腔內之下呼吸道的氣管、支氣管、細支氣管與肺泡等器官所組成（圖12-1）。此外，與呼吸作用有關的構造尚有口腔、副鼻竇、胸壁、肋骨、橫膈、腹壁肌肉及頸部的前、中、後斜角肌、胸鎖乳突肌等，與參與呼吸調節的神經組織、內分泌物質等。

　　在大氣、血液與組織細胞間氣體交換的過程稱為呼吸作用，它包括了：

- 肺的換氣作用：是指空氣在外界與肺之間做氣體交換的過程，即一般的呼吸。
- 呼吸氣體的運輸：是指氧及二氧化碳在細胞組織與肺之間的氣體運輸。
- 外呼吸：是指肺泡與微血管間的氣體交換過程。
- 內呼吸：是指在微血管與細胞組織間的氣體交換過程。呼吸系統可分為傳遞空氣至呼吸區的鼻、咽、喉、氣管、支氣管組成的傳導區及氣體與血液之間氣體交換的肺臟呼吸區。氣體與血液之間氣體交換是透過肺泡囊進行，肺泡的氣囊僅有一層細胞的厚度，可使氣體快速擴散。

呼吸器官

鼻

　　氣體傳送管道由鼻部（nose）開始，終止於與肺泡相接的細支氣管，是上述的傳導

圖12-1　呼吸系統的組成。A.呼吸器官；B.肺部分放大，氣體交換在肺泡囊發生。

區。空氣從鼻孔進入鼻腔，鼻腔的前面與外鼻部相連，後面由後（內）鼻孔與咽相通（圖12-2），另有額竇、蝶竇、篩竇、上頜竇四種副鼻竇及鼻淚管皆開口於鼻腔。

　　鼻黏膜的嗅覺區在鼻腔頂部，嗅覺感受器即位於上鼻甲以上的內襯。嗅覺區以下的部分為呼吸區，其黏膜上皮為偽複層纖毛柱狀上皮，含有微血管及杯狀細胞，當空氣經過時，會受到微血管的加溫，而杯狀細胞所分泌的黏液則能潤濕空氣並黏住灰塵顆粒。由上述可見，鼻的功能有：⑴接受嗅覺刺激。⑵將吸入的空氣加溫、潤濕、過濾。⑶是發聲的共鳴箱。

圖12-2　上呼吸道及相關構造

臨床指引：

　　因感冒病毒或細菌感染造成鼻竇開口阻塞發炎，導致鼻竇內黏液無法排出，積久成膿，稱為鼻竇炎。阻塞時間短暫稱為急性鼻竇炎，以藥物治療或局部沖洗清潔黏液，可以解決此症。但鼻竇開口長期發炎導致狹窄，黏液或膿液無法排除，鼻黏膜愈來愈厚，黏液膿液愈來愈多，因而成為慢性鼻竇炎。目前治療慢性鼻竇炎以手術效果為佳，藥物治療僅能治標。手術以增大鼻竇開口方式為主，使黏膿液順利排出，使纖毛排出黏液機能逐漸恢復。現在有鼻竇內視鏡手術（functional endoscopic sinus surgery; FESS）及微創絞吸手術（microdebrider）來處理。

咽

　　咽（pharynx）位於鼻腔、口腔及喉的後方，俗稱喉嚨。咽壁由骨骼肌及內襯黏膜所組成，可作為空氣與食道的通道及發聲的共鳴箱，分成鼻咽（nasopharynx）、口咽（oropharynx）、喉咽（laryngopharynx）三部分（圖12-2），共有7個開口。鼻咽後壁上有腺樣體（adenoid），兩側壁上有耳咽管（Eustachian tube）開口，與中耳相通，可平衡中耳腔內的壓力。口咽在咽的中段，喉咽在咽的下段，有開口與喉相通，喉往下是氣管，喉咽下方則延伸成食道，所以氣管在前，食道在後，與口咽相同兼具消化與呼吸的功能。

喉

　　喉（larynx）又稱音箱，故與發音有關，位於喉咽前面，氣管的上端，約第四至第六頸椎的高度。喉壁共有9塊軟骨組成（圖12-3）。分別是單一的甲狀軟骨、會厭軟骨、環狀軟骨和成對的杓狀軟骨、小角軟骨和楔狀軟骨。其中會厭軟骨（epiglottic cartilage）位於喉頂部的葉狀彈性軟骨，在吃東西吞嚥時，喉會往上提，會厭下壓蓋住氣管入口，防食物進入氣管中，若食物誤入氣管，則會引發咳嗽反射，將異物排出。

圖12-3　喉的軟骨構造。A.正面；B.背面。

聲音的產生

　　喉的黏膜形成兩對皺襞，在上者為前庭（喉室）皺襞（ventricular folds），此為假聲帶；在下位者為聲帶皺襞（vocal folds），為真聲帶，左、右真聲帶間的空隙是聲門裂（rima glottis），聲門（glottis）則包括聲帶皺襞及聲門裂（圖12-4）。發音時聲門呈細裂狀，休息時聲門呈三角形狀。聲音起源於呼氣時空氣振動聲帶而發聲。但要將聲音變

成可認知的語言，需加上喉、鼻腔、口腔、副鼻竇等共鳴腔來共同完成。而音調是由聲帶皺襞的張力來決定，若聲帶皺襞被環甲肌拉緊，張力增加，振動速度較快，會產生高（尖銳）音調。男生的聲帶皺襞較女性厚、長，振動慢，產生的聲音就較低沉。音量則是由空氣壓力及聲門大小來決定，例如環杓後肌收縮會使聲門變大，產生較大的聲音。

A

B

小角軟骨
聲門
楔狀軟骨
假聲帶
聲帶
會厭
舌根

圖12-4　聲門上面觀。A.休息時；B.發音時。

氣管

氣管（trachea）長11公分、寬2.5公分，位於食道的前面，喉部的下緣，相當於環狀軟骨的高度，往下延伸至第四、五胸椎間的椎間盤高度，分成左、右支氣管，右支氣管較左支氣管大、寬、直，所以異物較易卡住右支氣管。

氣管內的黏膜層是由偽複層柱狀纖毛上皮，內含杯狀細胞，纖毛的擺動和黏液的分泌可淨化和潤濕空氣。整條氣管由16～20塊水平排列的C型透明軟骨與平滑肌組成（圖12-5）。C型軟骨的開口朝向食道，平滑肌在C型軟骨的缺口上，使食物通過食道時能擴張突向氣管，同時C型軟骨對氣管的支持作用，使得氣管壁不會向內塌陷而阻礙了氣體的通過。

臨床指引：

因異物卡在氣管容易造成呼吸阻塞而窒息。哈姆立克法（Heimlich Maneuver）以美國外科醫師發明此法而命名，可以快速而有效的拯救異物導致窒息的病人。

做法為首先站在病人後面，以雙手環繞他的腰部，再以你一隻手抓緊你另一隻手（成拳頭狀），將此拳頭放在肚臍上方的腹部上（胸部下），將拳頭由腹部快速向內向上往胸部擠壓，並重複數次。此法可將橫膈膜上提，使胸腔產生壓力去排除阻塞的異物。如在嬰兒使用哈姆立克法，則將其臉部放在自己膝蓋上，以食指中指的指腹代替拳頭向上胸部壓迫。此法通常重複數次後，可將異物推擠出來。

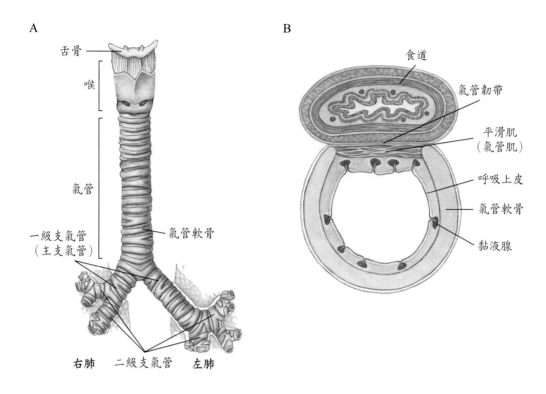

圖12-5　氣管的構造。A.氣管前面觀；B.氣管與食道橫切面。

支氣管

氣管於胸骨角或第四、五胸椎間的椎間盤高度分枝成左、右主支氣管（bronchus），分別進入左、右肺。其分枝高度正好也是上、下縱膈腔的分界高度，第二肋骨的位置，食道中段的狹窄處。

支氣管樹

氣管一再分枝就像樹幹和其分枝一般，故稱為支氣管樹（bronchial tree）（圖12-6）。由大至小排列如表12-1所示。

肺

肺臟（lung）為胸腔內的成對圓錐狀器官，每一邊肺臟皆被胸膜（肋膜）包圍、保護。胸膜是兩層漿膜，外層為襯於胸腔內壁的壁層胸膜；內層為覆於肺臟表面的臟層胸膜，壁層與臟層間的空間稱為胸膜腔（pleural cavity），內含胸膜所分泌的漿液，可防止呼吸時所造成的摩擦。胸（肋）膜腔永遠為負壓（低於肺內壓），才能保持肺的膨脹，只有在咳嗽、用力解便時為正壓。

圖12-6　支氣管樹

表12-1　支氣管樹

支氣管樹	特　性	軟骨杯狀細胞	上皮組織
主支氣管	• 右主支氣管短、寬、垂直，易有異物阻塞 • 左主支氣管則長、細、彎	＋	偽複層纖毛柱狀上皮
肺葉支氣管 （次級支氣管）	• 進入每一個肺葉，左二葉、右三葉 • 右肺由水平裂及斜裂分成上、中、下三葉，中葉最小 • 左肺由斜裂分成上、下兩葉	＋	偽複層纖毛柱狀上皮
肺節支氣管 （三級支氣管）	• 右肺由三葉分成十肺小節 • 左肺由二葉分成八肺小節 • 進入每一肺小節，左8節、右10節	＋	偽複層纖毛柱狀上皮
細支氣管	• 軟骨逐漸消失，幾乎沒有軟骨，含大量平滑肌 • 當氣喘發作時易引起肌肉痙攣，關閉空氣通道	＋→－	單層纖毛柱狀上皮
終末細支氣管	沒有軟骨	－	單層立方上皮
呼吸性細支氣管	末端爲肺泡囊，可進行氣體交換	－	單層立方上皮
肺泡	• 是肺的功能性單位，可進行氣體交換 • 肺泡壁只有一個細胞的厚度能允許氣體自由擴散 • 肺泡壁上有表面活性素，由中膈細胞分泌 • 參與呼吸膜的形成	－	單層鱗狀上皮

　　肺的縱膈面為肺門（hilus），是支氣管、肺血管、淋巴管、神經進出肺臟的部位。右肺下有肝臟，所以右肺較粗、厚、短、高（圖12-7）。

　　每一肺葉由結締組織膈膜將其分成肺節，左肺8節，右肺10節。每一肺節又分成許多肺小葉。每一小葉被彈性結締組織包圍，內含淋巴管、小動脈、小靜脈、終末細支氣管、呼吸性支氣管、肺泡管、肺泡囊、肺泡。

　　肺泡壁是由鱗狀肺上皮細胞及表面張力細胞（surfactant cell）所組成。鱗狀肺上皮細胞又稱肺泡第一型（type I）細胞，細胞較大，構成肺泡壁的連續內襯；表面張力細胞又稱肺泡第二型（type II）細胞，細胞較小，散布於鱗狀肺上皮細胞之間，可產生表面活性素（surfactant），以降低表面張力，防止肺泡塌陷。新生兒缺乏表面張力素，就會造成嬰兒呼吸窘迫症候群（respiratory distress syndrome; RDS），早產兒較容易有此異常。在肺泡壁亦可見游離的肺泡巨噬細胞（alveolar macrophage），具吞噬作用，可除去肺泡腔內的灰塵顆粒及其他碎片。肺泡周圍有微血管網，所以微血管最豐富的器官是肺臟（圖12-8）。

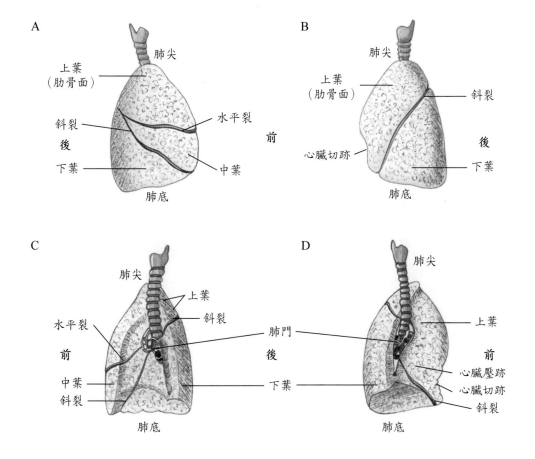

圖12-7　肺臟。A. 右肺；B. 左肺；C. 右肺；D. 左肺。

圖12-8　肺泡構造

臨床指引：

　　慢性阻塞性肺疾病（chronic obstruvtive pulmonary disease; COPD）是由慢性支氣管炎和肺氣腫合稱的疾病，多由吸菸而引起的。

　　急性上支氣炎多由細菌感染引起的，使用抗生素可治癒，但慢性支氣管炎不是由感染引起，而是因持續刺激支氣管內襯，導致支氣管內襯上皮發炎引起退化性改變，使得上皮纖毛喪失保護清潔功能。得此症的人經常久咳不癒，多發生在吸菸者身上。

　　肺氣腫（emphysema）是肺泡囊破壞導致肺泡組織瓦解而喪失彈性，如此空氣滯留在肺臟，肺泡與血液的氣體交換面積減少，患者會因透不過氣來而咳嗽並使呼吸道阻塞缺氧。X光片的判讀可用來確定肺的疾病（圖12-9）。

正常胸X光　　　　　左葉肺炎　　　　　肺腫瘤

圖12-9　肺疾病之X光

呼吸膜

　　肺臟內的氣體交換是在30億個極小的肺泡中，依壓力增減率來進行。在肺與血液之間的氣體交換是藉由通過肺泡壁及微血管壁的擴散作用而產生，所通過的肺泡壁－微血管壁的膜即為呼吸膜（respiratory membrane）（圖12-10）。此呼吸膜包括了肺泡腔的表皮組織（表面張力素、肺泡上皮組織、肺泡基底膜）、組織間隙及微血管的內皮組織（微血管基底膜、微血管的內皮細胞）。由肺泡至微血管是氧的擴散方向，由微血管至肺泡是二氧化碳的擴散方向。

　　會影響呼吸膜氣體擴散的因素有：呼吸膜的厚度、呼吸膜的表面積、氣體對呼吸膜的擴散係數、膜兩側的壓力差、肺的血流量。因此若要利於擴散，呼吸膜要薄、表面積要大、膜兩側的壓力差要大、肺血流量高且氣體的擴散係數要大。

呼吸生理

　　空氣由鼻、咽、喉進入肺臟肺泡的換氣作用，是利用壓力差的原理在進行。

紅血球
O_2 之擴散
CO_2 之擴散
肺泡
微血管
表面張力素層
微血管內皮
肺泡上皮細胞壁
微血管基底膜
肺泡上皮基底膜
間質腔

圖12-10　肺泡及呼吸膜的細部構造

肺的換氣作用

　　肺的換氣作用（pulmonary ventilation）是指大氣與肺泡之間氣體交換的過程。空氣能在大氣與肺之間流動是因壓力差的關係，當肺內（肺泡）壓低於大氣壓時，空氣會自然流入肺臟，反之，則呼出氣體（圖12-11）。實際上，大氣壓力值是非常恆定的，而肺內壓的改變是由於肺體積的改變，此根據波以耳定律（Boyle's law），「定量氣體的壓力與其體積成反比」。吸氣時，肺的體積增加使肺內壓降低成負壓，空氣因此吸入，反之，則空氣呼出。肺部體積的改變則是因為呼吸肌使胸腔體積改變造成，現將吸氣、呼氣的比較列於表12-2。

圖12-11　呼吸動作時胸腔體積的變化。A.吸氣；B.呼氣。

表12-2　吸氣與呼氣之比較

比較項目	吸　　氣	呼　　氣
原理	肺內壓低於大氣壓	肺內壓高於大氣壓
平靜呼吸	• 外肋間肌收縮，增加胸腔的前後徑及橫徑 • 橫膈膜收縮，增加胸腔的垂直徑 • 因肌肉收縮引起，爲主動過程	• 外肋間肌、橫膈膜舒張（鬆弛），使胸腔體積變小 • 肌肉未收縮，爲被動過程
用力呼吸	• 除了外肋間肌、橫膈膜收縮外，尚有呼吸輔助肌的收縮 • 輔助肌包括：胸大肌、胸鎖乳突肌、斜角肌、前鋸肌、提肩胛肌	• 呼氣肌（內肋間肌、腹直肌）收縮所致 • 因肌肉收縮引起，爲主動過程
橫膈膜	下降	上舉
肋間肌	收縮	鬆弛
肋骨	上舉	下降
胸壁	上舉	下降
胸腔體積	增加	減少
肺內壓	低於大氣壓2～3mmHg	高於大氣壓2～3mmHg
氣流	空氣進入肺臟	空氣由肺臟呼出
靜脈回流	易回心臟	不易回心臟
腹腔體積	減少	增加
腹壓	增加	減少

肺容積與肺容量

　　呼吸是指一次吸氣加一次呼氣。健康的成年人在靜止時，平均每分鐘呼吸12次。呼吸時氣體的交換量及換氣速率，通常可以肺量計（spirometry）來測得。現在醫院已不用舊式的肺量計，而是利用其原理發展出各種精密多功能的電腦儀器來測定肺功能及肺活量（圖12-12）。

肺容積

　　呼吸時進出肺的氣體稱為肺容積（pulmonary volume）（表12-3、圖12-12）。

表12-3 肺容積

肺容積名稱	定 義	成人容積
潮氣容積（TV）	• 指平靜呼吸時，每一次吸入或呼出的氣體量 • 潮氣容積中只有約350ml真正達到肺泡，其餘的150ml則留在鼻、咽、喉、氣管、支氣管等解剖死腔內，稱為死氣容積	500ml
呼氣貯備容積（ERV）	• 平靜呼氣後，再用力呼氣，還可再呼出的最大氣體量 • 肺泡彈性越好者，呼氣貯備容積越大	1,200ml
肺餘容積（RV）	• 用力呼氣後，仍滯留在肺內的氣體量，它無法由肺量計測得 • 肺餘容積增加，表示肺泡彈性變差，例如肺氣腫	1,200ml

圖12-12 肺容積與肺容量的呼吸圖

　　打開胸腔時，胸內壓與大氣壓的壓力是相同的，此時會將肺內的肺餘容積擠壓出部分，剩下存於肺泡內的空氣量，是最小餘氣量。每次呼吸氣體未進入肺泡內，而停留在無法進行氣體交換的腔室，包括鼻、咽、喉、氣管、支氣管、終末小支氣管等解剖上的死腔，它約為人體體重的磅數，也就是公斤乘以2.2所得的數據即為解剖死腔的量。生理

上的死腔是包括解剖死腔及肺泡死腔，只是正常人的肺泡死腔幾乎等於零，所以正常人的生理死腔等於解剖死腔。除非肺泡功能變差，生理死腔才會變大。

肺容量

合併不同的肺容積可計算出各種肺容量（pulmonary capacity）（圖12-12、表12-4）。每分鐘進入肺泡的氣體量是為肺泡換氣量（alveolar ventilation），是潮氣容積減掉死腔，再乘以每分鐘的呼吸次數。其公式為：

$$肺泡換氣量＝（肺潮氣容積－生理死腔）×每分鐘呼吸次數$$

表12-4　肺容量

名　　稱	定　　義	成人容積
吸氣容量（IC）	• 指肺的最大吸氣量 • 是潮氣容積和吸氣貯備容積的和	3,600ml
功能性肺餘容量（FRC）	• 安靜呼氣後，仍留在肺內的氣體量 • 是肺餘容積和呼氣貯備容積的和	2,400ml
肺活量（VC）	• 指進出肺的最大氣體量 • 是潮氣容積、吸氣貯備容積與呼氣貯備容積的和 • 肺活量越大者，其肺組織的呼吸潛力越大	4,800ml
肺總量（TLC）	• 爲所有肺容積的總和，亦即肺部可容納的最大氣體量	6,000ml

呼吸氣體的運輸

呼吸氣體在肺與身體組織間的運輸是靠血液執行。當氧與二氧化碳進入血液後，會產生一些物理及化學上的變化，以助呼吸氣體的運輸（transport of respiratory gas）與交換。

氣體的壓力

在呼吸機制中，氣體的壓力（pressures of gas）是由高壓力區移向低壓力區。所以氧（O_2）和二氧化碳（CO_2）在肺及組織的壓力不同，因此造成氣體交換（圖12-13）。在肺中，靜脈血中P_{CO_2}（二氧化碳壓）較肺泡高，所以二氧化碳會從血液中擴散到肺泡，再呼出至大氣。肺泡P_{O_2}（氧壓）比動脈血高，所以肺泡中的氧擴散到血液中，此為外呼吸。

在組織中，含氧的動脈血中的P_{O_2}較組織高，所以氧從血液中擴散至組織；而組織中的P_{CO_2}較血管高，所以二氧化碳會從組織擴散到血管（靜脈）中，此為內呼吸。

圖12-13　氣體壓力不同而產生內外呼吸。壓力的不同造成肺泡中的氣體與微血管中的血液進行氣體交換。相同的，壓力的不同也造成組織中的氣體交換。

氣體的運輸

在正常休息狀態時，每100ml充氧血中約含20ml的氧。在正常情況下，吸入的氧氣有97%是先與紅血球中血紅素在肺中結合成氧合血紅素（HbO_2），再由肺臟送至各組織中，剩下3%的氧氣則溶於血漿中運送。

當血液到達組織時，因為氧（O_2）離開血液進入組織中，而使得氧合血紅素（HbO_2）變成去氧血紅素（Hb）。

二氧化碳（CO_2）有7%進入血漿，93%進入紅血球中。23%二氧化碳會與血紅素結合形成碳醯血紅素（$HbCO_2$），其餘70%則轉變為碳酸氫根離子（HCO_3^-），由血漿所攜帶。氫離子（H^+）、氯離子（Cl^-）留在血紅素中作為緩衝，使得血紅素pH值變化不大（圖12-14 A）。

當血液到達肺臟時，血中碳酸氫根離子（HCO_3^-）與氫離子（H^+）結合，會轉成二氧化碳（CO_2），由血液擴散而進入肺泡中。碳醯血紅素（$HbCO_2$）也會釋放出二氧化碳，並擴散至肺泡。去氧血紅素（Hb）也空出來後再準備與氧結合成氧合血紅素（HbO_2）（圖12-14 B）。

圖12-14　內外呼吸圖。A.內呼吸；B.外呼吸。

氧與血紅素的解離曲線

　　氧與血紅素的結合是可逆性的，其結合反應會受到氧分壓、血液的pH值、溫度、2,3-雙磷酸甘油酸（DPG）、一氧化碳中毒有關。

1. 血紅素與氧分壓：氧分壓是決定氧與血紅素結合量的最重要因素。當氧分壓介於60～100mmHg時，血紅素與氧結合的飽和度可達90%以上，亦即表示此時自肺流向組織的血液中幾乎滿載氧氣。若氧分壓高達250mmHg時，血紅素與氧結合的飽和度可達100%；若氧分壓低於40mmHg時，飽和度為75%；若氧分壓低於10mmHg時，飽和度只剩13%（圖12-15），引起氧的大量釋放。所以在活動的組織，當氧分壓低於40mmHg時，會使血紅素釋放大部分的氧，以供肌肉收縮之需。若是在高山上，氧分壓降低也會使血紅素與氧結合的飽和度降低，使氧合血紅素的解離度增加。

圖12-15　血紅素與氧結合的飽和度與氧分壓之關係圖

2. 血紅素與pH值：在酸性環境中，氫離子會與血紅素結合而改變了血紅素的結構，降低其原本攜帶氧的能力，而使血紅素釋放較多的氧，亦即氧合血紅素的解離度增加，解離曲線往右移（圖12-16），此為波爾效應（Bohr effect）。例如運動時，肌肉收縮產生高量的二氧化碳和乳酸，使血液的pH值下降，就會造成酸性血液，使氧合血紅素的解離度增加。

3. 血紅素與溫度：血液的溫度由10°C →43°C時，血紅素與氧結合的飽和百分比下降，氧被釋放（圖12-17）。當細胞活動產生過多的酸和熱，均會刺激氧的釋放，解離曲線往右移。

4. 血紅素與DPG：2, 3雙磷酸甘油酸（DPG）是肝醣經無氧水解所產生的中間產物，它能與血紅素形成可逆的結合，改變血紅素的結構，使氧釋出。當送到組織的氧量減少時，DPG產量增加，使血紅素將氧釋放，助氧運輸至組織。

5. 一氧化碳中毒：一氧化碳與血紅素的Fe^{++}結合力是氧的250倍，所以一氧化碳中毒會造成缺氧狀態，使血紅素將氧釋放，解離曲線右移。

　　綜合上述可知當人體代謝旺盛，細胞活動大時，氧分壓下降、二氧化碳分壓增加、氫離子增加、血液pH值下降、體溫上升、DPG濃度上升，使細胞耗氧量增加，而使氧－血紅素的解離曲線往右移，血紅素釋出氧，以供身體利用。所以只要會造成缺氧狀況的皆會使解離曲線右移，例如貧血、一氧化碳中毒、登高等。

圖12-16　血紅素與氧結合的飽和度與
　　　　 pH 值之關係圖

圖12-17　血紅素與氧結合的飽和度與
　　　　 溫度之關係圖

呼吸調節

　　刺激呼吸肌的運動神經主要是由兩個下行徑控制，一個負責隨意的呼吸活動，另一個負責不隨意的呼吸活動。無意識、規律的呼吸調節（regulation of breathing）受到由感受器所感測的動脈血中之二氧化碳分壓、氧分壓及pH值等的感覺回饋調控所影響。

　　吸氣、呼氣是由負責呼吸的骨骼肌收縮、放鬆來完成，這些骨骼肌的活動則是由脊髓的體運動神經元活化而產生。這些運動神經元活性又受延髓的呼吸調節中樞之下行徑及大腦皮質的神經所控制。

呼吸中樞

　　胸廓大小是受呼吸肌動作的影響，而呼吸肌的收縮和鬆弛則是受腦幹網狀結構的呼吸中樞（respiratory center）所調控，節律中樞在延腦，調節中樞在橋腦。呼吸中樞則是由一群廣泛分布神經元所組成，依功能可分成三個部分：

背側呼吸神經元群

　　背側呼吸神經元群（dorsal respiratory group）發出軸突至脊髓中刺激膈神經的運動神經元，使橫膈收縮引發吸氣動作。

腹側呼吸神經元群

　　腹側呼吸神經元群（ventral respiratory group）包含了吸氣與呼氣神經元，此處的吸氣神經元刺激脊髓的聯絡神經元，以活化脊髓中掌管呼吸的運動神經元；而另一部分的呼氣神經元在呼氣時會抑制膈神經的運動神經元。在延腦內有特殊的節律點神經元會週期

性自發性放電，分別刺激吸氣及呼氣神經元的活動，以產生節律性呼吸模式。

呼吸調節中樞

橋腦有長吸中樞及呼吸調節中樞（pneumotaxic center），長吸中樞可刺激延腦的吸氣神經元以促進吸氣；而呼吸調節中樞是和長吸中樞拮抗，以抑制吸氣作用，來調節呼吸的速率與模式。所以延腦的節律中樞活動是受到橋腦呼吸調節中樞的影響。

呼吸運動的調控

大腦皮質的調節

大腦皮質與腦幹呼吸中樞間有神經連繫，亦即可隨意志改變呼吸方式，甚至短暫的停止呼吸，只是停止呼吸的能力與時間會受到血液中二氧化碳分壓的限制。例如聞到不喜歡的味道，可暫時閉氣，但時間無法很久，只要血液中的二氧化碳分壓達到某一量時，延腦的吸氣區就會受刺激，送出神經衝動至吸氣肌，使呼吸重新開始。

膨脹反射

在整個支氣管樹的壁上有牽張感受器（stretch receptor），當吸入空氣使肺充氣膨脹時，會過度牽張這些感受器而引起神經衝動，並經由迷走神經傳至延腦的呼吸中樞及橋腦的呼吸調節中樞，以抑制橋腦的長吸區及延腦的吸氣區的作用而隨之產生呼氣，此為膨脹反射（inflation reflex），可防止肺臟過度膨脹，又稱為赫鮑二氏反射（Hering-Breur's reflex）。

化學調節

1. 中樞的化學感受器（central chemoreceptor）：在延腦腹側區靠近第九、十腦神經出口處的化學感受器，對血液中二氧化碳的濃度上升非常敏感。動脈血中二氧化碳分壓上升會造成血液中H^+濃度的升高，但H^+無法越過血腦屏障（blood-brain barrier），但CO_2可越過血腦屏障，在腦脊髓液中形成碳酸，碳酸產生的H^+可使腦脊髓液的pH值降低，直接刺激延腦的化學感受器。當動脈血中二氧化碳分壓持續上升，延腦中的化學感受器能促使換氣增加達70～80%，不過此反應需經數分鐘。能立即促使換氣增加的機制是周邊化學感受器所造成（圖12-18）。

2. 周邊化學感受器（peripheral chemoreceptor）：此感受器包在一些與主動脈和頸動脈相連的小結節內，經由小動脈分枝感測來自主動脈和頸動脈的血液。周邊化學感受器有位於主動脈弓附近的主動脈體（aortic body）及位於頸總動脈分枝成內、外頸動脈處的頸動脈體（carotid body）。主動脈體與頸動脈體經由迷走神經與舌咽神經的感覺神經纖維將感測氧分壓降低的訊息傳至延腦而間接控制了呼吸活動。

   • 周邊化學感受器只對動脈氧分壓大量降低時敏感，若動脈血的氧分壓由正常的

105mmHg降至50mmHg時，即會刺激感受器將衝動送至延腦吸氣區，以增加呼吸速率。若氧分壓降至50mmHg以下，則吸氣區的細胞會因缺氧而無法對化學感受器產生良好反應，減少傳至吸氣肌的衝動，使呼吸速率變慢，甚至停止。二氧化碳或氫離子濃度上升時，也會興奮周邊化學感受器，而間接使呼吸作用增加。但二氧化碳或氫離子對延腦呼吸中樞的直接刺激較對周邊化學感受器效果強，故其作用常被忽略。

其他影響因素

除了上述因素外，尚有些身體周邊的因素也參與調節呼吸的頻率及強弱。

1. 血壓：血壓突然上升，呼吸速率會減慢。若切斷迷走神經或夾緊頸動脈下方，經反射後會使血壓上升、心跳加快、呼吸速率增加；若牽扯迷走神經或刺激頸動脈竇，經反射後會使血壓下降、心跳減慢、呼吸速率減少。
2. 體溫：發燒時體溫上升會使呼吸速率增加，體溫下降則呼吸速率降低。
3. 疼痛：長期疼痛中呼吸速率增加，突然劇痛則會呼吸暫停。
4. 登高山：高山上大氣壓力較海平面為低，血液中紅血球內氧的飽和度下降，呼吸頻率會增加。
5. 藥物：例如使用麻醉劑抑制呼吸中樞，若過量會造成呼吸停止。

圖12-18　呼吸的化學感受器控制

自我測驗

( ) 1. 有關肺餘容積（residual volume）的特性之敘述，下列何者不正確？ (A) 是指盡最大力呼氣之後仍殘留於肺中無法呼出的氣體之量 (B) 無法由肺量計（spirometer）測得 (C) 肺氣腫之患者此值較高 (D) 此值在一般正常成年男性約為500 ml

( ) 2. 吸氣儲備容積及潮氣容積之和為： (A) 肺總量 (B) 肺活量 (C) 吸氣容量 (D) 功能肺餘容量

( ) 3. 呼吸中樞位於何處？ (A) 延腦 (B) 脊髓 (C) 腦下腺 (D) 小腦

( ) 4. 下列有關影響血紅素與氧結合因素的敘述，何者正確？ (A) 溫度上升會降低血紅素與氧的結合 (B) pH值上升會降低血紅素與氧的結合 (C) 二氧化碳分壓上升時會促使血液pH值上升 (D) 氧分壓高時會降低血紅素與氧的結合

( ) 5. 呼吸訊號產生的起源在下列哪一位置？ (A) 脊髓 (B) 中腦 (C) 橋腦 (D) 延腦

( ) 6. 二氧化碳在血液中以三種情形被攜帶。於靜脈血中，若二氧化碳溶於血漿及紅血球細胞內液形式的量為a，形成氨甲基酸化合物（carbamino compounds）的量為b，轉化成重碳酸氫根離子的量為c，則a，b，c 三者之大小依序為： (A) c > b > a (B) a > b > c (C) b > c > a (D) c > a > b

( ) 7. 若肺的可容度（compliance）很高，這表示： (A) 空氣在氣管道流動的阻力小 (B) 空氣在氣管道流動的阻力大 (C) 肺容易擴張 (D) 肺不易擴張

( ) 8. 下列有關心臟或肺臟的構造，何者正確？ (A) 左肺有三葉，右肺有兩葉 (B) 肺泡是氣體交換之處 (C) 左心之房室瓣為三尖瓣，右心之房室瓣為二尖瓣 (D) 左心室進入主動脈的半月瓣為兩片

( ) 9. 某人的潮氣容積為500 ml，吸氣儲備容積為3,000 ml，呼氣儲備容積為1,000 ml，餘氣容積為1,200 ml，請問此人之肺活量為多少？ (A) 4,500 ml (B) 4,700 ml (C) 4,800 ml (D) 5,700 ml

( ) 10. 造成高山症的主要原因是： (A) 空氣稀薄，造成貧血 (B) 空氣中氧濃度下降，血紅素與氧結合率降低 (C) 氧壓下降，造成消化系統不適 (D) 高山上溫度降低，血紅素與氧結合率上升

( ) 11. 平靜呼吸時一次吸入或呼出的氣體量稱為： (A) 吸氣儲備容積 (B) 潮氣容積 (C) 肺餘容積 (D) 肺活量

( ) 12. 一氧化碳和血紅素的結合力為a，氧和血紅素的結合力為b，則兩者相比較時： (A) a比b強200倍 (B) a比b弱200倍 (C) a與b相等 (D) a與b無法比較

（　）13.下列有關表面張力調節液（surfactant）之敘述，何者錯誤？　(A) 多由第二型肺泡細胞分泌　(B) 使小肺泡體積愈小　(C) 降低肺泡表面張力　(D) 異常可造成早產兒呼吸窘迫症候群

（　）14.甲君潮氣容積為500 ml，在平靜吸氣之後再儘量用力吸氣可達3,000 ml，已知其肺總量為6,000 ml，則甲君之功能肺餘量（functional residual capacity）為：　(A) 3,500 ml　(B) 3,000 ml　(C) 2,500 ml　(D) 無法得知

（　）15.調節呼吸作用的周邊化學受器主要受下列何者刺激？　(A) 血中P_{O_2}及H^+濃度增加　(B) 血中P_{O_2}下降及K^+濃度增加　(C) 血中P_{O_2}上升及P_{CO_2}下降　(D) 血中P_{O_2}及pH均下降

（　）16.下列混合氣體中，吸入哪一種會造成最大的每分鐘通氣量？　(A) 10% O_2/5% CO_2　(B) 100% O_2/5% CO_2　(C) 21% O_2/5% CO_2　(D) 10% O_2/0% CO_2

（　）17.嚴重且未經控制的糖尿病人，體內會製造大量的有機酸，你預測該病人肺通氣的情形將會有：　(A) 過度換氣　(B) 換氣不足　(C) 正常呼吸　(D) 腹部呼吸

（　）18.高海拔地區人體對於缺氧的適應何者錯誤？　(A) 周邊化學接受器受刺激而導致通氣量增加　(B) 腎臟對於紅血球生成素分泌增加　(C) 微血管密度、粒線體數目及肌紅蛋白都會增加　(D) 二磷酸甘油（2,3-diphosphoglycerate, DPG）減少

（　）19.有關血液酸鹼值與呼吸作用之間的關係之敘述，下列何者錯誤？　(A) 血液pH值降低，刺激呼吸中樞增加呼吸速率　(B) 血液pH值降低，刺激呼吸中樞降低呼吸速率　(C) 血液pH值升高，呼吸受抑制而變慢　(D) 呼吸作用比其他緩衝系統，能排出更多酸或鹼

（　）20.肺泡呼吸膜的總面積約為多少平方公尺？　(A) 70　(B) 700　(C) 7　(D) 0.7

（　）21.有關早產兒肺泡的敘述，下列何者錯誤？　(A) 肺泡囊易塌陷　(B) 肺泡表面覆蓋一層透明膜　(C) 易引起呼吸窘迫症候群　(D) 肺餘容積變大

（　）22.正常氧在血液中與血紅素結合的百分比約為多少？　(A) 3%　(B) 97%　(C) 23%　(D) 70%

（　）23.二氧化碳在血液中最主要以哪一種方式運送？　(A) 直接溶於血漿中　(B) 直接進入紅血球中　(C) 與水反應形成碳酸鹽類　(D) 以氣體方式在血液中運送

（　）24.某人的呼吸頻率為每分鐘15次，其潮氣容積為500 ml，解剖死腔為150 ml，則其肺泡通氣量為多少ml？　(A) 7,500　(B) 5,250　(C) 1,750　(D) 3,000

（　）25.有關氣管的敘述，下列何者錯誤？　(A) 內襯黏膜　(B) 管腔內面覆蓋絨毛　(C) 管壁完全不含硬骨　(D) 管壁支架主要由C形軟骨環構成

（　）26.肺泡的內襯上皮是：　（A) 單層鱗狀　(B) 單層柱狀　(C) 複層鱗狀　(D) 偽複層柱狀

（　）27.下列哪一段呼吸管道最早出現肺泡（alveoli）的結構？　(A) 肺泡管（alveolar duct）　(B) 呼吸細支氣管（respiratory bronchiole）　(C) 終末細支氣管（terminal bronchiole）　(D) 小型支氣管（small bronchus）

（　）28.空氣中二氧化碳分壓約為多少mmHg？　(A) 40　(B) 45　(C) 0.3　(D) 0.03

（　）29.平靜吐氣末期留在肺內的氣體容量，稱為：　(A) 肺活量　(B) 肺總量　(C) 功能肺餘量　(D) 最大呼氣量

（　）30.下列哪一情形與慢性阻塞性肺部疾病有關？　(A) 肺氣腫　(B) 肺餘容積變小　(C) FEV1/FVC正常　(D) 呼氣流量變大

（　）31.肺泡內氧分壓約為多少mmHg？　(A) 160　(B) 105　(C) 760　(D) 40

（　）32.下列支氣管樹的分支當中，何者位於最末梢？　(A) 終末細支氣管　(B) 呼吸性細支氣管　(C) 肺泡管　(D) 肺泡囊

（　）33.下列哪一因素可使血紅素氧飽和度與氧分壓之解離曲線向右挪移？　(A) 2,3-diphosphoglycerate（2,3-DPG）減少　(B) 血液pH偏鹼　(C) 溫度下降　(D) P_{CO_2}上升

（　）34.肺活量等於下列何者？　(A) 吸氣容量與吸氣儲備容積之和　(B) 潮氣容積與吸氣容量之和　(C) 潮氣容積、吸氣儲備容積以及呼氣儲備容積之和　(D) 肺餘容積與吸氣容量之和

（　）35.有關肺臟的敘述，下列何者錯誤？　(A) 肺分成左右二肺　(B) 肺內有30億個肺泡　(C) 表面活性劑由第二型肺泡上皮細胞所分泌　(D) 肺泡通氣量約4 L/min

（　）36.肺泡壁彈性消失時，肺內氣體的容積或容量呈現何現象？　(A) 肺餘容積變小　(B) 肺餘容積變大　(C) 功能肺餘量變小　(D) 肺總量變小

（　）37.總通氣量是指下列何者？　(A) 肺總量　(B) 肺活量與肺餘容積之和　(C) 功能肺餘量　(D) 潮氣容積與每分鐘呼吸次數的乘積

（　）38.有關肺臟的敘述，下列何者錯誤？　(A) 左肺分成兩葉，右肺分成三葉　(B) 左肺尖突入頸部，右肺尖則否　(C) 表面皆覆蓋著胸膜　(D) 底面皆貼於橫膈之上

（　）39.有關肺內之防護機制的敘述，下列何者錯誤？　(A) 空氣汙染會使肺泡吞噬細胞受損　(B) 纖維性囊腫（cystic fibrosis）是因鈉離子通道出了問題　(C) 呼吸道黏液可吸附灰塵　(D) 呼吸道上的腺體可分泌黏液

（　）40.有關氣管的敘述，下列何者錯誤？　(A) 其內襯上皮具有纖毛　(B) 位於頸

部、胸部　(C) 位於食道後方　(D) 管壁中的C形軟骨缺口朝後

（　）41.下列何種構造的分支不能進行氣體交換？　(A) 肺泡囊　(B) 肺泡管　(C) 呼吸性細支氣管　(D) 終末細支氣管

（　）42.成人正常耗氧量每分鐘約為多少ml/min？　(A) 25,000　(B) 2,500　(C) 250　(D) 25

（　）43.增加2,3-雙磷酸甘油，會使血紅素氧飽和百分比曲線有何變化？　(A) 向右挪移　(B) 向左挪移　(C) 偏酸使曲線向左移　(D) 體溫下降使曲線向右移

（　）44.血氧飽和百分比與氧分壓作圖呈現何種圖形？　(A) S字形　(B) T字形　(C) M字形　(D) C字形

（　）45.在正常人的呼吸系統中，其解剖死腔約為多少ml？　(A) 150　(B) 250　(C) 350　(D) 500

（　）46.肺內何種細胞可製造磷脂類的表面活性劑？　(A) 肺泡巨噬細胞　(B) 淋巴細胞　(C) 第二型肺泡上皮細胞　(D) 第一型肺泡上皮細胞

（　）47.下列何者不是直接決定肺泡氧分壓的因子？　(A) 大氣中的氧分壓　(B) 肺泡通氣量　(C) 耗氧量　(D) 肺活量

（　）48.有關支氣管樹的敘述，下列何者正確？　(A) 右側的主支氣管管徑較左側粗　(B) 左右肺各有3條二級支氣管　(C) 左肺的節支氣管有9條，右肺有10條　(D) 節支氣管即相當於二級支氣管

（　）49.呼吸系統之生理死腔是指下列何者？　(A) 解剖死腔　(B) 肺泡死腔　(C) 解剖死腔與肺泡死腔之和　(D) 肺餘容積

（　）50.功能肺餘量是指下列何者？　(A) 肺餘容積　(B) 潮氣容積與呼氣儲備容積之和　(C) 潮氣容積與吸氣儲備容積之和　(D) 呼氣儲備容積與肺餘容積之和

（　）51.下列敘述，何者錯誤？　(A) 咽部無扁桃體　(B) 鼻咽是以軟顎與口咽為界　(C) 口咽兼具消化道和呼吸道的功能　(D) 當吞嚥食物時，喉頭會上提，使會厭軟骨蓋住喉頭，防止食物誤入氣管

（　）52.肺順應性是指（△V為容積改變；△P為壓力改變；Flow為氣流大小）下列何者？　(A) △V/△P　(B) △P/△V　(C) △P/Flow　(D) Flow/△P

（　）53.每分鐘呼出的二氧化碳約為多少mL？　(A) 200　(B) 400　(C) 600　(D) 800

（　）54.吸氣時的肺臟擴張會刺激牽張接受器（Stretch receptor），其神經衝動經由迷走神經傳至延髓與橋腦，因而抑制吸氣並轉為呼氣。此作用稱為：(A) 呼吸自主調控（respiration autoregulation）　(B) 法蘭克－史達林呼吸律（Frank-Starling law of respiration）　(C) 赫－鮑二氏膨脹反射（Hering-Breuer's inflation reflex）　(D) 拉普拉斯反射（Laplace's reflex）

（　）55. 健康的成年人在靜止時，每分鐘的呼吸次數約為多少次？　(A) 120　(B) 70　(C) 36　(D) 12

（　）56. 有關肺循環及肺內氣體交換之敘述，下列何者錯誤？　(A) 肺動脈血為缺氧血　(B) 肺動脈內二氧化碳分壓約為45 mmHg（$PaCO_2$ = 45 mmHg）　(C) 肺泡氧分壓約為110 mmHg　(D) 經過肺泡換氣後，肺動脈內氧分壓約為100 mmHg

（　）57. 頸動脈體偵測血液中O_2含量的變化，其訊息經由下列何者送至延髓？　(A) 三叉神經　(B) 舌下神經　(C) 舌咽神經　(D) 副神經

（　）58. 從氧合解離曲線來看，正常血液流過骨骼肌細胞時，每100 mL血液會有多少mL的氧解離並釋放進入肌細胞內？　(A) 5　(B) 10　(C) 15　(D) 20

（　）59. 引發呼吸的節律中樞位於：　(A) 脊髓　(B) 延髓　(C) 橋腦　(D) 中腦

（　）60. 某患者呼吸時之潮氣容積是450 ml，解剖無效腔是150 ml，呼吸頻率為每分鐘10次，則此患者之每分鐘肺泡通氣量為多少ml/min？　(A) 4500　(B) 3000　(C) 1500　(D) 150

（　）61. 在休息時，負責呼吸的主要肌肉除了橫膈之外，還有：　(A) 腹直肌　(B) 腹橫肌　(C) 肋間肌　(D) 錐狀肌

（　）62. 正常人（70公斤）在呼吸時，其解剖死腔約為多少ml？　(A) 150　(B) 250　(C) 350　(D) 500

（　）63. 下列何者為臨床上反映通氣量之最常用指標？　(A) SaO_2　(B) Hb　(C) PaO_2　(D) $PaCO_2$

（　）64. 動脈血氧分壓在100 mmHg時，每公升血液中直接溶解的氧量約為多少毫升（mL）？　(A) 3　(B) 0.3　(C) 0.03　(D) 0.003

（　）65. 有關呼吸道傳導區（conducting zone）之作用，下列何者錯誤？　(A) 分泌界面活性素（surfactant）　(B) 構成解剖死腔（anatomic dead space）　(C) 分泌黏液（mucus）　(D) 構成部分呼吸道阻力（airway resistance）

（　）66. 下列何者無軟骨支撐？　(A) 細支氣管　(B) 三級支氣管　(C) 次級支氣管　(D) 主支氣管

（　）67. 正常成人耗氧量每分鐘約為多少ml？　(A) 2.5　(B) 25　(C) 250　(D) 2,500

（　）68. 動脈血中之氧含量為200 ml/L，而心輸出量為5 L/min，每分鐘有多少ml氧供應到組織？　(A) 5　(B) 200　(C) 500　(D) 1,000

（　）69. 下列哪一種狀況，血液中的血紅素與氧氣的親合力（affinity）較高？　(A) 登高山　(B) 貯存於血庫　(C) 發高燒　(D) 酸中毒。

（　）70. 有關平靜吸氣過程的敘述，下列何者正確？　(A) 肺泡內壓小於大氣壓力

(B) 肋膜腔內壓變成正壓　(C) 橫膈膜舒張　(D) 膈神經興奮性下降。

（　）71.有關吸氣過程中的變化，下列敘述何者正確？　(A) 橫膈（diaphragm）鬆弛
(B) 胸腔（thoracic cavity）體積縮小　(C) 胸膜內壓（intrapleural pressure）高
於肺內壓　(D) 肺內壓（intrapulmonary pressure）低於大氣壓。

（　）72.下列何者會增加肺的擴張能力？　(A) 肺泡表面張力（surface tension）降低
(B) 表面張力素（surfactant）分泌不足　(C) 肺水腫（pulmonary edema）
(D) 肺纖維化（pulmonary fibrosis）。

（　）73.有關肋膜內壓（intrapleural pressure）的敘述，何者不正確？　(A) 是位於肺
和胸壁之間的壓力　(B) 正常是低於大氣壓力　(C) 是維持肺膨脹的重要因素
(D) 吸氣時肋膜內壓升高。

（　）74.有關功能肺餘量（FRC）的敘述，何者正確？　(A) 是盡力呼氣後肺中剩餘
的氣體量　(B) 是潮氣容積（TV）與肺餘容積（RV）之和　(C) 無法用肺量
計（spirometer）測得　(D) 肺氣腫患者的功能肺餘量通常會降低。

（　）75.當血液pH 值由7.4 降為7.2 時，可引起的生理反應為何？　(A) 腎小管對H^+
分泌減少　(B) 血紅素與氧解離曲線左移　(C) 腎小管對HCO_3^-再吸收減少
(D) 化學接受器興奮引起換氣量增加。

（　）76.左、右主支氣管（primary bronchi）的比較，下列何項特徵為右大於左？(A)
管徑寬度　(B) 長度　(C) 與體幹中線所夾的角度　(D) 管壁厚度。

（　）77.下列有關參與呼吸通氣（ventilation）之敘述何者錯誤？　(A) 肋間肌
（external intercostal muscle）、橫膈肌（diaphragm）及肺臟內肌肉均有參與
(B) 鼻腔或口腔內的氣壓等於大氣壓（atmospheric pressure）　(C) 肋膜腔內
壓（intrapleural pressure）及肺泡壓（alveolar pressure）決定肺臟氣體充填程
度　(D) 肺泡壓與大氣壓之間的差異決定呼吸通氣量大小和流向。

（　）78.下列何者與肺泡氧分壓（alveolar oxygen partial pressure）之多寡無關？
(A) 大氣中的氧分壓（partial oxygen pressure）含量　(B) 肺泡通氣
量（alveolar ventilation）之多寡　(C) 組織細胞的耗氧量（oxygen
consumption）　(D) 肋膜腔內氧分壓（intrapleural oxygen partial pressure）含
量。

解答：

1.(D)　2.(C)　3.(A)　4.(A)　5.(D)　6.(A)　7.(C)　8.(B)　9.(A)　10.(B)

11.(B)　12.(A)　13.(B)　14.(C)　15.(D)　16.(A)　17.(A)　18.(D)　19.(B)　20.(A)

21.(D)　22.(B)　23.(C)　24.(B)　25.(B)　26.(A)　27.(B)　28.(C)　29.(C)　30.(A)

31.(B)　32.(D)　33.(D)　34.(C)　35.(D)　36.(B)　37.(D)　38.(B)　39.(B)　40.(C)

41.(D)　42.(C)　43.(A)　44.(A)　45.(A)　46.(C)　47.(D)　48.(A)　49.(C)　50.(D)

51.(A)　52.(A)　53.(A)　54.(C)　55.(D)　56.(D)　57.(C)　58.(A)　59.(B)　60.(B)

61.(C)　62.(A)　63.(D)　64.(A)　65.(A)　66.(A)　67.(C)　68.(D)　69.(B)　70.(A)

71.(D)　72.(A)　73.(B)　74.(C)　75.(D)　76.(A)　77.(A)　78.(D)

第十三章　消化道系統與消化生理

　　人體藉由食物的供應來補充身體生長及修補組織所需的營養，但攝入的食物無法全部被利用，因此需經由消化及分解的過程來轉換成身體所能使用的營養形式。將攝入的食物分解成小分子來供身體細胞利用的過程，稱為消化生理作用。而執行這種消化生理作用的器官稱為消化道器官。食物被消化吸收後，在體內進行各種合成與分解的化學反應，以維持各種生命過程的作用，稱為新陳代謝作用。

消化道系統

　　消化道又稱胃腸道（gastrointestinal tract; GI tract），起始於口腔而止於肛門約9公尺。消化道穿越胸腔在橫膈平面進入腹腔，肛門則在骨盆腔的下半部。它包括了口腔、咽、食道、胃、小腸、大腸（圖13-1）。而相關的附屬構造則包括牙齒、舌頭、唾液腺、肝臟、膽囊、胰臟，其中除了牙齒、舌頭、唾液腺位於口腔，其餘均位於消化道外，但有導管連接消化道管腔，能將分泌物送到消化道中幫助消化作用的進行。

口腔

　　口腔（oral cavity）是由口唇、頰部、硬顎、軟顎及舌所圍成的空腔（圖13-2）。頰（cheek）位於口腔側壁，是肌肉的構造。頰的前部止於上、下唇。顎（palate）構成口腔的頂板和鼻腔的底板，它包括顎前2/3的硬顎及顎後1/3的軟顎。軟顎附著在硬顎後緣，構成顎後纖維肌肉部，向下方延伸形成彎曲的游離緣，游離緣懸吊著一錐形突起，稱為懸雍垂（uvula），懸雍垂外側有顎扁桃體。軟顎後緣經過咽門開口至口咽，所以軟顎是鼻咽和口咽的分界點，吞嚥時可蓋住鼻咽，防止食物進入鼻部。

　　舌頭（tongue）是可動的肌肉器官，每一半有4條內在肌及4條外在肌等骨骼肌組成，外覆黏膜。這些肌肉可改變舌的形狀及大小，以利講話與吞嚥，也可翻動食物以利咀嚼，使食物形成食團，並可迫使食團移向口腔後方以利吞嚥。舌繫帶（lingual frenulum）位於舌下表面中線的黏膜皺襞（圖13-2），可限制舌頭向後運動。如果兒童舌繫帶太短，舌頭運動會受到限制，舌頭無法伸出門齒並超過上下唇，造成口齒不清，稱為結舌（tingue tie），可切割鬆弛舌繫帶加以矯正。

　　舌上表面與兩側覆有舌乳頭（papillae），舌乳頭上方有味蕾（taste bud），可辨別酸、甜、苦、鹹4種味覺。舌乳頭有下列3種：

1. 絲狀乳頭（filiform papillae）：位於舌前2/3，平行排列，數目最多，體積最小，不含味蕾。若角化過盛產生太多角蛋白，即形成舌苔。
2. 蕈狀乳頭（fungiform papillae）：散布於絲狀乳頭間，以舌尖處最多，大多數含有味蕾。

3. 輪廓乳頭（circumvallate papillae）：體積最大，數目最少，只有10～12個，成倒V
字形排列於舌根，全部含有味蕾。

唾液腺（salivary gland）分泌唾液，每日分泌量約1,000～1,500 c.c.，含99.5%水分與
0.5%的溶質，溶質中有氯化物、重碳酸鹽、磷酸鈉、磷酸鉀鹽類及一些可溶性氣體、尿
素、尿酸、血清白蛋白、球蛋白、溶菌酶、唾液澱粉酶等有機物。唾液平時潤濕整個口
腔黏膜，攝入食物時，分泌量增加，以使潤滑、溶解食物，進行化學性分解。唾液腺主
要有耳下腺、頜下腺與舌下腺三對（圖13-3），並比較於表13-1。

圖13-1 消化系統的組成

圖13-2　口腔的構造。A. 前面觀；B. 側面觀。

圖13-3　唾液腺

表13-1　唾液腺的分類

分　類	耳下腺（腮腺）	頜下腺	舌下腺
控制神經	舌咽神經	顏面神經	顏面神經
位置	耳前下方，皮膚與嚼肌間	舌基部下，口腔底板的後部	頜下腺之前
腺體	複式管泡狀腺體	複式泡狀腺體	複式泡狀腺體

（續）

分　類	耳下腺（腮腺）	頜下腺	舌下腺
導管開口	穿過頰肌，開口於正對上列第二白齒的前庭處	走在口腔底部黏膜下，開口於舌繫帶基部之舌下乳頭	開口於口腔底部之舌下皺襞，部分匯流入頜下腺導管
腺體大小	最大	其次	最小
分泌量	25%	70%（最多）	5%
唾液腺細胞	漿液性細胞	漿液及黏液性細胞	黏液細胞
分泌成分	漿液內含唾液澱粉酶	漿液與黏液之混合液，內含唾液澱粉酶	黏液

唾液的特性與功能：

1. 潤滑作用：唾液中的黏蛋白溶於水形成黏液，能潤滑食物並保護口腔黏膜，有助於吞嚥。

2. 消化作用：唾液可溶解食物使其生味，因含氯化物可活化唾液澱粉酶，能使澱粉分解成麥芽糖，是口腔中唯一的消化酶，入胃後仍可作用15～30分鐘，直至胃酸出現為止。

3. 保持口腔潮溼：唾液可作為刺激味蕾分子的溶液。

4. 便利齒唇的運動：以協助說話。

5. 口齒的清潔：唾液中富含proline的蛋白質，可保護牙齒琺瑯質，並能結合有毒的鞣酸（tannin）。

6. 抗菌功能：唾液中的溶菌酶可破壞細菌的細胞壁；免疫球蛋白（IgA）為對抗細菌和病毒的第一道免疫防線。

7. 具緩衝功能：由於唾液中的重碳酸鹽和磷酸鹽作為緩衝物，以助唾液維持pH值在6.35～6.85的微酸性。

8. 中和胃酸：減輕胃液反流至食道時引起的疼痛。

牙齒（tooth）經由咀嚼動作將食物分裂成更小的碎塊，以使消化酶易於分解食物分子，每個人的牙齒發育包括了乳齒及恆齒，發展情況如表13-2。

表13-2　牙齒的發展情況

齒列	開始長的時間	最先長的牙齒	總數	完成年齡
乳齒	6個月	下頜門齒	20顆	2歲半
恆齒	6歲	下頜第一白齒	32顆	成年

各類牙齒各以不同的方式來處理食物：門齒用來咬、切食物，犬齒用來刺穿、撕裂食物，臼齒用來壓碎及研磨食物。恆齒比乳齒多了2顆前臼齒及第三臼齒，第三臼齒又稱智齒（wisdom tooth），通常在青春期後才長出，有時則埋在齒槽內或根本不生長。除了第三臼齒外，其餘的約在18歲前就會長齊。

食道

食道（esophagus）是參與吞嚥的器官之一，位於氣管後面，約20～25公分的肉質管狀構造。食道起自喉咽末端，然後穿過橫膈的食道裂孔，終止於胃的賁門口，約第六頸椎至第十胸椎的範圍。食道黏膜層的上皮為非角質化的複層鱗狀上皮；肌肉層的上1/3為骨骼肌，中1/3同時具有骨骼肌與平滑肌，下1/3全為平滑肌；最外一層不是漿膜層而是纖維性外膜層。食道有三個狹窄處：喉頭環狀軟骨後方約第六頸椎高度、氣管分叉處約第四胸椎的高度、橫膈食道裂孔處約第十胸椎的高度。通常誤食的異物容易在第一狹窄處卡住。此食道異物必須迅速予以移除，以免造成食道穿孔，導致縱膈腔炎引起死亡。

胃

胃（stomach）可儲存食物，能進行機械性及化學性的消化作用，上端與食道、下端與十二指腸相連。胃在橫膈下方，約2/3在身體正中線左側。胃的位置、形狀及大小會因不同的情況而改變。例如吸氣時橫膈會將胃下壓，呼氣時則將胃往上拉。

胃可區分為賁門部、胃底部、胃體部、幽門部四個部分（圖13-4）。賁門部（cardiac region）是鄰近食道開口的小區域；胃底部（fundus）是位於賁門部上外側的膨大部分；胃體部（body）是胃中間的主體部分；幽門部（pyloric region）是與十二指腸相連的狹窄部分。幽門的末端有幽門括約肌，可控制胃的排空。胃凹陷的內側緣是胃小彎，凸出的外側緣是胃大彎。

胃壁是由典型的消化道之四層基本構造所組成，只是黏膜層和肌肉層具有一些特別的特徵，以扮演特定的功能。胃黏膜的表面上皮為單層柱狀上皮，黏膜凹陷處有胃小凹（gastric pit），是胃液湧出孔，胃黏膜及黏膜下層在胃排空時呈縱行皺襞（rugae），飽餐後即消失。肌肉層除了一般的環肌層（在幽門處形成幽門括約肌）與縱肌層外，最內層尚多了斜走肌層（賁、幽門處無此層），以使胃不但能推動食物，攪拌食物，還能將食物分解成小顆粒與胃液混合。覆蓋於胃的外膜是腹膜臟層的一部分，在胃小彎處，兩層臟層腹膜併合向上延伸到肝門形成小網膜；在胃大彎處，臟層腹膜向下蓋過腸道而形成大網膜。

圖13-4　胃的內部與外表構造

胃黏膜形成胃腺（gastric gland），所分泌的胃液經由胃小凹至胃黏膜的表面。胃腺含有下列四種細胞（圖13-5）：

1. 黏液細胞（mucous cell）：位於胃腺的上部靠近胃小凹處，可分泌黏液，中和胃酸，保護胃壁不受胃酸的傷害。

2. 主細胞（chief cell）：可分泌胃蛋白酶原（pepsinogen），是胃蛋白酶的先質。

3. 壁細胞（parietal cell）：又稱泌酸細胞，分泌鹽酸，能將胃蛋白酶原轉變成具有活性的胃蛋白酶，可分解蛋白質。

4. 腸內分泌細胞（enteroendocrine cell）：又稱嗜銀細胞（argentaffin cells）或G細胞，主要位於幽門，可分泌胃泌素（gastrin），以刺激鹽酸和胃蛋白酶原的分泌，並能使下食道括約肌收縮，防止食物逆流回食道。可增加胃腸道的運動，使幽門括約肌、迴盲瓣鬆弛，以助胃的排空。

臨床指引：

　　消化性潰瘍（peptic ulcer）就是食道、胃、十二指腸消化道的黏膜受到胃酸侵蝕而形成表面上皮的潰爛損傷。發生在胃部，稱為胃潰瘍；發生在十二指腸的部位，稱為十二指腸潰瘍。消化性潰瘍的人大多有上腹疼痛，消化道有燒灼感、悶痛、脹痛，甚至劇烈腹痛，併有噁心、嘔吐、食慾不振的感覺。當潰瘍穿孔嚴重時，會有解黑便、吐血的症狀產生。

　　消化性潰瘍的原因包括體質（分泌過多胃酸），消化道黏膜抵抗力減弱（老

化、糖尿病、重大壓力），細菌感染（幽門螺旋桿菌）及外在因素（服用止痛藥、飲酒過多）。

　　治療以消除幽門螺旋桿菌，以制酸劑中和胃酸，使用H_2受體拮抗劑及離子幫浦抑制劑來降低胃酸分泌等。病患最好能戒酒，保持心情愉快，配合醫護人員指示定時服用抗生素及制酸劑，才能成功治癒消化性潰瘍。

賁門部腺體

上皮細胞
黏液細胞
壁細胞
主細胞
淋巴結
內分泌細胞
肌肉層
黏膜下層

幽門腺體

胃底部腺體

圖13-5　胃黏膜的構造

小腸

　　小腸（small intestine）由胃幽門括約肌延伸至大腸的起始部分，長約6公尺，捲曲在腹腔的中央及下方，包括：十二指腸（duodenum）、空腸（jejunum）、迴腸（ileum）三部分（圖13-6），負責食物的消化與吸收。十二指腸是小腸的第一部分，長約25公分，呈C字型彎曲，圍繞胰臟頭部，大部分位於腹膜後。空腸位於臍區及左髂骨區。迴腸位於右髂骨區，終止於迴盲瓣（ileocecal valve），是小腸中最長的一段。

　　小腸壁的四層構造與大部分消化道的構造相同，但其黏膜層或黏膜下層經過特化，而強化了小腸的消化吸收功能。黏膜層含有許多襯有腺體上皮的小凹，稱為腸腺。在十二指腸的黏膜層及黏膜下層有布氏腺（Brunner's gland），也就是十二指腸腺，能分泌鹼性黏液，中和食糜中的酸並保護黏膜，此腺體空腸、迴腸皆無。在十二指腸近端至迴腸中段的黏膜層及黏膜下層有肉眼可見的較大皺褶是環狀皺襞（plicae circulares），可使食糜通過小腸時呈螺旋狀前進。

　　小腸的黏膜上皮是單層柱狀細胞，由黏膜上皮特化向管腔中指狀突起的稱為絨毛（villus），中間摻雜著分泌黏液的杯狀細胞。每一根絨毛的中心含有一條小動脈、一條小靜脈、微血管網及一條稱為乳糜管（lacteal）的微淋巴管（圖13-7）。位於絨毛底部的細胞向下形成小腸隱窩（intestinal crypts）或稱李氏（Lieberkuhn's）凹窩，在此隱窩的小腸上皮細胞可經有絲分裂產生新的細胞。

　　每一個絨毛上皮細胞膜表面再形成微小的指狀突起稱為微絨毛（microvilli），在光學顯微鏡下，微絨毛在柱狀上皮細胞邊緣形成模糊的刷狀緣（brush border），可增加消化作用的接觸表面積。

圖13-6　小腸的組成結構

單層柱狀上皮

乳糜管

微血管網

杯狀細胞

絨毛

小腸隱窩

淋巴管

小動脈

小靜脈

圖13-7　小腸內部的特有構造絨毛

　　小腸肌肉是由兩層平滑肌所組成，外層的縱走肌較薄，內層的環走肌較厚。除了大部分的十二指腸外，小腸表面完全被腹膜臟層所覆蓋。小腸每天可分泌2～3公升pH值為7.6的清澈黃色的消化液。

大腸

　　大腸（large intestine）由迴盲瓣一直延伸至肛門，並以三個方向圍繞著小腸。迴腸開口入大腸處有由黏膜皺襞所形成的迴盲瓣，以防止糞便由盲腸逆流入迴腸。所以食糜是由迴腸經迴盲瓣入大腸先端的盲腸（cecum），糞便經升結腸（ascending colon）、橫結腸（transverse colon）、降結腸（descending colon）、乙狀結腸（sigmoid colon）、直腸（rectum）和肛管（anal canal）方向移動（圖13-9），最後由肛門（anus）排出。直腸是消化道的最後一段，末端的2～3公分稱為肛管。肛管的黏膜形成縱皺襞，稱為肛柱（anal columns），內含動、靜脈血管網。肛管向外的開口是肛門，有內、外括約肌，內括約肌是平滑肌，外括約肌是骨骼肌。

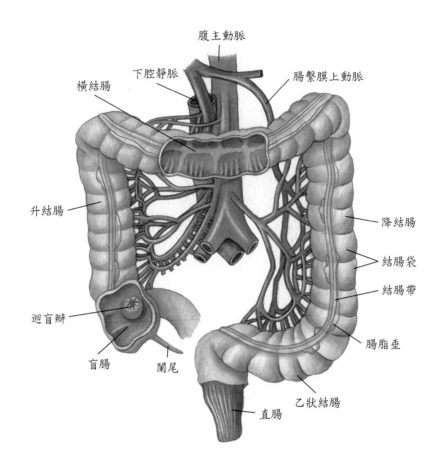

圖13-8　大腸的組成結構

　　大腸黏膜層同小腸一樣，也是由柱狀上皮細胞及分泌黏液的杯狀細胞所覆蓋，且含有分散的淋巴細胞及淋巴小結，但表層是扁平的，沒有絨毛。而肌肉層的縱走肌肉變厚，形成三條明顯的結腸帶（taeniae coli），當結腸帶緊張性收縮時，就會使結腸出現結腸袋（haustra），環狀肌至肛門時形成內括約肌。大腸外膜是臟層腹膜的一部分，臟層腹膜形成顆粒狀脂肪小袋的腸脂垂（epiploic appendages），附在結腸帶表面。

消化道的組織學

　　由食道至肛門的這段消化道管壁的組成具有相同的基本組織排列，由內至外可分成下列四層（圖13-9）：

圖13-9　消化道剖面之典型構造

黏膜層

黏膜層（mucosa）是消化道管腔的內襯，由三層所構成：

上皮層

上皮層（epithelium）直接與消化道內容物接觸。在口腔、舌、食道、肛門是複層鱗狀上皮，具保護、分泌功能；其餘部分是單層柱狀上皮，腸部有特化細胞，例如杯狀細胞可分泌黏液，腸絨毛可助吸收，故具分泌與吸收功能。

固有層

固有層（lamina propria）在上皮之下，是疏鬆結締組織層，含有許多血管、淋巴管、神經纖維及腺體。具有分泌、運送營養物及對抗細菌感染的功能。

黏膜肌層

黏膜肌層（muscularis mucosae）是固有層外一層薄的平滑肌肉層，構成消化道一部分的皺褶，以增加消化、吸收的表面積。

黏膜下層

相當厚的黏膜下層（submucosa）是富含血管及淋巴管的結締組織，尚具有黏膜下神經叢或稱Meissner神經叢，屬自主神經，管制消化道腺體的分泌。在迴腸黏膜下層具有培

氏斑（Peyer's patch），富含B淋巴球。

肌肉層

肌肉層（muscularis）負責消化道的分節運動及蠕動，內層為環狀肌層，外層為縱走肌層，當平滑肌肉層收縮時，可運送食物通過腸道並進行磨碎及與酵素混合。在兩層肌肉層間的腸肌層神經叢或稱Auerbach's神經叢，屬自主神經，是支配消化道活動力最主要的神經。

漿膜層

漿膜層（serosa）位於消化道的最外層，由疏鬆結締組織表面覆蓋單層鱗狀上皮所構成，為腹膜臟層，具有連結及保護的功能。但食道無漿膜覆蓋。

胰臟

胰臟（pancreas）是長形的消化腺，它橫過整個後腹壁，並位於胃的後方。胰臟頭位於十二指腸的C字型彎曲部分，胰臟體及尾部則位於胃大彎後方，且尾部對著脾臟，正好在腹部的腹上區及左季肋區（圖13-10）。胰管起始於胰臟尾部腺泡的小導管匯合而成，然後穿個整個胰臟實質部分到達胰臟頂，往下與總膽管聯合形成肝胰壺腹（hepatopancreatic ampulla），並開口於幽門下方10公分處的十二指腸乳頭（duodenal papilla），周圍有Oddi氏括約肌管制膽汁及胰液進入十二指腸。而副胰管則是在十二指腸乳頭上方2.5公分處注入十二指腸。

膽囊管　　肝管
　　　　　總膽管
　　　　　胰管　　　胰臟
膽囊
副胰管
肝胰壺腹
十二指腸乳頭
十二指腸

圖13-10　胰臟、肝臟、膽囊、十二指腸間的關係

胰臟是由許多腺體上皮細胞群所構成，這些細胞中有1%是屬於內分泌腺的胰島，能分泌升糖素（glucagon）、胰島素（insulin）及體制素（somatostatin）；其餘99%的細胞為腺泡（acini），能分泌富含消化酶的液體，是胰臟的外分泌部分。

胰臟每天分泌1,200～1,500ml清澈無色的胰液，內含水、鹽類、重碳酸鈉及消化酶。重碳酸鈉使胰液呈pH值7.1～8.2的弱鹼性，可終止胃蛋白酶的作用。胰液中同時含有分解碳水化合物、蛋白質、脂肪的各種酵素，例如胰脂肪酶、胰澱粉酶、胰核酸酶、胰去氧核酸酶、胰蛋白酶、胰凝乳蛋白酶，所以胰液是最完全的消化液。

肝臟

肝臟（liver）是體內最大的有管腺體，位於橫膈膜下的右季肋區及腹上區，占體重2.5%，是人體必要的代謝與合成器官，提供三大功能：調節代謝、調節血液、製造膽汁。鐮狀韌帶將肝臟分成左、右兩葉，是腹膜臟層的延伸，將肝臟附著於前腹壁和橫膈膜。在內臟面右葉被一H溝分成右葉本部、方葉、尾葉，其中右葉本部最大，尾葉在上方，方葉在下方（圖13-11），而膽囊位於方葉和右葉本部之間。鐮狀韌帶的游離緣內有肝圓韌帶，是胎兒臍靜脈演化而來，將肝臟附著到臍部。

肝的構造及功能性單位是呈六角形柱狀結構的肝小葉（hepatic lobule）。肝細胞以中央靜脈（central vein）為中心，輻射排列成不規則的分枝板狀構造（圖13-12）。在肝小葉的六個角上有肝三合體（hepatic triad），含有肝動脈、肝門靜脈的分枝和膽管。肝細胞板狀構造間的空隙是竇狀隙（sinusoids），內有星形網狀內皮庫佛氏細胞（Kupffer's cells），可吞噬流經此處血液內衰老的血球、細菌及有毒物質。

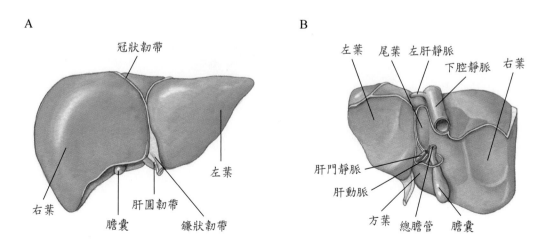

圖13-11　肝臟構造。A.前面；B.後面。

功能

肝臟執行許多重要的生理功能，主要的功能摘要如下：

1. 調節代謝

   ⑴碳水化合物的代謝：當血糖高時，肝臟可將葡萄糖轉變成肝醣（肝醣生成），
   若仍有剩則經胰島素轉變成脂肪儲存；當血糖低時，肝臟可將肝醣轉變為葡萄
   糖，亦可將體內的蛋白質、脂肪轉變成葡萄糖（糖質新生），以維持體內正常
   的血糖。

   ⑵脂肪的代謝：肝臟能將乙醯輔酶A分解出脂肪酸，將過量的乙醯輔酶A轉變成酮
   體（ketone body），還能合成脂蛋白、膽固醇，並儲存脂肪及膽固醇。

   ⑶蛋白質的代謝：肝臟能產生脫胺作用，將有毒的氨（NH_3）轉變成不具毒性的
   尿素由尿排出；也能合成大部分的血漿蛋白（除了γ球蛋白以外）。

2. 調節血液：肝臟可藉用竇狀隙內的庫佛氏細胞的吞噬作用、或肝細胞對有毒分子
   作化學改變、或將有毒分子排至膽汁中的方式，將激素、藥物、毒物及分枝有生
   物活性的分子移出血液。

圖13-12　肝臟的肝小葉構造

   ⑴肝臟每天製造並分泌800～1,000ml的膽汁，以幫助脂肪的消化與吸收。
   ⑵肝臟可儲存肝醣、膽固醇、脂肪、鐵、銅及維生素A、D、E、K、B_{12}。
   ⑶肝臟竇狀隙內的星形網狀內皮細胞能吞噬破舊的血球及一些細菌。

⑷與腎臟參與活化維生素D_3。

⑸食入的胡蘿蔔素經肝臟可產生維生素A，但過程中需甲狀腺素的幫忙。

製造分泌膽汁

肝細胞每天約製造並分泌800～1,000ml黃褐色或橄欖綠的膽汁，在肝管中pH值為7.6～8.6；在膽囊中的pH值是7.0～7.4。膽汁內的成分有水、膽紅素、膽綠素、膽鹽、膽固醇、脂肪酸及一些離子，無機鹽中占最多的是膽鹽。

肝細胞製造分泌的膽汁進入微膽管後，再依序進入膽小管、葉間膽管，再匯集成左、右肝管，離開肝門後，左、右肝管聯合成總肝管，總肝管再與膽囊管匯合成總膽管，然後總膽管再與主胰管匯合進入肝胰壺腹至十二指腸乳頭，此為膽汁輸送路線。平常膽汁是儲存在膽囊中，需要時才會釋出。

膽鹽參與脂肪的消化吸收，約有97%經由腸肝循環後重返肝臟繼續運作。膽紅素（bilirubin）是主要的膽色素，由血紅素的血基質衍生而來，經肝臟形成結合型膽紅素（conjugated bilirubin），分泌至膽汁，再經細菌轉換成尿膽素原（urobilinogen），使糞便著色。約有30～50%的尿膽素原在小腸吸收後進入肝門靜脈，部分經腸肝循環又回到小腸，部分進入體循環，經腎臟過濾至尿中，使尿液有顏色。

臨床指引：

　　肝炎（hepatitis）有A、B、C、D、E四種類型。A型及E型肝炎都是食用不潔食物或飲水而導致的急性肝病，大部分都可痊癒並有抗體產生。

　　B、C、D型肝炎的傳染途徑類似，是帶有肝炎病毒的血液（體液）經由不同的路徑進入人體內引起感染。這3種肝炎很容易轉成慢性肝炎，或逐漸轉變成肝硬化及肝癌。D型肝炎不能單獨生存，必須合併B型肝炎共同感染，使B型肝炎的病患病情更加嚴重。在台灣，B型肝炎危害最廣，成年人有15～20%，是全世界B型肝炎帶原率最高的地區。C型肝炎則占第二位，約有2～4%感染。B型及C型肝炎會由帶原轉變為慢性肝炎，最後逐漸變成肝硬化及肝癌。肝癌更高居台灣男性癌症第一位，女性癌症死亡第二位，所以B、C型肝炎已成為台灣最常見的本土疾病。

　　避免與他人共用可能留存血液（體液）的器具，例如針頭、牙刷、刮鬍刀。注意安全的性行為，如果自己沒有肝炎帶原或肝炎表面抗體，最好能接受B型肝炎疫苗注射。自1984年政府實施新生兒一律注射肝炎疫苗後，台灣學齡前兒童的B型肝炎帶原率已大幅降低。

消化生理

　　攝入的食物經過消化分解後變成可被身體利用的小分子，它可經由擴散、促進擴散、主動運輸、胞飲作用等方式，由腸胃道進入血液循環，運送至全身各細胞、組織，以供建造及修補，未能被利用的物質則排出體外。整個消化生理過程可分成下列幾個步驟：

1. 運動（motility）：食物經由下列過程通過消化道的運動（表13-3）。
2. 分泌（secretion）：包括內、外分泌（表13-4）。
3. 消化（digestion）：食物經機械性及化學性消化，能將食物大分子分解成可被吸收的小分子。
4. 吸收（absorption）：消化後的小分子經由腸道細胞吸收後，進入血液及淋巴液中。
5. 貯存及排泄（storage and elimination）：是指暫時貯存並排除不能被消化的食物分子。

表13-3　運動性的消化

運　　動	說　　明
攝食（ingestion）	食物及水分由口攝入消化道
咀嚼（mastication）	嚼碎食物並與唾液混合
吞嚥（deglutition）	吞下食物
蠕動（peristalsis）	食物團在消化道中的移動

表13-4　分泌性的消化

分　　泌	說　　明
外分泌（exocrine secretion）	液體、鹽酸、重碳酸鹽離子與許多消化酵素被分泌進入消化道管腔，例如唾液、胃酸、胰液等，以助食物的分解
內分泌（endocrine secretion）	胃及小腸分泌許多激素，例如胃泌素、腸促胰激素等，以幫助調控消化系統

機械性和化學性消化生理作用

　　機械性消化生理作用是將食物由大變成小，以利消化或吸收，例如牙齒咬碎及胃中攪拌等。化學性消化生理作用是指消化酵素的作用，而使食物由大變小或由大分子變成小分子而吸收，例如澱粉分解成葡萄糖、蛋白質分解成胺基酸。

口腔的消化生理

1. 機械性消化（mechanical digestion）：經由咀嚼動作，使食物受到舌頭的攪動、牙齒的磨碎，以使食物與唾液充分混合成一個小食團，以利吞嚥，並可減輕胃腸負擔。

2. 化學性消化（chemical digestion）：口腔中唯一的消化酶是唾液澱粉酶（salivary amylase），能將長鏈的多醣類變成雙醣類，但口中的食物很快就被吞下去，混合在食團中的唾液澱粉酶，在胃中對澱粉仍能作用15～30分鐘，直至胃酸出現抑制其活性為止，所以醣類的消化始於口腔。

食道的消化生理

機械性消化

　　食道不產生消化酶，也不進行吸收作用，只分泌黏液，以便吞嚥，藉食道蠕動將食物送往胃。食團進入食道即進入吞嚥的食道期，其過程如下（圖13-13）：

圖13-13　吞嚥過程：食道期。

1. 環肌收縮將食團往下擠，同時食團下方的縱肌收縮，使食道往外突出，而能容納下落的食團。

2. 平時食道下括約肌的緊張性收縮，可防止胃內物質逆流，吞嚥時此塊肌肉放鬆，以使食團順利進入胃部。

3. 食物以每秒2～4公分的速度通過食道，質地柔軟或液態食物會受重力影響較快進入胃。

胃內的消化生理

機械性消化

當食物由食道經賁門進入胃後，藉迷走神經的反射使胃壁肌肉張力降低，食物堆積向外膨脹，胃腺分泌胃液並促使胃壁肌細胞每20秒自發性地產生一次微弱的蠕動伸縮，此為混合波（mixing wave），能使食物與消化液混合形成黏稠、乳膏狀半流體的食糜（chyme），同時也將食物由胃體部推向幽門，但幽門的開口很小，每次蠕動波只能將少量的食糜送入十二指腸，剩餘的則又隨著蠕動波流回胃體部，重複著胃的混合及推進作用。

化學性消化

蛋白質的消化始於胃，胃蛋白酶在胃內極酸的環境下（pH值為2）最具活性，可將蛋白質分解成胜肽類（peptide）。胃蛋白酶只會消化食物不會消化胃壁細胞的蛋白質，因為胃蛋白酶原在未與壁細胞分泌的鹽酸接觸前，不會變成具活性的胃蛋白酶來消化胃壁細胞，更何況黏液細胞分泌的鹼性黏液能保護胃黏膜細胞。胃內雖有胃脂肪酶，但它適合在鹼性環境中作用，所以在胃的功能有限。

嬰兒胃中比成人多了凝乳酶（rennin），它與鈣可作用於乳汁中的酪蛋白（casein）以形成凝乳，而增加乳汁在胃的滯留時間。

胃液分泌

胃液分泌（gastric secretion）受神經系統和內分泌系統的控制，通常分為頭期（cephalic phase）、胃期（gastric phase）、腸期（intestinal phase）三個階段（圖13-14）。

1. 頭期（cephalic phase）：又稱反射期。當看到、聞到、嚐到或想到食物即會引發反射，由大腦皮質傳達訊息至下視丘的攝食中樞，將衝動傳到延腦，再經由迷走神經傳到胃腺刺激分泌。若無食慾或切斷迷走神經，則胃液分泌的頭期即會消失。情緒會影響胃液的分泌，憤怒與敵意會增加胃液分泌，沮喪與恐懼則減少胃液分泌。血糖過低會經由腦及迷走神經來增加胃液分泌。

2. 胃期（gastric phase）：主要是因蛋白質食物與酒精、咖啡鹼進入胃後，刺激胃黏

膜分泌胃泌素至血液中，因而刺激胃液分泌；少部分是經由食物進入胃使胃擴張，刺激胃壁上的接受器，將衝動傳至延腦，再送回胃腺，使胃液分泌增加。此期是三期中胃液分泌量最多的一期。若刺激交感神經興奮產生腎上腺素或正腎上腺素時，會抑制胃液的分泌；或胃內pH值低於2時，會抑制胃泌素的分泌，使胃液分泌減少。

3. 腸期（intestinal phase）：被部分消化的蛋白質由胃進入十二指腸時，會刺激十二指腸黏膜釋出腸的胃泌素（enteric gastrin），以刺激胃腺繼續分泌，但胃液分泌量已開始減少。當被部分消化的蛋白質、酸性物質或脂肪食物進入十二指腸，使十二指腸擴張及黏膜受刺激時，即會引發腸胃反射（enterogastric reflex）亦即腸抑胃反射，以抑制胃的分泌作用。同時也會刺激腸黏膜釋放腸促胰激素（secretin）、膽囊收縮素（cholecystokinin; CCK）、抑胃胜肽類（gastric inhibiting peptide）來抑制胃酸的分泌及蠕動。

頭期：味覺、嗅覺、視覺的刺激，經由迷走神經刺激胃液及胃泌素分泌

食物

延腦迷走中樞

迷走神經

副交感神經刺激胃蛋白酶與酸的產生

胃期：食物對胃壁的直接刺激，促使胃液加速分泌

胃泌素

胃泌素刺激胃酸分泌

腸期：食物進入小腸會引起激素和反射機制而刺激或抑制胃的活動

圖13-14　胃液分泌的三個階段

腸促胰激素能刺激富含重碳酸鈉的胰液分泌，刺激肝細胞分泌膽汁，刺激小腸液的分泌。膽囊收縮素能刺激富含消化酶的胰液分泌，引起膽囊收縮排出膽汁，刺激小腸液分泌並有飽食感。

胃排空

胃排空（gastric emptying）是指食物由胃排向十二指腸的現象，它受食物使胃膨脹產生的神經訊息及胃泌素釋放的影響，也受腸胃反射與腸促胰激素、膽囊收縮素、抑胃胜肽類的影響（表13-5）。

通常胃在進食後2～6小時會排空所有內容物，進入十二指腸內。以排空速度來說，含碳水化合物較多的食物在胃中停留的時間最短，蛋白質食物較長，脂肪則停留最久。

胃吸收

由於胃上皮細胞有黏液，不與食團接觸，且在胃中時間不足將食物完全消化，所以大部分的物質不能通過胃壁進入血液也不會被吸收，它只能吸收一部分的水分、電解質及某些藥物、酒精。

胰液的消化生理

大部分胰酵素是以非活化的酶原（zymogen）形式產生，所以在胰臟內自我消化的機會很小。胰臟分泌的非活化型胰蛋白酶原，會被小腸內刷狀緣的酵素：腸激酶（enterokinase）所活化，將胰蛋白酶原轉化成胰蛋白酶。胰液中含有胰蛋白酶抑制分子（pancreatic trypsin inhibitor）的小蛋白質，會連接到胰蛋白酶上，使在胰液中失去活性，在進入十二指腸後，胰蛋白酶才會切斷抑制酵素活性的多胜肽序列來活化胰液中的其他酶原。胰液中的酵素之說明請見表13-6。

表13-5　影響胃排空的因素

因　　素	排空加快	排空抑制
神經衝動	迷走神經興奮	交感神經興奮
腸胃狀況	胃的肌纖維拉長（胃擴張）	十二指腸擴張、酸或部分消化後的蛋白質、脂肪食物出現於十二指腸引起腸胃反射或小腸內食糜量過多
激素的影響	胃泌素存在時	小腸內出現腸促胰激素、膽囊收縮素及抑胃胜肽類等激素
其他因素	乙醯膽鹼、甲狀腺素等	腎上腺素、正腎上腺素等

表13-6 胰液中的酵素

酵 素	酶 原	活化物	作 用
胰蛋白酶	胰蛋白酶原	腸激酶	將內胜肽酶鍵切斷
胰凝乳蛋白酶	胰凝乳蛋白酶原	胰蛋白酶	將內胜肽鍵切斷
彈性蛋白酶	彈性蛋白酶原	胰蛋白酶	將內胜肽鍵切斷
羧肽酶	羧肽酶原	胰蛋白酶	將多胜肽羧基端最後一個胺基酸切除
磷脂酶	磷脂酶原	胰蛋白酶	由卵磷脂等磷脂質中將脂肪酸切開
脂肪酶	無	無	將脂肪分解成甘油和脂肪酸
澱粉酶	無	無	將澱粉分解成麥芽糖及短鏈的葡萄糖分子
膽固醇脂酶	無	無	移除膽固醇和其他分子的鍵
核糖核酸酶	無	無	將核糖核酸分解成核苷酸
去氧核糖核酸酶	無	無	將去氧核糖核酸分解成核苷酸

分泌調節

1. 在頭期與胃期的胃液分泌時，副交感神經衝動沿著迷走神經傳到胰臟，促使胰臟分泌胰液。
2. 在腸期時，酸性食糜刺激小腸黏膜分泌腸促胰激素，使胰臟分泌富含重碳酸鈉的胰液。
3. 在腸期時，被部分消化的蛋白質及含脂肪的食糜刺激小腸黏膜分泌膽囊收縮素，刺激胰臟分泌富含消化酶的胰液。

膽汁分泌

當小腸內沒有食物時，總膽管末端的Oddi氏括約肌收縮而關閉，膽汁因而被擠入膽囊管進入膽囊儲存、濃縮。其分泌的速率受下列因素的影響：

1. 迷走神經的興奮可使膽汁產生的速率增加兩倍以上。
2. 被部分消化的蛋白質或高濃度脂肪食物進入十二指腸，刺激腸黏膜分泌腸促胰激素及膽囊收縮素，使膽汁分泌增加並使膽囊收縮，將膽囊排空。
3. 流經肝臟的血流量增加，也會促使膽汁分泌增加。
4. 大量膽鹽出現在血液中，也會增加膽汁的分泌速率。
5. 酸和鈣進入十二指腸，也會刺激膽囊收縮素的分泌，以利膽囊排空。

小腸的消化生理

機械性消化

　　小腸最主要的運動方式是分節運動（segmentation），負責研磨、混合，所以只發生在含有食物的區域，能使食糜與消化液充分混合，並使食物成分與黏膜接觸以利吸收。此運動不會將小腸內容物往前推送，它是由環肌收縮將小腸分成好幾節，接著，環繞每一節中間的肌纖維也收縮，將這一段小腸重新分節（圖13-15），每分鐘重複12～16次，將食糜來回推送。此運動是由小腸擴張所引發。

規則性分節

蠕動波

反方向蠕動

食糜在攝食3～5小時後到達此處

圖13-15　小腸的分節運動

　　能將食糜沿著腸管推送的是蠕動（peristalsis），移動慢且弱，食糜在小腸中約停留3～5小時。迴腸末端與盲腸相接處的迴盲瓣常處於半收縮狀態，以減緩迴腸內容物的排空，延長食糜在迴腸中的停留時間以助腸道的吸收作用。

化學性消化

　　在口腔中，唾液澱粉酶將澱粉轉變成麥芽糖；在胃中胃蛋白酶將蛋白質轉變為胜酶類。因此，進入小腸的食糜是含有部分消化的碳水化合物、部分消化的蛋白質及未消化

的脂質。小腸食糜中的營養物質之消化是集合胰液、膽汁與小腸液的作用而完成的。小腸每天約分泌2～3公升的清澈黃色液體，pH值7.6，內有麥芽糖酶、蔗糖酶、乳糖酶、胜肽酶、核糖核酸酶及去氧核糖核酸酶。

1. 碳水化合物：當食糜進入小腸時只有20～40%的澱粉被分解為麥芽糖，尚未分解的澱粉則在小腸內被胰澱粉酶轉變為雙醣（圖13-16）。

　(1)食物中的雙醣需至小腸後由腸壁黏膜上皮細胞表面的雙醣酶（麥芽糖酶、蔗糖酶、乳糖酶）加以水解成單醣類的葡萄糖、果糖、半乳糖，可立即由附近黏膜細胞吸收，送至門靜脈血液中。

　(2)若腸壁上缺乏雙醣酶，則在吃糖後常會因雙醣殘留物堆積在小腸、結腸而產生腹脹、排氣現象；如果留在腸腔內的單醣分子太多，則易引起腹瀉。但因發酵乳（yogurt）中含有細菌性乳糖酶，對於牛奶耐受性較差的人，仍是可接受的食品。

2. 蛋白質：食物中約有10～20%的蛋白質在胃中被消化，其餘的在小腸上半段經胰臟酶繼續分解成胜肽類（圖13-17），再經由小腸腔、黏膜細胞絨毛及黏膜細胞細胞質中各種蛋白質分解酶，使其分解成單分子的胺基酸，經血液送至各細胞中利用。通常在充分咀嚼下進食，大約有98%的蛋白質可分解成胺基酸，只有2%不被消化而排入糞便中。

圖13-16　碳水化合物的消化與吸收

圖13-17　蛋白質的消化與吸收

3. 脂肪：成人幾乎所有的脂肪皆在小腸內消化。脂肪的消化首先需由膽鹽乳化，讓
　　脂肪的表面張力降低，經腸胃道的蠕動、混合，使不溶於脂肪的脂肪酶可與脂肪
　　粒子表面直接作用，所以經膽鹽乳化的脂肪，再經胰脂肪酶的作用分解成脂肪酸
　　及單酸甘油脂，即完成消化。消化道中主要的消化酶、被消化類型，見表13-7。

表13-7　消化道中主要的消化及被消化類型

來　源	消　化	致活素	被消化類型	產　物
唾液腺	唾液澱粉酶	Cl^-	澱粉酶	麥芽糖
舌下腺	舌脂酶		脂肪	脂肪酸單酸甘油脂
胃	胃蛋白酶	鹽酸	蛋白質多胜肽類	多胜肽類
胰臟	胰澱粉酶	Cl^-	澱粉	麥芽糖
	胰脂肪酶		脂肪	脂肪酸甘油
	磷脂酶	胰蛋白酶	磷脂	脂肪酸、溶磷脂
	胰蛋白酶	腸激酶	蛋白質多胜肽類	胜肽類
	胰凝乳蛋白酶	胰蛋白酶		
	羧肽酶	胰蛋白酶	胜肽類	胺基酸
	核糖核酸酶		核糖核苷酸	核苷酸
	去氧核糖核酸酶		去氧核糖核苷酸	核苷酸

（續）

來　源	消化	致活素	被消化類型	產　物
小腸黏膜上皮細胞微絨毛	麥芽糖酶		麥芽糖	葡萄糖
	蔗糖酶		蔗糖	葡萄糖、果糖
	乳糖酶		乳糖	半乳糖、葡萄糖
	腸脂肪酶		脂肪	甘油、脂肪酸
	胺基肽酶		多胜肽類 雙胜肽	胺基酸
	腸激酶		胰蛋白酶原	胰蛋白酶

小腸吸收

　　消化過的營養物質，如單醣類、胺基酸、脂肪酸、甘油，由消化管進入血液或淋巴中，稱為吸收作用。營養物質約有90%由小腸吸收，其餘的10%由胃及大腸吸收。在小腸中是經由絨毛以擴散、易化擴散、滲透及主動運輸等方式進行吸收。通常在小腸吸收的物質包括碳水化合物、蛋白質以及脂肪的消化代謝物，還有一些礦物質、水、維生素等。這些都是在十二指腸及空腸吸收，迴腸是吸收維生素B_{12}與膽鹽。

1. 碳水化合物：所有的碳水化合物必須以單醣的形式被吸收。碳水化合物經分解而成的葡萄糖、半乳糖、果糖都在食物到達迴腸終端前，幾乎已全被小腸微絨毛吸收。

2. 蛋白質：大部分蛋白質被分解後是以胺基酸的形式吸收，在十二指腸及空腸的吸收速率快速，在迴腸的吸收較慢。胺基酸的吸收路徑和碳水化合物相似，也是經由小腸微絨毛吸收後再進入血液中。

3. 脂肪：脂肪吸收跟膽鹽有關。膽鹽進行乳化作用，使得脂肪更容易被脂肪酶分解成脂肪酸、單酸甘油脂，並在膽鹽包容下形成微膠粒。微膠粒才可以進入小腸微絨毛而被吸收。吸收後的微膠粒與磷脂質、膽固醇結合成乳糜微粒（chylomicron）。乳糜微粒通過絨毛內的乳糜管而進入淋巴管，最後經由胸管至左鎖骨下靜脈進入血液後而到肝臟。若膽管阻塞或膽囊切除而導致膽鹽不足，脂肪就無法有效吸收，40%會由糞便排出，也無法吸收維生素A、D、E、K（脂溶性維生素）。

4. 水：每天進入小腸的液體包括攝入的1.5公升、消化道的分泌液7.5公升，共有9公升，在小腸吸收的有8～8.5公升，其餘0.5～1公升進入大腸。小腸水分的吸收是要配合電解質及消化食物的吸收，以維持血液滲透壓的平衡。

5. 電解質：小腸皆可吸收鈉離子、鉀離子、氯離子、鎂離子等。食物中結合形式的鈣受胃酸作用游離出來，進入十二指腸、空腸的鹼性環境有利鈣的沉澱吸收，但會受副甲狀腺素、維生素D的影響。而食物中的鐵經胃酸作用解離為三價的鐵離子，其後受維生素C或其他還原劑的作用形成二價鐵離子才會被小腸吸收。

6. 維生素：脂溶性維生素與攝入的食物脂肪進入膽鹽形成的微膠粒，最後與脂肪一起被吸收，若不與脂肪在一起就無法吸收。而大多數的水溶性維生素則是以擴散的方式被吸收，只有維生素B_{12}需與特別的胃內在因子結合，在迴腸部位才能被吸收。各種營養素吸收的部位如表13-8。

大腸的消化生理

機械性消化

剛吃過飯後，立即產生胃迴腸反射（gastroileal reflex），此時胃泌素分泌可使迴盲瓣舒張，迴腸蠕動增加，使食糜進入盲腸，只要盲腸一被擴張，迴盲瓣就會收縮，此時結腸開始運動。

表13-8　各營養素吸收的部位

項　　目	胃	十二指腸	空　腸	迴　腸	大　腸
葡萄糖、半乳糖	－	＋＋	＋＋＋＋	＋＋	－
胺基酸	－	＋＋	＋＋＋＋	＋＋	－
脂肪酸	－	＋＋＋＋	＋＋	＋	－
膽鹽	－	－	－	＋＋＋＋	－
酒精	＋	＋	－	－	－
藥物	＋＋＋	＋＋＋	－	－	－
脂溶性維生素	－	＋＋＋＋	－	－	－
維生素K	－	－	－	－	＋＋＋＋
水溶性維生素	－	＋＋＋＋	＋＋	－	－
維生素B_{12}、胃內在因子	－	－	－	＋＋＋＋	－
水	－	＋	＋＋＋＋	＋＋	＋
鈣與鐵離子	－	＋＋＋＋	＋	－	－

　　當食糜進入結腸袋使擴張至一定程度時，腸袋壁開始收縮，將內容物擠向下一個結腸袋，此為腸袋攪動（haustral churning）。大腸也能產生蠕動，但速率較其他部位慢（每分鐘約3～12次）。

　　團塊蠕動（mass peristalsis）是始於橫結腸中段的強力蠕動波，能將結腸內容物推向直腸，又稱為胃結腸反射，是食物一入胃就引發的反射，通常於飯後30分鐘發生，一天約有3～4次。

化學性消化

　　大腸腺分泌黏液，但不含消化酶，所以此處的消化作用不是酶的作用而是細菌作用。大腸內的細菌可將殘餘的碳水化合物發酵，釋出氫、二氧化碳和甲烷，形成結腸內脹氣的原因。大腸內細菌也能將膽紅質分解成較簡單的尿膽素原，使糞便著色。大腸內細菌也能將殘餘蛋白質轉成胺基酸，並將其分解成產生糞臭的糞臭素（skatole）。某些維生素B與K也可藉細菌作用在大腸內合成，並被吸收利用。

糞便的形成

　　食糜在大腸內停留3～10小時後，依水分吸收的情況變成固體或半固體，此為糞便，內有水、無機鹽、脫落的上皮細胞、細菌、細菌分解後的產物及未消化的食物。大多數水分在小腸吸收，每日進入大腸的水分只有0.5～1公升，其中除了100ml以外，皆在盲腸及升結腸處吸收，對身體的水分平衡很重要。大腸也能吸收一些鈉離子、氯離子及一些維生素。

排便

　　在電解質和水分被吸收後，團塊蠕動將糞便由乙狀結腸推入直腸，直腸壁擴張刺激壓力接受器，將衝動傳送至骶脊髓節，沿副交感神經傳回降結腸、乙狀結腸、直腸、肛門，直腸縱走肌收縮使直腸變短，增加直腸內部壓力，加上橫膈及腹肌的收縮使腹內壓上升，迫使肛門內括約肌鬆弛，產生便意（圖13-18）。肛門外括約肌可隨意控制，若克制排便（defecation）的慾望，外括約肌就會阻止糞便進入肛管，而使糞便停留直腸，甚至逆流至乙狀結腸，以待下一次團塊蠕動波所引發的另一個反射。但嬰兒的排便反射是直腸自動排空，不受肛門外括約肌的隨意控制。

圖13-18　排便反射

自我測驗

（　）1. 下列舌頭表面的突起，何者不含味蕾？　(A) 輪狀乳頭　(B) 絲狀乳頭　(C) 蕈狀乳頭　(D) 葉狀乳頭

（　）2. 下列有關蕈狀乳頭（fungiform papilla）的敘述，何者正確？　(A) 舌乳頭中體積最小　(B) 舌乳頭中數目最多　(C) 含有味蕾　(D) 分布在舌根

（　）3. 有關絲狀乳頭的敘述，下列何者錯誤？　(A) 分布在舌前2/3　(B) 大多數都含有味蕾　(C) 舌乳頭中數目最多　(D) 舌乳頭中體積最小

（　）4. 庫佛氏細胞（Kupffer's cell）位於：　(A) 脾臟　(B) 肝臟　(C) 腎臟　(D) 胰臟

（　）5. 下列何者不是脂溶性維生素？　(A) 維生素A　(B) 維生素C　(C) 維生素D　(D) 維生素E

（　）6. 脂肪在消化道之消化產物為：　(A) 脂肪酸與甘油　(B) 胜肽與胺基酸　(C) 脂肪酸與胜肽　(D) 甘油與胺基酸

（　）7. 尿液中所含的尿素（urea）主要來自何物質的代謝產物？　(A) 核酸　(B) 蛋白質　(C) 葡萄糖　(D) 脂肪

（　）8. 下列何種物質可被成人之消化道直接吸收？　(A) 膠原蛋白　(B) 免疫球蛋白　(C) 纖維質　(D) 脂肪酸

（　）9. 下列何者是血管活性腸胜肽（vasoactive intestinal polypeptide; VIP）在消化系統的主要生理功能之一？　(A) 促進小腸分泌水分及電解質　(B) 促進胃酸分泌　(C) 促進膽囊收縮　(D) 抑制胰臟分泌富含消化酶之胰液

（　）10. 消化道的構造分為四層，上皮層（epithelium layer）位於哪一層？　(A) 漿膜層（serosal layer）　(B) 肌肉層（muscularis）　(C) 黏膜下層（submucosal layer）　(D) 黏膜層（mucosal layer）

（　）11. 下列何種食物的胃排空速度最慢？　(A) 雞肉　(B) 全麥麵包　(C) 米飯　(D) 花生油

（　）12. 下列何者為大腸的主要功能？　(A) 分解蛋白質　(B) 吸收水分　(C) 分泌蛋白酶　(D) 分解脂肪酸

（　）13. 下列何種胃部細胞分泌內因子（intrinsic factor）？　(A) 主細胞（chief cell）　(B) 壁細胞（parietal cell）　(C) 黏液頸細胞（mucus neck cell）　(D) 胃部內分泌細胞（gastric endocrine cell）

（　）14. 胃的壁細胞（parietal cell）所分泌之內在因子（intrinsic factor），可協助小腸吸收何種物質？　(A) 脂質　(B) 胺基酸　(C) 維生素B_{12}　(D) 維生素C

（　）15. 缺乏下列哪一種消化液最易引起腹瀉現象？　(A) 胃液　(B) 胰液　(C) 腸液　(D) 膽汁

（　）16. 下列哪兩種胃的細胞分別負責分泌胃酸和促胃液激素（gastrin）？　(A) 主細胞，壁細胞　(B) 壁細胞，胃黏膜細胞　(C) 胃黏膜細胞，主細胞　(D) 壁細胞，G細胞

（　）17. 下列有關胃液中主要的成分與其分泌的細胞的敘述，何者正確？　(A) 主細胞分泌內在因子　(B) 嗜銀細胞分泌胃蛋白酶　(C) 黏液細胞分泌胃泌素　(D) 壁細胞分泌鹽酸

（　）18. 胰臟中負責分泌胰液的細胞為：　(A) 腺體細胞　(B) α 細胞　(C) β 細胞　(D) γ 細胞

（　）19. 下列有關膽汁分泌及功能的敘述，何者正確？　(A) 膽汁是酸性物質　(B) 膽鹽為膽汁的主要成分，其作用為乳化脂肪　(C) 膽色素可以幫助消化　(D) 膽汁中含有高量的維生素K

（　）20. 下列何處是製造膽鹽的地方？　(A) 胰臟　(B) 膽囊　(C) 十二指腸　(D) 肝臟

（　）21. 消化道最長的部分為：　(A) 大腸　(B) 小腸　(C) 胃　(D) 食道

（　）22. 缺乏維生素B_{12}而患惡性貧血症（pernicious anemia），主要是因為：

(A) 小腸細胞製造維生素B_{12}受損　　(B) 胃不能分泌內生性因子（intrinsic factor）　　(C) 骨髓病變無法產生血紅素（hemoglobin）　　(D) 腎病變無法產生紅血球生成素（erythropoietin; EPO）

（　）23.缺乏膽汁主要經由下列何者阻礙脂肪消化吸收？　　(A) 抑制胃分泌脂肪分解酶（lipase）　　(B) 阻止腸上皮細胞合成乳糜小滴（chylomicrons）　　(C) 無法形成乳化（emulsification）作用　　(D) 抑制胰臟分泌重碳酸根離子（HCO_3^-）

（　）24.下列何種細胞主司胃酸分泌？　　(A) 主細胞（chief cells）　　(B) 幹細胞（stem cells）　　(C) 壁細胞（parietal cells）　　(D) 黏液細胞（mucous cells）

（　）25.胃部能分泌胃蛋白酶原（pepsinogen）的重要細胞為下列何者？　　(A) parietal cells　　(B) mucous cells　　(C) enterochromaffin cells　　(D) chief cells

（　）26.會引起膽囊收縮的重要激素為下列何者？　　(A) gastrin　　(B) insulin　　(C) glucagon　　(D) cholecystokinin

（　）27.Cholecystokinin的功能是？　　(A) 促使膽汁分泌　　(B) 促使小腸分泌腸液　　(C) 促使膽囊收縮　　(D) 脂化功能

（　）28.何者會抑制胃的出空（gastric emptying）速度？　　(A) 小腸內的脂肪及酸　　(B) 刺激迷走神經　　(C) 水分　　(D) 礦物質

（　）29.當酸性食糜由胃排至十二指腸時，主要是經由刺激下列何者的分泌，而進一步促使胰臟分泌鹼性胰液以中和酸性？　　(A) 血管活性腸肽（VIP）　　(B) 胰泌素（secretin）　　(C) 膽囊收縮素（CCK）　　(D) 胰島素（insulin）

（　）30.下列哪一種物質無法由腸道消化吸收？　　(A) 澱粉（starch）　　(B) 纖維素（cellulose）　　(C) 肝醣（glycogen）　　(D) 麥芽糖（maltose）

（　）31.胃壁的保護性黏液，主要由下列何者分泌？　　(A) 主細胞　　(B) 杯狀細胞　　(C) 表層黏液細胞（surface mucous cell）　　(D) 壁細胞

（　）32.人體最堅硬的構造是：　　(A) 硬骨　　(B) 琺瑯質　　(C) 牙本質　　(D) 齒骨質

（　）33.肝臟內具有吞噬細胞，可吞噬受損的白血球或紅血球等，該吞噬細胞是指何種細胞？　　(A) 庫佛氏細胞　　(B) 肝細胞　　(C) 淋巴細胞　　(D) 上皮細胞

（　）34.消化脂肪的酶是：　　(A) amylase　　(B) sucrase　　(C) pepsin　　(D) lipase

（　）35.下列何者可導致消化性潰瘍？　　(A) 胃蛋白酶分泌不足　　(B) 幽門螺旋桿菌感染　　(C) 胃黏液分泌太多　　(D) 服用抗胃酸用藥

（　）36.消化道管壁的四層構造中，何者具有吸收養分的功能？　　(A) 肌肉層　　(B) 黏膜下層　　(C) 黏膜層　　(D) 漿膜層

（　）37.有關小腸管腔之敘述，下列何者錯誤？　　(A) 刷狀緣是指微絨毛　　(B) 人類小腸管腔之總表面積約300平方公尺　　(C) 絨毛底部之細胞不斷的在進行細胞分

裂　(D) 小腸上皮細胞每50天更新一次

(　) 38.膽鹽可在何處被再吸收？　(A) 十二指腸　(B) 空腸　(C) 迴腸　(D) 大腸

(　) 39.胃酸由哪一種胃內細胞所分泌？　(A) 壁細胞　(B) 主細胞　(C) 嗜銀細胞
(D) 胃黏液細胞

(　) 40.有關肝臟的主要功能之敘述，下列何者錯誤？　(A) 可合成血漿白蛋白
(B) 可合成急性期蛋白　(C) 可合成脂蛋白　(D) 可合成胰島素

(　) 41.下列何者不是胃腺（gastric gland）的細胞？　(A) 主細胞　(B) 吸收細胞
(C) 壁細胞　(D) 腸道內分泌細胞

(　) 42.食物入胃前，食物對嗅覺、視覺及味覺的刺激可促使胃腺的分泌，這是屬於
消化液分泌控制的哪一階段？　(A) 頭期　(B) 胃期　(C) 腸期　(D) 消化期

(　) 43.下列何種激素可刺激胰臟分泌重碳酸根（HCO_3^-）？　(A) 葡萄糖倚賴型胰島
素控制胜肽（glucose-dependent insulinotropin peptide; GIP）　(B) 膽囊收縮素
（CCK）　(C) 胃泌素（gastrin）　(D) 胰泌素（secretin）

(　) 44.唾液的功能不包含下列何者？　(A) 分泌黏液　(B) 分泌澱粉酶　(C) 溶解部
分食物的分子　(D) 分泌蛋白酶

(　) 45.有關每天進入消化道的液體之敘述，下列何者錯誤？　(A) 每天喝入的水
分約1,200 ml　(B) 唾液分泌每天約150 ml　(C) 胃液分泌每天約2,000 ml
(D) 膽汁分泌每天約500 ml

(　) 46.有關腸道絨毛的敘述，下列何者錯誤？　(A) 表面覆蓋單層柱狀上皮　(B) 是
黏膜層與黏膜下層共同突出所形成的構造　(C) 每個絨毛內部皆含乳糜管
(D) 可增加腸道的吸收表面積

(　) 47.有關小腸的敘述，下列何者錯誤？　(A) 消化道最長的部分　(B) 膽汁或胰液
經肝胰壺腹直接進入迴腸　(C) 小腸內有大量絨毛　(D) 脂類物質可經乳糜管
進入循環系統

(　) 48.胃腺可分泌胃液，其中哪一種細胞會分泌內在因子？　(A) 主細胞　(B) 壁細
胞　(C) 黏液細胞　(D) 消化內分泌細胞

(　) 49.促進胃腺分泌的神經是：　(A) 內臟大神經　(B) 內臟小神經　(C) 迷走神經
(D) 副神經

(　) 50.腮腺是人體最大的唾液腺，位於：　(A) 下頜骨的下方　(B) 舌頭的下方
(C) 耳朵的前下方　(D) 口腔的底部

(　) 51.人體的唾液腺主要有三對，其中稱之為腮腺的是：　(A) 頜下腺　(B) 舌下腺
(C) 耳下腺　(D) 發頓氏管

(　) 52.歐迪氏括約肌主要與下列何者之分泌或流動有關？　(A) 膽汁　(B) 唾液

(C) 胃酸　(D) 胃黏液

（　）53.胰液經由下列何者注入消化道？　(A) 肝門　(B) 胃幽門　(C) 胃賁門
(D) 十二指腸乳頭

（　）54.有關乳糖之消化吸收，下列何者正確？　(A) 乳糖不耐症乃因小腸內乳糖酶
（lactase）活性不足所致　(B) 嬰幼兒腸道可直接吸收乳糖，因此乳糖不耐症
於嬰幼兒之發生率較成人低　(C) 一分子乳糖消化後之產物為兩分子半乳糖
(D) 乳糖酶由胰臟製造分泌

（　）55.由胃進入小腸的食糜在小腸內被何種鹼性物質中和其酸性？　(A) HCO_3^-
(B) NH_4^+　(C) SO_4^{2-}　(D) HPO_4^{2-}

（　）56.小腸中將食糜與消化液混合之主要運動為：　(A) 分節收縮（segmentation
contraction）　(B) 蠕動（peristalsis）　(C) 團塊運動（mass movement）
(D) 袋狀收縮（haustration）

（　）57.胃腺分泌氫離子（H^+）的機制主要是透過：　(A) H^+/K^+幫浦（H^+/K^+
ATPase pump）　(B) H^+/Na^+幫浦（H^+/Na^+ ATPase pump）　(C) H^+/Ca^{2+}幫
浦（H^+/Ca^{2+} ATPase pump）　(D) H^+/Cl^-幫浦（H^+/Cl^- ATPase pump）

（　）58.嚴重胃潰瘍易致貧血，係因何種胃部功能受影響所致？　(A) 胃分泌維生素
B_{12}之量不足　(B) 胃分泌內在因子之量不足　(C) 胃吸收維生素B_{12}之量不足
(D) 胃吸收內在因子之量不足

（　）59.下列何者是胃酸分泌之重要刺激物質？　(A) 組織胺（histamine）　(B) 前
列腺素E（prostaglandin E）　(C) 胰泌素（secretin）　(D) 膽囊收縮素
（cholecystokinin）

（　）60.胃泌素（gastrin）是由下列何者分泌？　(A) 壁細胞（parietal cell）　(B) 主
細胞（chief cell）　(C) 黏液頸細胞（mucous neck cell）　(D) 腸內分泌細胞
（enteroendocrine cell）

（　）61.唾液腺每天分泌的唾液量約為多少ml？　(A) 10～15　(B) 100～150
(C) 1000～1500　(D) 5000

（　）62.有關腮腺的敘述，下列何者錯誤？　(A) 又稱耳下腺　(B) 是最大的唾液腺
(C) 其導管貫穿嚼肌進入口腔　(D) 其導管開口於靠近上頜第二大臼齒處

（　）63.下列哪一種酶不會消化蛋白質？　(A) pepsin　(B) trypsin　(C) chymotrypsin
(D) amylase

（　）64.有關三大唾液腺的敘述，下列何者錯誤？　(A) 皆為成對腺體　(B) 耳下腺主
要由黏液腺泡（mucous acini）所構成　(C) 除耳下腺之外，其餘二者的導管
皆開口於舌下區域　(D) 除耳下腺之外，其餘二者皆受顏面神經支配

（　）65.何種致活劑可將胰蛋白酶原（trypsinogen）活化為胰蛋白酶（trypsin）？
（A）胰蛋白酶（trypsin）　　（B）腸激活酶（enterokinase）　　（C）鹽酸（HCl）
（D）碳酸氫根（HCO_3^-）

（　）66.下列何者是胰泌素（secretin）的主要功能？　（A）促進膽囊的收縮　（B）促進
富含HCO_3的胰液分泌　（C）抑制胃排空　（D）促進富含消化酶的胰液分泌

（　）67.有些胰臟癌組織會分泌大量胃泌素（gastrin），易導致十二指腸潰瘍。此因
下列胃泌素之何項作用？　（A）減少腸道黏液質分泌量　（B）減少胰臟分泌
HCO_3^-　（C）增加胃腺分泌鹽酸　（D）增加胰腺分泌胰蛋白酶原（pepsinogen）

（　）68.有關胰泌素（secretin）之功能敘述，何者正確？　（A）減少胰臟之碳酸氫
根離子（HCO_3^-）之分泌　（B）減少胃酸的分泌　（C）減少小腸液的分泌
（D）減少肝細胞分泌膽汁

（　）69.判斷急性闌尾炎患者的麥氏點，位於肚臍與下列何者連線的中外側三分之一
處？　（A）左髂前下棘　（B）左髂前上棘　（C）右髂前下棘　（D）右髂前上棘

（　）70.胃因食物堆積而膨大撐張時，最可能引發下列何種反應？　（A）促進唾液分
泌　（B）促進小腸運動活性　（C）抑制胃排空作用　（D）抑制胃結腸反射

（　）71.腸道內之節律器細胞（pacemaker cell）所產生之去極化慢波（slow
waves），主要由哪種離子流入胞內所致？　（A）鈉　（B）鉀　（C）鈣　（D）鎂

（　）72.有關胃泌素（gastrin）的敘述，下列何者正確？　（A）增加胃的運動力
（motility）　（B）刺激主細胞（chief cells）分泌胃酸　（C）受交感神經
（sympathetic nerve）刺激而分泌　（D）刺激壁細胞（parietal cells）分泌胃蛋
白酶原（pepsinogen）。

（　）73.抑制小腸微絨毛的腸激酶（enterokinase），會阻斷下列何種酵素的活化？
（A）胺基肽酶（aminopeptidase）　（B）胃蛋白酶原（pepsinogen）　（C）胰蛋
白酶原（trypsinogen）　（D）蔗糖酶（sucrase）。

（　）74.奧氏神經叢（Auerbach's plexus）是位於消化道組織的哪一層？　（A）黏膜層
（mucosa）　（B）漿膜層（serosa）　（C）肌肉層（muscularis）　（D）黏膜下
層（submucosa）。

（　）75.正常情況下，脂肪酸進入十二指腸時的主要反應為何？　（A）增加胃酸分泌
（B）抑制胰泌素（secretin）分泌　（C）抑制酵素性胰液分泌　（D）刺激膽囊收
縮素（CCK）分泌。

（　）76.果糖是經由下列何種方式吸收至小腸上皮細胞內？　（A）主動運輸（active
transport）　（B）與鈉離子共同運輸（cotransport）　（C）簡單擴散（simple
diffusion）　（D）促進性擴散（facilitated diffusion）。

（　）77.有關膽固醇的敘述，下列何者錯誤？　(A) 是合成類固醇激素的原料　(B) 為組成細胞膜的成分　(C) 是形成膽紅素的成分　(D) 為製造膽鹽的成分。

（　）78.單一的舌乳頭（papilla）中，下列何者含有較多的味蕾（taste buds）？
(A) 葉狀乳頭（foliate papilla）　(B) 蕈狀乳頭（fungiform papilla）　(C) 絲狀乳頭（filiform papilla）　(D) 輪廓乳頭（circumvallate papilla）。

（　）79.下列哪些因素會促進胃排空？　a.胃泌素（gastrin）分泌；b.胃部肌纖維拉長；c.十二指腸肌纖維拉長；d.交感神經興奮；e.副交感神經興奮　(A) abe
(B) acd　(C) ace　(D) abd。

（　）80.下列何種器官的分泌液同時具有分解醣類、脂質和蛋白質的功能？　(A) 肝臟　(B) 胰臟　(C) 口腔　(D) 胃。

（　）81.下列消化器官及其製造的分泌物之配對，何者正確？　(A) 小腸：膽囊收縮素（cholecystokinin）　(B) 胃：腸激酶（enterokinase）　(C) 胰臟：胰泌素（secretin）　(D) 膽囊：膽汁（bile）。

（　）82.在食物中，下列何種營養物最先在口腔進行初步的消化分解？　(A) 醣類
(B) 蛋白質　(C) 脂肪　(D) 維生素。

（　）83.下列何種荷爾蒙可刺激胰臟分泌富含鹼性的胰液？　(A) 胃泌素（gastrin）
(B) 胰泌素（secretin）　(C) 胰島素（insulin）　(D) 胃抑素（gastric inhibitory peptide）。

解答：

1.(B)	2.(C)	3.(B)	4.(B)	5.(B)	6.(B)	7.(B)	8.(D)	9.(A)	10.(D)
11.(B)	12.(B)	13.(B)	14.(C)	15.(D)	16.(D)	17.(D)	18.(A)	19.(B)	20.(D)
21.(B)	22.(B)	23.(C)	24.(C)	25.(D)	26.(D)	27.(C)	28.(A)	29.(B)	30.(B)
31.(C)	32.(B).	33.(A)	34.(D)	35.(B)	36.(C)	37.(D)	38.(C)	39.(A)	40.(D)
41.(B)	42.(A)	43.(D)	44.(D)	45.(B)	46.(B)	47.(B)	48.(B)	49.(C)	50.(C)
51.(C)	52.(A)	53.(D)	54.(A)	55.(A)	56.(A)	57.(A)	58.(B)	59.(A)	60.(D)
61.(C)	62.(C)	63.(D)	64.(B)	65.(B)	66.(B)	67.(C)	68.(B)	69.(D)	70.(B)
71.(C)	72.(A)	73.(C)	74.(C)	75.(D)	76.(B)	77.(C)	78.(B)	79.(A)	80.(B)
81.(A)	82.(A)	83.(B)							

第十四章　泌尿系統與腎臟生理

　　人體有皮膚、呼吸、消化、泌尿等四大排泄系統。泌尿系統是由一對製造尿液的腎臟、兩條輸送尿液至膀胱的輸尿管、一個暫時儲存尿液的膀胱及自膀胱排出尿液的尿道所組成。腎臟可藉由血液過濾，將大部分代謝的廢物以尿液的形成，由泌尿系統排出體外，並調節血液的成分與容積，以維持體內的恆定。

泌尿系統

腎臟

　　成對的腎臟（kidney）位於肝臟的下方，緊靠著後腹壁。腎臟外形似蠶豆，成年人每個腎臟約一個拳頭大小，因肝臟的壓迫，右腎比左腎低，而左腎較右腎大（圖14-1）。

下腔靜脈
腎動脈
腎靜脈
腎臟
腎靜脈
腎動脈
腹主動脈
輸尿管
膀胱
尿道

圖14-1　泌尿系統器官圖

　　腎臟內側面凹陷處的垂直缺口是腎門（renal hilum），是腎動脈進入，腎靜脈和腎盂（renal pelvis）離開的地方。腎盂是輸尿管上方的膨大部分。若將腎臟冠狀切開可看到，外圍顏色較鮮紅色的是皮質（cortex），其內顏色較深者為髓質（medulla）。皮質有豐富的微血管，含大量腎絲球；髓質是由8～18個腎錐體（renal pyramid）所組成，腎錐體呈條紋放射狀，主要由腎小管組成，尖端為腎乳頭（renal papilla），且伸入腎盞（calyx）內。皮質伸入錐體間的是腎柱（column）。腎乳頭是集尿管（collecting tube）共同開口處，

集尿管收集的尿液經腎乳頭至小腎盞、大腎盞，再經漏斗狀的腎盂送至輸尿管（圖14-2A）。

腎元

腎元（nephron）是腎臟製造尿液的功能性單位（圖14-2B），包括腎小體（renal corpuscle）及腎小管（renal tubule）。每個腎臟約含100萬個腎元。

1. 腎小體：又稱馬氏小體（Malpighian body），包含鮑氏囊（腎絲球囊）和腎絲球（圖14-3），負責過濾的功能。

    (1)鮑氏囊（Bowman's capsule）：有兩層，外層是由單層鱗狀上皮所組成的壁層；內層是由稱為足細胞的特化上皮細胞所組成之臟層，兩層之間是中空構造，無血管。

    (2)腎絲球（glomerulus）：位於腎皮質。是由動脈微血管網盤繞成球狀所構成，微血管管壁間隙較大，是體內微血管通透性最佳的器官。

    (3)內皮囊膜（endothelial capsular membrane）：是腎臟的過濾單位，所有被腎臟過濾的物質皆需經過腎絲球微血管內皮、腎絲球微血管基底膜、鮑氏囊的臟層上皮三層進入鮑氏囊腔，再入近側腎小管。因腎絲球微血管內皮細胞帶負電荷，所以易通過內皮囊膜的物質分子是陽性分子 > 中性分子 > 陰性分子。

圖14-2　腎臟解剖圖。A.腎臟的冠狀切面；B.腎錐體及腎元。

圖14-3　腎小體的顯微結構

2. 腎小管：包括近曲小管、亨利氏環、遠曲小管及集尿管，負責再吸收與分泌功能
　（圖14-4A）。

　⑴近曲小管（proximal convoluted tubule）：是腎小管的第一段，管壁有可增加再
　　吸收及分泌作用的微絨毛立方上皮，此處呈等張壓，可吸收75%的水分。

　⑵亨利氏環（loop of Henle）：位於髓質。由下降枝及上升枝所構成。此處能濃縮
　　尿液而呈高張壓。

　⑶遠曲小管（distal convoluted tubule）：管壁是由無微絨毛的立方上皮所構成，
　　此處呈低張壓。遠曲小管與亨利氏環上升枝交界處的立方上皮特化成緻密斑
　　（macula densa）。

　⑷集尿管：管壁也是由立方上皮所構成，開口於腎乳頭。

3. 近腎絲球器（juxtaglomerular apparatus）：近腎絲球器在皮質中，由近腎絲球細胞

（juxtaglomerular cell）和緻密斑組成（圖14-4B）。近腎絲球細胞是指在輸入小動脈接近腎小體處，其中膜的平滑肌細胞之細胞核由長形變成圓形，細胞質內的肌原纖維變為顆粒，能分泌腎素（renin）的細胞；緻密斑則是指在遠曲小管的管壁細胞，它對血鈉離子濃度減少敏感。所以，在流經遠曲小管的血鈉離子濃度減少時，緻密斑即會被刺激，引起近腎絲球細胞分泌腎素，這與血壓的調整有關。

A

B

圖14-4　腎小管與近腎絲球器。A.腎小管；B.近腎絲球器的顯微構造。

血液供應

　　左、右腎動脈輸送的血液量占心輸出量的1/4，約為每分鐘1,200ml的血液流經腎臟，是全身血流量第二大器官（血流量占第一位的是肝臟）。

　　源自腹主動脈的腎動脈在經過腎門前先分成數條稱為葉間動脈（interlobar artery）、弓狀動脈（arcuate artery）→小葉間動脈（interlobular artery）進入皮質→輸入小動脈。輸入小動脈進入鮑氏囊內腎絲球→輸出小動脈離開鮑氏囊。輸出小動脈→腎小管周圍微血管（peritubular capillary）→小靜脈→小葉間靜脈（interlobular vein）→弓狀靜脈（arcuate vein）→葉間靜脈（interlobar vein）→腎靜脈（renal vein），由腎門離開腎臟（圖14-5）。直血管則是將血液送入小葉間靜脈，它與尿液濃縮有關，是逆流交換裝置。

圖14-5　腎臟血流支配循環的途徑。A.腎臟冠狀切面；B.腎錐體；C.腎元。

神經分布

　　腎臟的神經分布（nerval distribution）源自於自主神經系統的腎神經叢（renal plexus），腎臟本身無副交感神經。神經伴隨著腎動脈分枝到附近血管，故可藉由此小動

脈之直徑變化而來調節腎臟的血液循環。

生理功能

腎臟的五大生理功能（physiological function）：

1. 製造尿液：身體排出的尿液是經由腎絲球的過濾、腎小管的再吸收與分泌作用而形成的。

2. 排除廢物：食物中所含的胺基酸會經由肝臟代謝後形成尿素，所含的核酸代謝後釋出尿酸，肌肉組織中的肌酸代謝後會形成肌酸酐，而腎小管無法全部再吸收這些含氮代謝物質，因而由尿液排除。

3. 調節水分與電解質的平衡：水分與電解質的再吸收作用是藉由腎激素來調節並維持體內的平衡。

4. 維持血液的酸鹼平衡：腎臟透過近曲小管、遠曲小管及集尿管分泌H^+再加上HCO_3^-的再吸收，來調節體內的酸鹼平衡。

5. 分泌內分泌物質：腎臟除可分泌腎素參與血壓的調節外，尚可活化維生素D及刺激紅血球生成的腎紅血球生成因子的分泌。

輸尿管

輸尿管（ureter）有兩條，連接腎臟的腎盂與膀胱，管長約25～30公分，管徑約4～5公釐，由膀胱底部的上外側角以斜的方向進入膀胱（圖14-6）。雖無實際的瓣膜構造，卻有生理上瓣膜功能。在膀胱膨脹時，膀胱內的壓力會壓迫輸尿管進入膀胱端關閉，而防止尿液逆流。若此生理瓣膜失效，則易因膀胱炎造成腎臟感染。

輸尿管管壁內層為黏膜層，具有變形上皮，可分泌黏液，防止尿液與細胞直接接觸，具有保護效用。

膀胱

膀胱（urinary bladder）是一個中空的肉質器官，位於骨盆腔內，恥骨聯合的後方。男性的膀胱位於直腸正前方，女性則位於陰道前方及子宮的下方。其形狀隨著所含尿量的多寡而變化，無尿時像洩了氣的氣球，尿量多時呈卵圓形，並上升至腹腔。

膀胱底部指向前方的三角形區域是膀胱三角（trigone），在膀胱後壁（圖14-6）、尿道內口是此三角的頂端，而底部的兩個點則是輸尿管在膀胱的開口。膀胱壁最內層是黏膜層，由變形上皮細胞組成，具有伸展性。

圖14-6　膀胱與男性尿道

尿道

　　尿道（urethra）是由膀胱通到體外的一條管子。女性的尿道長約3.8公分，位於恥骨聯合正後方（圖14-7），並包埋於陰道前壁，斜向前下方，開口於陰道與陰蒂之間，此開口即為尿道口（urethral orifice）。

圖14-7　女性尿道位置　　　　　　　圖14-8　男性尿道位置

尿道壁內層為黏膜層，與外陰部的黏膜相連。上段近膀胱處是變形上皮，下段為複層鱗狀上皮。

男性尿道分成三部分：

1. 攝護腺尿道：射精管開口於此。
2. 膜部尿道：是尿道通過泌尿生殖膈的部位，最窄、最短也最易受傷，含尿道球腺。
3. 陰莖尿道：尿道球腺導管開口於此，是尿道最長的部分。

腎臟生理

腎臟生理主要探討如何形成尿液，並能排出體外。

尿液形成

尿液的形成（the production of urine）需經過腎絲球的過濾作用（紅血球及蛋白質回血液中，其餘溶質過濾排出來）、近曲腎小管的養分再吸收作用（水、葡萄糖及其他養分再吸收入體內）及遠曲腎小管的分泌作用（體內氨、肌酸酐等多餘廢物排出）三個步驟（圖14-9）。而亨利氏環與集尿系統間的交互作用，可調節水分與鈉鉀離子在尿液中的流失量。

腎絲球過濾作用

血液進入腎絲球後，血壓迫使血液中的水分與溶質通過內皮囊膜（圖14-10）而形成過濾液。過濾液的正常成分除不含紅血球、蛋白質外，其餘應與血液相同。

分泌　　再吸收　　過濾

排出　　　　　　　　　　　　　　　　　　　輸入小動脈

輸出小動脈

圖14-9　尿液形成的三個主要步驟

圖14-10　腎絲球濾液的形成。蛋白質（綠點）及紅血球仍在血液中，較小的溶質（紫質）較容易進入濾液中。

1. 腎絲球能產生過濾作用與下列因素有關：

(1)腎小體的特殊構造

①腎絲球是一極長且高度捲曲的微血管，可提供廣大的過濾表面積。

②內皮囊膜的構造適合過濾作用的進行，使水、葡萄糖、維生素、胺基酸、小分子蛋白質、含氮廢物、離子等可通過此膜，但是蛋白質和紅血球不能通過。

③輸出小動脈的管徑較輸入小動脈小，增加了腎絲球微血管內的壓力，利於過濾作用的進行。

④分隔血液及鮑氏囊腔的內皮囊膜很薄（0.1μm），利於過濾作用的進行。

(2)有效過濾壓：腎絲球對血液的過濾作用乃決定於下列四個相對壓力（圖14-11），壓力的總表現即為有效過濾壓（effective filtration pressure; Peff）。

①腎絲球血液靜水壓（glomerular blood hydrostatic pressure）：此為腎絲球內的血壓，可使液體由腎絲球進入鮑氏囊，壓力約為60mmHg。是影響腎絲球與鮑氏囊間壓力增減率的主要力量。

②鮑氏囊靜水壓（capsular hydrostatic pressure）：是鮑氏囊內過濾液所產生的壓力，可對抗液體由腎絲球流出，約20mmHg。

③血液膠體滲透壓（blood colloid osmotic pressure）：血漿中蛋白質所產生的滲透壓約30mmHg，此壓力是對抗液體由腎絲球濾出。

④鮑氏囊膠體滲透壓（capsular colloid osmotic pressure）：正常的過濾液中不含蛋白質，所以鮑氏囊膠體滲透壓接近0。當腎臟病變或腎炎時，血中蛋白質會進到過濾液中而產生滲透壓，有助於過濾作用。

近曲小管

血液膠體滲透壓
（30 mmHg）

鮑氏囊靜水壓
（20 mmHg）

腎絲球囊

輸出小動脈

血液靜水壓（60 mmHg）

輸入小動脈

圖14-11　腎絲球的過濾作用

有效過濾壓（Peff）＝（腎絲球血液靜水壓＋鮑氏囊膠體滲透壓）－
（鮑氏囊靜水壓＋血液膠體滲透壓）＝（60＋0）－（20＋30）＝10mmHg

⑶當有效過濾壓為1mmHg時，腎絲球的過濾率（glomerular filtration rate; GFR）
　　約為12.5ml/min；所以有效過濾壓為10mmHg時，則腎絲球的過濾率應為125ml/
　　min。

2. 影響GFR的因素：有效過濾壓會受各種因素的影響，例如嚴重出血時，會使全身
　　血壓下降，腎絲球血液靜水壓跟著降低，若降低至50mmHg，則過濾作用無法產
　　生，亦即沒有尿液產生，是為閉尿（renal suppression）或無尿（auria）。

　　⑴腎血流量的變化。

　　⑵腎絲球微血管內靜水壓的改變。

　　　　①身體血壓的改變。

　　　　②交感神經興奮使輸入小動脈收縮。

　　　　③angiotensin II 使輸出小動脈收縮。

　　⑶鮑氏囊內靜水壓的變化，例如輸尿管的阻塞。

　　⑷血漿蛋白濃度的變化，例如脫水、低蛋白血症。

　　⑸腎絲球微血管通透性的改變，例如腎絲球腎炎。

　　⑹有效過濾表面積的變化，例如心房鈉利尿胜肽會使足細胞鬆弛，增加過濾作用
　　　　的有效表面積。

腎小管再吸收作用

每分鐘自兩個腎臟腎絲球所過濾的液體量有125ml，每日約有180公升。但是過濾液通過腎小管時，是以每分鐘123～124ml的速率再吸收濾液中的有用物質到腎小管周圍微血管。也就是在正常情況下，99%以上的過濾液會在腎小管被再吸收，只有1%形成尿液。

體內的某些特定物質，例如水、葡萄糖、胺基酸、離子（Na^+、K^+、Ca^{++}、Cl^-、HCO_3^-、$HPO_4^=$）及少量尿素，可經由腎小管上皮細胞再吸收。一個物質能被再吸收的最大量稱為腎小管最大轉運量（transport maximum; Tm）。當過濾量小於最大轉運量，就可100%再吸收（圖14-12）；若高於最大轉運量，此物質就會在尿液中出現，例如糖尿病患者，血糖超過180mg%，尿液中就會出現葡萄糖。過濾液中絕對不會被再吸收的是肌酸酐（creatinine），所以可用來當做臨床腎功能的指標。

腎小管再吸收的主要部位是在近曲小管，此處的再吸收可達80%以上。近曲小管細胞內含有粒線體，可供主動運輸所需消耗的ATP，當然管壁的微絨毛也增加了再吸收表面積，但是再吸收的最後完成部位是在遠曲小管。腎小管對各種物質再吸收的位置、方式，如表14-1、圖14-13。

圖14-12　最大轉運量原理。A.物質過濾量低於最大轉運量；B.等於最大轉運量；C.高於最大轉運量。

表14-1　腎小管對各物質再吸收的位置和方式

物質	位　　置	方　　式	耗ATP	備　　註
葡萄糖	近曲小管	主動運輸	有	次級主動運輸需載運體及鈉離子
胺基酸	近曲小管	主動運輸	有	次級主動運輸需載運體及鈉離子

（續）

物質	位　置	方　式	耗ATP	備　註
Na⁺	近曲小管	主動運輸	有	靠Na^+-K^+幫浦
	亨利氏環上升枝	被動運輸	無	
	遠曲小管、集尿管			與細胞外液Na^+濃度有關，受醛固酮控制。
Cl⁻	近曲小管	被動運輸	無	
	亨利氏環上升枝	主動運輸	有	Na^+隨著進行被動運輸
Ca⁺⁺	近曲小管	主動運輸	有	會受PTH的影響
HCO_3^-	近、遠曲小管	主動運輸	有	
$HPO_4^=$	近曲小管	主動運輸	有	會受PTH的影響
尿酸	近曲小管	主動運輸	有	
尿素	腎小管處皆有	被動運輸	無	
水	近曲小管、亨利氏環下降枝	滲透作用	無	專一性再吸收（不需ＡＤＨ及aldosterone）
	遠曲小管、集尿管	滲透作用	無	兼性再吸收（需ADH及留鹽激素）

圖14-13　近曲小管內鹽及水分的再吸收

腎小管分泌作用

分泌是指物質由周邊微血管進入腎小管的主動運輸，其方向與再吸收相反，亦是說腎小管分泌作用（renal tubular secretion）是將腎小管周圍血液內的鉀離子、氫離子、氨（NH_3）、肌酸酐及一些藥物，例如盤尼西林（penicillin）和對氨馬尿酸（para-aminohippuric acid）等物質移入腎小管內。所以腎小管的分泌作用是在排除體內的某些物質及調節血液的pH值。腎小管各部分的分泌狀況如表14-2。

表14-2　腎小管各部分的分泌狀況

腎小管	分泌物質
近曲小管	H^+、NH_3、肌酸酐、尿酸、對氨馬尿酸、盤尼西林
亨利氏環	沒有分泌物質
遠曲小管	H^+、K^+、NH_3（H^+、K^+受醛固酮的作用）
集尿管	H^+、K^+、NH_3（H^+、K^+受醛固酮的作用）

尿液的排放

腎臟最重要的功能是能控制體液的滲透濃度，當體液太稀時，會將多餘的水分排出，排出的是稀尿而不需抗利尿激素協助；當體液太濃時，則需排出多餘的溶質，此時即需抗利尿激素的協助，且排出的是濃尿。兩種情況皆由抗利尿激素來決定。

尿液的濃縮機轉

體內若要排除高濃度的尿液，腎臟髓質腎小管間的組織間液就必須維持在高濃度溶質的高張環境，將最多的水分保留於體內，以最少的水分來排除多餘的溶質，此即為濃縮尿液。由圖14-14可見腎臟組織間液的濃度，由皮質約300mOsm到內髓質的1,200mOsm所形成的滲透壓力階梯。

濃縮尿液的機轉需靠腎小管的再吸收作用及逆流濃縮機轉。

1. 腎小管的再吸收：亨利氏環下降枝對溶質不具通透性，對水的通透性卻極佳，因此水離開腎小管移入組織間液，下降枝管腔中的鈉離子濃度明顯上升，組織間液中尿素有些進入下降枝，使滲透壓漸增，而成高張溶液。亨利氏環細上升枝對水及溶質不能通透，但對Na^+、Cl^-及尿素的通透性佳，Na^+的通透又比尿素好，結果，Na^+沿著濃度梯度被動地移入組織間。粗上升枝對水及溶質皆不通透，但它主動吸收Na^+時，同時又帶入一個K^+及兩個Cl^-至上皮細胞中。當上升枝由髓質靠近皮質時，濾液濃度降至300mOsm，而成低張溶液。

圖14-14 尿液濃縮的機轉。亨利氏環上升枝之粗黑線條表示對水及溶質不能通過，
但鈉、氯離子可以由腎小管主動運輸至組織間液中。

2. 集尿管主動吸收Na^+被動吸收Cl^-並送至髓質區的組織間液中。當抗尿激素存在時，上皮細胞對水的通透性增加，水藉滲透壓快速進入內髓質組織間液中，因而提高了管腔中尿素的濃度。尿素再藉由濃度差擴散至組織間液中，使組織間液中尿素濃度增加，此濃度又比亨利氏環管腔內濃度高，所以部分尿素會擴散入亨利氏環。依此循環，只要抗利尿激素存在，集尿管內的水便會再吸收增加，使濃縮尿素來濃縮尿液。

3. 最後尿液的濃縮還是要靠抗利尿激素作用於遠曲小管和集尿管，使管腔內的水分快速地回到組織間液（水的兼性再吸收），因此過濾液內溶質濃度增加，而呈高

張性尿液（濃尿）。此處的尿液濃度比血漿及腎絲球過濾液濃度增加四倍。若無抗利尿激素，水分不會再吸收回去，尿液即變稀。

尿液的特性與組成

1. 尿液特性：健康成人每天排尿量約為1,000～2,000ml，主要受到血壓、血液濃度、飲食、溫度、利尿劑、精神狀態及一般健康狀況等因素的影響。剛排出的尿液應為透明或澄清的黃色或琥珀色，靜置後才會變混濁且有氨味。pH值為4.6～8.0，會隨食物而有變化，比重為1.001～1.035。

2. 尿液的化學組成：尿液中約含95%的水，其餘5%是細胞代謝所產生的溶質及外來物質。每日尿液中重要的溶質含量如表14-3所示。

排尿

尿液是經由排尿（micturition）的動作由膀胱經尿道排出體外。膀胱的平均容量約為700～800ml，當膀胱內的尿液超過容量一半時，膀胱壁上的牽張感受器會傳送神經衝動至腰、骶段脊髓，這些神經衝動會引起尿意及下意識的排尿反射。

排尿反應是由隨意及不隨意兩種神經衝動共同作用產生（圖14-15）。骶椎傳來的副交感神經衝動經反射作用由骨盆神經（S2～S4）及交感神經經由下腹神經（L1～L2）將訊息傳至膀胱壁的迫尿肌及膀胱內括約肌，使迫尿肌收縮、內括約肌舒張。同時腦的意識區將神經衝動傳至膀胱外括約肌，使其舒張，如此才能引起排尿動作。雖然膀胱排空是由反射作用控制，但因大腦控制了外括約肌，使排尿動作可隨意被引發或停止。

表14-3 尿液中重要溶質和含量

	成　分	含量（gm）
有機溶質	尿素	25.00
	肌酸酐	1.50
	尿酸	0.80
	馬尿酸	0.71
	酮體	0.04
	尿靛素（indican）	0.01
	其他物質	2.90
無機溶質	NaCl	15.0
	K^+	3.8
	$SO_4^=$、PO_4^{-3}	2.5
	NH_4^+	0.7
	Ca^{+2}	0.3
	Mg^{+2}	0.1

圖14-15 排尿的機制

男性的尿道除了是排尿的通道外，也是排出精液的通道，但兩種情況不會同時發生，因為當交感神經興奮產生射精動作，這時的膀胱迫尿肌鬆弛、內括約肌收縮，是抑制排尿的發生，同時可防止精液逆流回膀胱內。

臨床指引：

尿毒症（uremia）是腎臟功能衰竭或失去功能，導致體內廢物無法排泄出去而引起的疾病。尿毒症分為急性或慢性兩種：急性尿毒症有85%以上的治癒率，而慢性尿毒症的病患需長期洗腎或換腎治療。

急性尿毒症的發病原因主要是大量出血、嚴重休克、心臟衰竭、藥物使用不當（止痛劑、中藥、抗生素）等。老年人及糖尿病患者最易受腎毒性藥物侵害，應小心使用。急性尿毒症病患經適當治療或洗腎2～3次，腎功能恢復後即可痊癒。

慢性尿毒症是指血液中的毒素或廢物逐漸無法排出體外，而累積在身體內影響正常功能，甚至喪失生命。當腎功能喪失90%的功能時，就需要積極治療了。血中正常的肌酸酐（creatinine）為1mg/dl，當超過8mg/dl以上時，即腎功能喪失90%，是為腎衰竭。腎衰竭的慢性尿毒症病人可以用血液透析，腹膜透析及腎臟移植來治療。

慢性尿毒症的治療方法有以下三種，三者方法的存活率都相同。

1. 台灣目前最常見的就是血液透析，也就是洗腎。在病患手臂中先建立一條動靜脈瘻管，動脈出來的血液先經過體外的人工腎臟，將血液的廢物清除後，再將已透析血液送回人體靜脈內。

2. 腹膜透析是以病人的腹膜當做人工腎臟來清除血液中的廢物，再將含有廢物的透析物排出體外即可。

3. 腎臟移植即是找一健康正常的腎臟來取代原有喪失功能的腎臟。

體液的分布

　　體液（body fluid）是指體內所含的水分及其中所溶解的物質，約占體重的45～75%。約有2/3的體液是位於細胞內，稱為細胞內液（intracellular fluid; ICF），約占體重的40%，作為溶劑，能促使細胞內維持生命的化學反應；其餘的1/3位於細胞外，稱為細胞外液（extracellular fluid; ECF），約占體重20%，細胞外液包括血漿及組織間液、淋巴及其他液體。其他液體包括了腦脊髓液、眼球內液、腸胃道液體、關節滑液、體腔的漿液、腺體的分泌液、腎絲球過濾液等（圖14-16）。各個部位的體液能不斷地彼此互相移動，但每一部位的體液容積仍能維持穩定的環境，以適應細胞生存與物質傳送。

　　體液大部分由水組成，而水是以滲透的方式進出各個部位，所以體液內溶質的濃度是決定體液平衡的主要因素。而體液內溶質大部分是電解質，因此體液的平衡是指水的平衡，也是電解質的平衡。

圖14-16　身體中液體所在的位置

水

　　不同個體其含水量的差異主要取決於年齡的大小和脂肪含量。基本上，含水比例是隨年齡的增加而漸減，所以嬰兒的單位體重含水比例會比老年人高。另外，脂肪不含水，所以瘦的人含水比例會比胖的人高。成年男性體內含水量是體重的65%，而女性因皮下脂肪較多，故體內含水量會較男性少，只占體重的55%。

水的攝取與排出

　　人每天由飲水及飲料攝入液體約1,000ml，由食物中攝取約1,000ml，由各種營養物質代謝產生約500ml，所以每天液體的總攝取量約2,500ml。

液體的排出可經由腎臟的排尿，平均每天1,300ml，肺臟的呼吸每天帶走450ml，皮膚經蒸發、流汗排出每天約650ml，消化道隨糞便排出每天約100ml，所以每天的排出量也約為2,500ml（表14-4）。正常人水分的排出與攝取量應相等，才能保持固定體積。

表14-4　人體每天液體的攝取與排出

攝取量		排出量	
消化道吸收的液體	1,000ml	系統	1,300ml
食物中水量	1,000ml	流汗	650ml
代謝水	500ml	呼氣中水分	450ml
		糞便含水	100ml
總量	2,500ml		2,500ml

排出的調節

液體的排出是受抗利尿激素（ADH）及醛固酮（aldosterone）的調節。當身體處在脫水狀況時，血容積下降、血壓下降，腎絲球過濾率亦隨之下降，而引發興奮腎素－血管收縮素系統（圖14-17），使腎上腺皮質分泌醛固酮，腎小管再吸收鈉增加。同時血容積的減少，也會刺激下視丘的滲透壓接受器，使下視丘視上核產生ADH由腦下垂體釋放，於是腎小管再吸收水的能力增加，尿量減少，使血容積恢復正常。相反的，當體液過多時，血壓上升，腎絲球過濾率亦上升，液體排出就會增加。

攝取的調節

液體的攝取是受到口渴的調節（圖14-18）。由於某些因素，例如過度出汗，引起總體液量的減少，使血液滲透壓升高，而刺激下視丘的口渴中樞，引發口渴感覺，再加上唾液的減少，口腔、咽黏膜乾燥，引起喝水的慾望，而增加液體的攝取，以平衡體液的流失。

圖14-17　腎素－血管收縮素－醛固酮系統

圖14-18　體內液體容積的調節

電解質

　　體液中含有各種溶解的化學物質，這些化學物質若是以離子鍵結合成的化合物即是電解質（electrolyte）（表14-5），當其溶於液體時即會解離成陽離子或陰離子，例如酸、鹼、鹽類。若是以共價鍵結合的即為非電解質，大部分為有機化合物。體內電解質具有三個主要的功能，說明如下：

* 很多電解質是體內必要的礦物質，為正常代謝所必需。
* 可調控身體內水的滲透壓。
* 能協助維持正常細胞活動的酸鹼平衡。

表14-5　體液中的電解質

電解質	特　　徵	症　　狀	濃度（mEq/L）
鈉（Na$^+$）sodium	• 細胞外液的主要陽離子，占90% • 神經、肌肉組織傳導衝動必需 • 維持血液滲透壓的主要無機鹽 • 濃度受醛固酮調節	過度出汗、使用利尿劑、燒傷皆會造成低血鈉症：肌肉衰弱、頭痛、低血壓、心搏過速以及循環性休克等	136～142
氯（Cl$^-$）chloride	• 細胞外液的主要陰離子 • 間接受醛固酮調控，因為醛固酮在調節Na$^+$再吸收時，Cl$^-$也隨著被動的被吸收	過度嘔吐、脫水、腸瀉易造成低血氯症：痙攣、鹼中毒、呼吸衰弱、昏迷等	95～103
鉀（K$^+$）potassium	• 細胞內最主要的陽離子 • 是細胞內滲透壓的主要維持者 • 造成神經衝動之再、過極化 • 濃度受醛固酮調控	嘔吐、痢疾、鈉的過度攝取、腎臟疾病易造成低血鉀症：痙攣、鬆弛性麻痺、精神錯亂、尿量增加、心律不整	3.8～5.0
鈣（Ca^{+2}）calcium	• 與骨骼及牙齒構造、血液凝固、神經傳遞物之釋放、肌肉收縮、正常心跳有關 • 濃度受PTH和CT的調節，並需維生素D的幫助	急性腎臟炎、胰臟炎、腹瀉、副甲狀腺機能不足等造成低血鈣症：手足抽搐、強直痙攣等	4.5～5.5
磷酸根（HPO$_4^=$）phosphate	• 細胞內主要陰離子 • 與骨骼、牙齒構造有關 • 合成核酸及ATP、緩衝劑必需 • 濃度受PTH、CT的調節		1.7～2.6
鎂（Mg^{+2}）magnesium	• 可活化醣類、蛋白質代謝過程中所需酵素的活性，並與鈉鉀幫浦的引發、核糖體的製造、中樞神經的傳遞、心肌功能皆有關 • 濃度受醛固酮的調節	• 低血鎂症會增加肌肉系統及中樞神經系統的激動性 • 高血鎂症則是引起中樞神經系統的機能降低。	1.3～2.1

酸鹼平衡

　　酸鹼平衡（acid-base balance）就是電解質能使體液內氫離子濃度保持恆定的狀態。人體主要是藉由緩衝系統、呼吸作用及腎臟的排泄作用等三個機制來調節體液pH值維持在

7.35～7.45之間。

緩衝系統

　　體內大部分的緩衝系統（buffer system）是由一弱酸及一弱鹼所組成，在加入強酸或強鹼時，能使強酸解離出H$^+$或強鹼解離出OH$^-$，因此pH值由強酸變成弱酸或由強鹼變成弱鹼，防止體內pH值劇烈變化。

　　緩衝液（buffer）是指一種化學物或是一群化學物可抓住過多的氫（H$^+$）或過多的氫氧根（OH$^-$）離子。血液中最重要的緩衝酸之一是碳酸（H$_2$CO$_3$），重要的鹼是碳酸氫根（HCO$_3^-$）：

$$H_2CO_3 \longleftrightarrow H^+ + HCO_3^-$$

　　假如血液的pH值上升（鹼）時，碳酸會解離而釋放出H$^+$；假如血液的pH值下降（酸）時，碳酸氫根會與H$^+$結合而形成碳酸，而使H$^+$濃度減少呈鹼性。蛋白質也會幫助緩衝血液，因為它們帶電，所以它們也可以與H$^+$或OH$^-$結合。

呼吸作用

　　體液的pH值會影響呼吸速率，當血液傾向較酸時，不管血中是CO$_2$或H$^+$過多，皆會刺激延腦的呼吸中樞使呼吸變快。相反的，若血液傾向較鹼時，呼吸速率會受抑制而使呼吸變慢。

　　若呼吸頻率增加，呼出較多的CO$_2$，血液的pH值會上升；若呼吸頻率降低，則會降低pH值。所以，呼吸速率的改變也會影響體液的pH值，因此呼吸作用（respiration）在維持身體pH值上扮演了重要角色。

排泄作用

　　腎臟維持恆定的方法是調節氫離子和氨的排出及鈉和碳酸氫根離子的再吸收，使血液的pH值維持在一狹窄的範圍內。腎臟為血液pH值的最終調節者，整個腎元皆參與這個過程。氫離子（H$^+$）和氨（NH$_3$）被排出，伴隨著鈉（Na$^+$）和碳酸氫根（HCO$_3^-$）的再吸收，這是將血液pH值調節在正常範圍內的基礎。假如血液較酸，氫離子會被排出而與氨結合，鈉和碳酸氫根離子會被再吸收，如此可以重建pH值，因為NaHCO$_3$為鹼；假如血液較鹼，則氫離子被排出較少，並減少鈉和碳酸氫根離子被再吸收。

酸鹼失衡

　　正常血液的pH值是7.35～7.45，若低於此範圍就會造成酸中毒（acidosis），若高於此範圍就會造成鹼中毒（alkalosis）。當血液pH值發生改變時，可經由呼吸作用及腎臟代謝

作用來代償。呼吸性代償可在數分鐘內引發，數小時內發揮最大作用；而代謝性代償在數分鐘內開始，但需數天才能發揮最大作用。

由於呼吸作用使得血液中二氧化碳分壓失調而造成的酸鹼失衡（acid-base imbalance），是呼吸性的酸鹼中毒；若是因血液中重碳酸鹽（HCO_3^-）濃度失調而造成的酸鹼失衡，則是代謝性的酸鹼中毒。

呼吸性酸中毒

呼吸性酸中毒（respiratory acidosis）是由肺部氣體交換減少或換氣不足所引起，會導致二氧化碳滯留，使得碳酸及氫離子濃度增加。主要造成的生理障礙有：

1. 造成延腦呼吸中樞的變化：例如嗎啡、安眠藥、麻醉劑的使用不當或呼吸中樞受傷。
2. 肺的換氣表面積減少，造成空氣擴散能力降低：例如氣胸、肺水腫、肋膜積水等。
3. 呼吸道阻塞：例如多發性肋骨骨折、慢性阻塞性肺疾病等。

呼吸性鹼中毒

呼吸性鹼中毒（respiratory alkalosis）是過度換氣使二氧化碳過度喪失所造成。CO_2減少使氫離子濃度減少，pH值上升。任何刺激呼吸中樞的情形均會引起，例如柳酸鹽中毒、阿斯匹靈（aspirin）過量、歇斯底里症、嚴重焦慮、高度缺氧、發燒、中樞神經系統受傷或手術後人工呼吸器使用過久等。

代謝性酸中毒

代謝性酸中毒（metabolic acidosis）是因酸性代謝物不正常增加，或是重碳酸鹽（HCO_3^-）流失造成體液pH值下降。此時會增加呼吸速度以排除酸。若過度換氣就會發生代償性呼吸性鹼中毒。造成的因素如下：

1. 重碳酸鹽不正常流失：例如腎功能失常、腹瀉、膽道或胰瘺管形成膽汁、胰液的損失。
2. 酸性代謝物不正常增加
   ⑴代謝性產酸增加：糖尿病酮酸中毒、乳酸酸血症、長期饑餓等。
   ⑵攝入過量的代謝性酸：長期食用低糖高脂肪飲食、攝入過多水楊酸、硼酸類藥物等。
   ⑶組織嚴重缺氧使乳酸增加：肺或肝臟疾病、嚴重貧血、手術後組織缺氧。

代謝性鹼中毒

代謝性鹼中毒（metabolic alkalosis）是因身體非呼吸性酸流失，或攝入過量的鹼性藥物造成體液中HCO_3^-增加，pH值上升。此時會減少呼吸速度或深度以留住酸（CO_2），若

過度會發生代償性呼吸性酸中毒。造成的因素如下：

1. 酸性物質過度流失：例如嘔吐出胃內容物、插鼻胃管所喪失的電解質未適當補充等。

2. 攝入過多的鹼性藥物：例如胃藥的長期使用。

3. 長期服用利尿劑及皮質固醇的藥物，使鉀流失過多。

表14-6列出酸鹼不平衡時，代償作用中的血漿值。代償性的呼吸不平衡可由腎臟功能來代償，代償性的代謝不平衡可由呼吸作用來代償。

表14-6　酸鹼不平衡時，代償作用中的血漿值

酸鹼不平衡	pH值 （7.35～7.45）	HCO$_3^-$濃度 （22～26mEq/L）	PCO$_2$ （35～45mmHg）
呼吸性酸中毒	＜7.4	＞24	＞40
呼吸性鹼中毒	＞7.4	＜24	＜40
代謝性酸中毒	＜7.4	＜22	＜40
代謝性鹼中毒	＞7.4	＞26	＞40

自我測驗

（　）1. 紅血球生成素（erythropoietin）是由哪一個器官分泌？　(A) 腎臟　(B) 心臟　(C) 脾臟　(D) 胰臟

（　）2. 有關水分攝取的調節，下列敘述何者錯誤？　(A) 脫水增加血液的滲透壓，刺激下視丘造成口渴　(B) 水分的攝入量不受口渴的調節　(C) 脫水會使唾液分泌減少　(D) 口渴時，抗利尿激素增加

（　）3. 某病患血液之pH值為7.33、重碳酸氫根離子濃度為32mEq/L、二氧化碳分壓為65mmHg，則此人之情形最可能為何？　(A) 呼吸性酸中毒　(B) 代謝性酸中毒　(C) 代謝性鹼中毒　(D) 呼吸性鹼中毒

（　）4. 下列何者並非呼吸性鹼中毒之可能表現？　(A) 血中pH上升　(B) 血中HCO$_3^-$下降　(C) 可因換氣不足引起　(D) 血中CO$_2$分壓下降

（　）5. 因呼吸道阻塞引起肺換氣量減少，會造成下列何種情形？　(A) 呼吸性酸中毒　(B) 呼吸性鹼中毒　(C) 代謝性酸中毒　(D) 代謝性鹼中毒

（　）6. 菊糖（inulin）常被用以測量哪一種生理參數？　(A) 腎絲球過濾率　(B) 腎血漿流量　(C) 腎小管分泌能力　(D) 有效過濾壓

（　）7. 膀胱逼尿肌收縮而排尿，主要為透過何種神經之反射而完成？　(A) 交感神經　(B) 副交感神經　(C) 肌梭神經　(D) 高基氏肌腱器神經

（　）8. 葡萄糖的再吸收（reabsorption）主要是在腎臟的：　(A) 腎絲球　(B) 近曲小管　(C) 亨利氏環　(D) 遠曲小管

（　）9. 下列何種物質通常不存在於正常人的尿液中？　(A) 葡萄糖　(B) 尿素　(C) 鈉離子　(D) 鉀離子

（　）10. 腎小管是負責水分及鹽分再吸收的部位，其目的是為了避免：　(A) 高血壓（hypertension）　(B) 高血鉀（hyperkalemia）　(C) 脫水（dehydration）　(D) 體液過多（volume overload）

（　）11. 下列何者有關腎臟功能的敘述「不」正確？　(A) 腎臟主要是調節體液、水分、電解質（如鈉、鉀）的平衡　(B) 每分鐘心輸出量有20～25%流經腎臟　(C) 腎臟能分泌腎素影響血壓的調控　(D) 腎皮質（renal cortex）負責濃縮尿液

（　）12. 正常生理狀態下，供應腎臟血流之血管哪一段阻力最大？　(A) 小葉間動脈（interlobular artery）　(B) 入球小動脈　(C) 出球小動脈　(D) 直血管

（　）13. 有關腎小管之重吸收作用之敘述何者為最正確？　(A) 物質重吸收之方向由周邊微血管運送至腎小管內　(B) 重吸收只在近曲小管發生　(C) 重吸收作用包括主動及被動性運輸　(D) 所有物質在不同段之腎小管重吸收比例均相同

（　）14. 腎元中，負責再吸收水分及鈉鹽總量達三分之二的部位為：　(A) 近端腎小管　(B) 亨利氏管　(C) 遠端腎小管　(D) 集尿管

（　）15. 腎絲球的主要功能為何？　(A) 過濾作用　(B) 再吸收　(C) 分泌　(D) 排泄

（　）16. 糖尿病病人常出現尿糖現象，與下列哪種原因有關？　(A) 腎臟功能破壞　(B) 尿液過多　(C) 血糖過高　(D) 胰島素過多

（　）17. 臨床上常用來測定腎絲球過濾功能的物質為：　(A) 菊糖　(B) 肌酸酐　(C) 尿素　(D) 葡萄糖

（　）18. 下列有關排尿的敘述何者錯誤？　(A) 逼尿肌和外括約肌均為平滑肌　(B) 排尿時外括約肌會舒張　(C) 尿液積達200ml時會造成膀胱壁感覺神經放電增加　(D) 脊髓背角神經受損會導致失禁

（　）19. 腎絲球微血管血壓與一般微血管比較：　(A) 為高，有利過濾　(B) 為高，有利分泌　(C) 為低，有利再吸收　(D) 為低，有利逆流交換

（　）20. 下列何種物質在正常情況下會被腎小管分泌？　(A) 葡萄糖　(B) 鉀離子　(C) 鈉離子　(D) 菊糖

（　）21. 抗利尿激素（antidiuretic hormone）的主要作用是位於下列何處？

　　(A) 近端腎小管（proximal tubule）　　(B) 腎絲球（glomerulus）　　(C) 集尿管（collecting duct）　　(D) 亨利氏環（the loop of Henle）

（　　）22.腎元（nephron）中具有再吸收水分、Na^+ 及分泌 H^+、NH_3、K^+ 的部位為：
　　(A) 近側曲管　　(B) 亨利氏環　　(C) 遠側曲管　　(D) 集尿管

（　　）23.正常人之腎臟在酸鹼平衡反應時之作用方式為：　　(A) 排泄 H^+ 及 NH_4^+ 而保留 HCO_3^-　　(B) 排泄 H^+ 及 HCO_3^- 而保留 NH_4^+　　(C) 排泄 HCO_3^- 及 NH_4^+ 而保留 H^+　　(D) 排泄 HCO_3^- 而保留 H^+ 及 NH_4^+

（　　）24.有關腎小管的再吸收作用，下列何者錯誤？　　(A) 腎絲球濾過液有99%被再吸收，只有1%形成尿液排出體外　　(B) 腎小管對葡萄糖的重吸收有一定的限量，超過即無法再吸收　　(C) 約75%的腎絲球濾過液在近端腎小管被重吸收　　(D) 胺基酸與葡萄糖在亨利氏管完成再吸收作用

（　　）25.有關尿液的形成，下列敘述何者錯誤？　　(A) 腎絲球具過濾作用　　(B) 醛固酮具促進鉀離子再吸收之作用　　(C) 腎小管具分泌作用　　(D) 腎小管具再吸收作用

（　　）26.有關輸尿管的敘述，下列何者錯誤？　　(A) 與腎盂在腎門處連通　　(B) 負責將尿液導流至膀胱　　(C) 延伸於腹腔與骨盆腔　　(D) 有括約肌以調控尿液的流動

（　　）27.正常成年人之腎絲球過濾率（GFR）約為多少 ml/min？　　(A) 425　　(B) 325　　(C) 225　　(D) 125

（　　）28.腎絲球是一種：　　(A) 小動脈叢　　(B) 微血管叢　　(C) 小靜脈叢　　(D) 小神經叢

（　　）29.有關醛固酮（aldosterone）的調節之敘述，下列何者正確？　　(A) 血管緊縮素 II（angiotensin II）抑制醛固酮分泌　　(B) 增加血漿體積會抑制醛固酮分泌　　(C) 流汗過多抑制醛固酮分泌　　(D) 鉀離子攝取過多可抑制醛固酮分泌

（　　）30.尿液濃縮機制中，稱為對流交換器（countercurrent exchanger）的是：　　(A) 近端腎小管　　(B) 遠端腎小管　　(C) 直行血管（vasa recta）　　(D) 集尿管

（　　）31.依尿液形成方向，下列管道的排序為何？　　a.亨利氏環　b.集尿管　c.腎小盞　d.腎盂　　(A) abcd　　(B) acbd　　(C) badc　　(D) bdac

（　　）32.有關近腎絲球器的敘述，下列何者錯誤？　　(A) 近腎絲球器由近腎絲球細胞、網質細胞及緻密斑組成　　(B) 緻密斑可分泌腎素　　(C) 近腎絲球細胞位於入球小動脈壁上　　(D) 緻密斑負責偵測腎小管內溶質濃度

（　　）33.正常生理狀況下，腎絲球過濾作用的主要動力來自下列何種力量？　　(A) 腎絲球毛細血管內的膠體滲透壓（oncotic pressure）　　(B) 腎絲球毛細血管內的靜水壓（hydrostatic pressure）　　(C) 鮑氏囊（Bowman's capsule）內的靜水壓　　(D) 鮑氏囊內的膠體滲透壓

（ ）34.下列何者屬於尿液的不正常成分？ (A) 尿素 (B) 紅血球 (C) 肌酸酐 (D) 尿酸

（ ）35.有關腎臟生理功能的敘述，下列何者錯誤？ (A) 製造尿液，排泄廢物 (B) 維持水分及電解質的平衡 (C) 與血液的酸鹼平衡無關 (D) 具有內分泌的功能

（ ）36.下列何者不是血管收縮素II的作用？ (A) 使小動脈收縮，血壓上升 (B) 使腎上腺皮質釋出醛固酮（aldosterone），使Na^+留住，使水分排出減少 (C) 刺激下視丘分泌血管加壓素（vasopressin），使尿液流量減少，體液增加 (D) 刺激組織胺的分泌，使血管收縮，血壓上升

（ ）37.下列何種物質，為主要調控遠端腎小管及集尿管對水分的再吸收？ (A) 醛固酮（aldosterone） (B) 心房利鈉素（ANP） (C) 抗利尿激素（antidiuretic hormone） (D) 腎上腺素（epinephrine）

（ ）38.菊糖（inulin）被用於何種生理參數的測量？ (A) 腎小管的再吸收能力 (B) 腎小管的分泌能力 (C) 腎絲球過濾率 (D) 腎血漿流量

（ ）39.集尿管對水分的再吸收作用受到血管加壓素（vasopressin）所調控，其作用機制為何？ (A) 增加集尿管腔內膜上的Na^+/K^+-ATPase幫浦數量 (B) 減少集尿管腔內膜上的Na^+/K^+-ATPase幫浦數量 (C) 減少集尿管腔內膜上的水通道（aquaporin）數量 (D) 增加集尿管腔內膜上的水通道數量

（ ）40.當鹼中毒發生時，腎臟會減少何種離子的再吸收？ (A) HCO_3^- (B) Na^+ (C) K^+ (D) Cl^-

（ ）41.有關腎小管的分泌作用之敘述，下列何者錯誤？ (A) 分泌作用能將腎小管周圍血液內的物質移入腎小管 (B) 遠曲小管分泌鉀離子及氫離子不受醛固酮之作用 (C) 亨利氏管沒有分泌物質 (D) 被分泌的物質有鉀離子、氫離子、氨、肌酸酐等物質

（ ）42.尿液最初在何處形成？ (A) 腎絲球 (B) 集尿管 (C) 腎盂 (D) 膀胱

（ ）43.下列何者為尿液的正常成分？ (A) 白蛋白 (B) 尿素 (C) 白血球 (D) 紅血球

（ ）44.有關腎絲球與鮑氏囊的敘述，下列何者錯誤？ (A) 位於皮質 (B) 二者合稱腎元 (C) 腎絲球是由微血管所構成 (D) 鮑氏囊包圍在腎絲球的外圍

（ ）45.近腎絲球細胞（juxtaglomerular cell）是由下列何者特化而成？ (A) 入球小動脈的平滑肌細胞 (B) 出球小動脈的平滑肌細胞 (C) 遠曲小管的上皮細胞 (D) 近曲小管的上皮細胞

（ ）46.腎小體過濾物質至鮑氏囊腔時，需通過三層構造，依濾液流動方向，其順序

為何？　a.足細胞的過濾縫隙　b.基底膜　c.內皮細胞的孔洞：　(A) abc
(B) bac　(C) acb　(D) cba

（　）47.有關腎臟顯微構造的敘述，下列何者錯誤？　(A) 腎臟製造尿液的功能單位
稱為腎元（nephron）　(B) 每一顆腎臟約含500萬個腎元　(C) 腎元由腎小體
（renal corpuscle）及腎小管組成　(D) 腎小體由鮑氏囊（Bowman's capsule）
及腎絲球組成

（　）48.下列何項因素會增加腎元的有效過濾壓？　(A) 鮑氏囊膠體滲透壓下降
(B) 腎絲球膠體滲透壓上升　(C) 鮑氏囊的靜水壓上升　(D) 腎絲球血液靜水
壓上升

（　）49.有關醛固酮（aldosterone）的敘述，下列何者錯誤？　(A) 可促進遠端腎小管
對鉀的再吸收　(B) 由腎上腺皮質所分泌　(C) 大量失血時，醛固酮分泌增加
(D) 醛固酮分泌過多，可能會造成高血壓

（　）50.將血管升壓素I（angiotensin I）轉變為血管升壓素II（angiotensin II），主要
由下列何處製造的酶來協助進行？　(A) 肺　(B) 心　(C) 腎　(D) 肝

（　）51.下列各段腎小管中，何者是水分及鈉鹽再吸收的主要部位？　(A) 近端腎小
管　(B) 亨利氏管　(C) 遠端腎小管　(D) 集尿管

（　）52.正常生理狀態下，下列何種物質之腎臟清除率（renal clearance）最高？
(A) 尿素　(B) 葡萄糖　(C) 鈉離子　(D) 肌酸酐（creatinine）

（　）53.正常生理狀況下，下列何種物質不會被腎小管所分泌？　(A) 盤尼西林
(B) 氨　(C) 鉀離子　(D) 葡萄糖

（　）54.有關尿液濃縮機制之敘述，下列何者錯誤？　(A) 當體液太濃時，腎臟可排
除多餘的水分　(B) 抗利尿激素可調控後段腎小管對水分的再吸收　(C) 亨利
氏管為對流放大器　(D) 直行血管為對流交換器

（　）55.有關泌尿器官的敘述，下列何者錯誤？　(A) 人體輸尿管連接腎盂與膀胱
(B) 輸尿管藉由管壁肌肉的蠕動，將尿液由腎盂送至膀胱　(C) 膀胱主要收縮
尿液的是逼尿肌　(D) 大腦控制了膀胱內括約肌，所以排尿動作可隨意被引
發或停止

（　）56.正常人尿液檢測時，最可能會出現下列何種物質？　(A) 氯離子　(B) 紅血球
(C) 葡萄糖　(D) 白蛋白

（　）57.下列有關膀胱的敘述，何者錯誤？　(A) 屬腹膜後器官　(B) 黏膜層表皮為單
層柱狀上皮　(C) 逼尿肌為三層平滑肌所構成　(D) 具有三個開孔與其他泌尿
器官相通

（　）58.下列何者為近腎絲球器（juxtaglomerular apparatus）偵測體液中鈉離子濃度

變化的構造？　(A) 緻密斑（macula densa）　(B) 松果體（pineal body）

(C) 脈絡叢（choroid plexus）　(D) 逆流放大器（counter-current amplifier）

（　）59.腎臟的近曲小管有豐富的何種胞器，以進行主動運輸？　(A) 粒線體　(B) 溶酶體　(C) 中心體　(D) 過氧化體

（　）60.在腎臟葡萄糖的次級主動運輸（secondary active transport）作用中，下列何者常伴隨著葡萄糖被再吸收？　(A) 鈉離子　(B) 鉀離子　(C) 鈣離子　(D) 氫離子

（　）61.下列腎元（nephron）諸段構造中，何者的水分再吸收量最高？　(A) 鮑氏囊（Bowman's capsule）　(B) 近曲小管（proximal convoluted tubule）　(C) 亨利氏環（loop of Henle）　(D) 遠曲小管（distal convoluted tubule）

（　）62.抗利尿激素（anti-diuretic hormone）在腎臟的主要作用位置為：　(A) 腎絲球（glomerulus）　(B) 鮑氏囊（Bowman's capsule）　(C) 近曲小管（proximal convoluted tubule）　(D) 集尿管（collecting duct）

（　）63.腎動脈的血流和血壓降低時，會刺激腎臟的近腎絲球器（juxtaglomerular apparatus）分泌：　(A) 血管收縮素（angiotensin）　(B) 醛固酮（aldosterone）　(C) 心房鈉尿胜肽（atrial natriuretic peptide）　(D) 腎素（renin）

（　）64.葡萄糖之再吸收作用，發生於腎小管哪一部位？　(A) 近曲小管　(B) 亨利氏環　(C) 遠曲小管　(D) 集尿管

（　）65.醛固酮（aldosterone）作用於下列何種腎臟細胞，而影響鈉離子的再吸收與鉀離子的分泌？　(A) 網狀細胞（lacis cells）　(B) 間質細胞（mesangial cells）　(C) 主細胞（principal cells）　(D) 近腎絲球細胞（juxtaglomerular cells）

（　）66.下列有關腎臟功能的敘述，何者錯誤？　(A) 調節血量和血壓　(B) 調節血液的pH值　(C) 刺激紅血球細胞的生成　(D) 可排除體內的白蛋白

（　）67.有關腎絲球的敘述，下列何者錯誤？　(A) 腎絲球位於髓質　(B) 腎絲球是小動脈微血管所構成　(C) 腎絲球是腎臟過濾單位　(D) 正常狀況下，腎絲球無法過濾白蛋白

（　）68.與血漿的內容物相比較，正常人鮑氏囊（Bowman's capsule）中的濾液組成，下列何者正確？　(A) 有較高的紅血球數目　(B) 有較低的鈉離子含量　(C) 有較低的球蛋白含量　(D) 有較高的淋巴球數目

（　）69.當葡萄糖在腎絲球的濾出量超過葡萄糖的最大運轉量（maximal transport）時會產生下列何種反應？　(A) 尿中帶糖（glucosuria）　(B) 代謝性酸中毒

（metabolic acidosis）　　(C) 代謝性酮體中毒（metabolic ketosis）　　(D) 鹼血症（alkalosis）

（　）70. 下列何者可由意志力控制？　　(A) 膀胱壁逼尿肌（detrusor of bladder wall）　　(B) 外尿道括約肌（external urethral sphincter）　　(C) 輸尿管縱走肌（longitudinal muscle of ureter）　　(D) 腎盂平滑肌（smooth muscle of renal pelvis）

（　）71. 下列有關腎元的敘述，何者錯誤？　　(A) 由腎小體（renal corpuscle）及腎小管組成　　(B) 為製造尿液的基本構造及功能單位　　(C) 近髓質腎元的數量約為皮質腎元的七倍　　(D) 近髓質腎元濃縮尿液的功能較皮質腎元強

（　）72. 下列何種物質可以促使腎臟間質細胞（mesangial cells）舒張？　　(A) 血小板活化因子（platelet-activating factor）　　(B) 血管張力素II（angiotensin II）　　(C) 多巴胺（dopamine）　　(D) 組織胺（histamine）

（　）73. 生理上所謂酸鹼平衡，維持中性，指的是動脈血中pH等於：　　(A) 7.6　　(B) 7.4　　(C) 7.2　　(D) 7.0

（　）74. 有關血液酸鹼值與呼吸作用之間的關係之敘述，下列何者錯誤？　　(A) 血液pH值降低，刺激呼吸中樞增加呼吸速率　　(B) 血液pH值降低，刺激呼吸中樞降低呼吸速率　　(C) 血液pH值升高，呼吸受抑制而變慢　　(D) 呼吸作用比其他緩衝系統，能排出更多酸或鹼

（　）75. 當動脈血中之pH＝7.6、$[HCO_3^-]$＝20mEq/L、P_{CO_2}＝20mmHg 時，最可能之情況為何？　　(A) 呼吸性酸中毒　　(B) 呼吸性鹼中毒　　(C) 代謝性酸中毒　　(D) 代謝性鹼中毒

（　）76. 下列與維持人體酸鹼平衡最無關的作用為何？　　(A) 呼吸作用　　(B) 尿液形成作用　　(C) 體內緩衝系統（buffer system）　　(D) 血糖恆定作用

（　）77. 下列何者不是體液主要的緩衝系統（buffer system）？　　(A) 碳酸－重碳酸鹽緩衝系統　　(B) 磷酸鹽緩衝系統　　(C) 蛋白質緩衝系統　　(D) 腎素－血管張力素系統

（　）78. 因過度焦慮引起過度換氣，會造成下列何種情形？　　(A) 呼吸性酸中毒　　(B) 呼吸性鹼中毒　　(C) 代謝性酸中毒　　(D) 代謝性鹼中毒

（　）79. 當動脈血中之pH＝7.55、$[HCO_3^-]$＝44mEq/L、P_{CO_2}＝55mmHg時，最可能之情況為何？　　(A) 呼吸性酸中毒　　(B) 呼吸性鹼中毒　　(C) 代謝性酸中毒　　(D) 代謝性鹼中毒

（　）80. 人體組織間液（interstitial fluid）最主要的緩衝劑為何？　　(A) 蛋白質　　(B) 磷酸根（HPO_4^{2-}）　　(C) 重碳酸氫根（HCO_3^-）　　(D) 血紅素

（ ）81.下列陰離子中，何者在細胞外液中之含量最高？ (A) SO_4^2 (B) PO_4^3 (C) HCO_3 (D) Cl

（ ）82.一個62公斤重的人，細胞內液（intracellular fluid）有多少公升？ (A) 10.2 (B) 12.4 (C) 20.8 (D) 24.8

（ ）83.有關血液酸鹼平衡之敘述，下列何者錯誤？ (A) 正常動脈血漿pH值7.4 (B) 動脈血漿pH低於7.4會造成酸中毒 (C) 動脈血漿pH值高於7.4會造成鹼中毒 (D) 靜脈血漿pH值高於7.4

（ ）84.在一般情況下，下列哪種離子，在細胞外液中的濃度遠低於在細胞內液中的濃度？ (A) 鈉離子 (B) 鉀離子 (C) 氯離子 (D) 鈣離子

（ ）85.一般細胞內含量最多的單價陽離子為： (A) Na^+ (B) Rb^+ (C) K^+ (D) Choline

（ ）86.一位70公斤重的人，其細胞外液（extracellular fluid）有多少公斤？ (A) 14 (B) 28 (C) 35 (D) 42

（ ）87.有關電解質的敘述，下列何者錯誤？ (A) 部分電解質為體內必要之礦物質，為細胞新陳代謝所需要 (B) 在身體各區間控制水的滲透度 (C) 電解質包括葡萄糖、尿素、肌酸等物質 (D) 維持正常細胞活動之酸鹼平衡

（ ）88.血漿中鈉離子濃度的調節主要受哪兩種荷爾蒙的影響？ (A) 雌性激素與雄性激素 (B) 甲狀腺素與副甲狀腺素 (C) 醛固酮與抗利尿激素 (D) 生長激素與催產素

（ ）89.正常情況下，何種物質會出現在腎小球過濾液，但不會出現於排出的尿液中？ (A) 白蛋白 (B) 葡萄糖 (C) 紅血球 (D) 鈉離子。

（ ）90.腎小球過濾率（GFR）下降時，血漿中何種物質的濃度會顯著上升？ (A) 碳酸氫根離子（HCO_3^-） (B) 葡萄糖（glucose） (C) 肌酸酐（creatinine） (D) 胺基酸（amino acid）。

（ ）91.物質經由腎臟排泄至尿液中的量，決定於下列何者？ (A) 過濾量＋分泌量－再吸收量 (B) 過濾量＋分泌量＋再吸收量 (C) 過濾量－分泌量＋再吸收量 (D) 過濾量－分泌量－再吸收量。

（ ）92.哪一段腎小管即使有抗利尿激素（ADH）存在，對水的通透性仍然不佳？ (A) 近端腎小管 (B) 亨利氏環下行支 (C) 亨利氏環上行支 (D) 集尿管。

（ ）93.正常飲食的狀態下，腎臟對下列何者約有50％的再吸收作用，並與尿液濃縮有關？ (A) 尿素 (B) 葡萄糖 (C) 鈉離子 (D) 碳酸氫根離子。

（ ）94.有關代謝性鹼中毒（metabolic alkalosis）的敘述，下列何者正確？ (A) 動脈血 pH 值低於正常值 (B) 可刺激周邊化學接受器 (C) 可藉由降低通氣量而

代償 (D) 可由動脈血氧分壓降低所致。

( ) 95.當血糖濃度高於200 mg/dL 時，葡萄糖的清除率為何？ (A) 等於零 (B) 大於零 (C) 等於腎絲球過濾率（GFR） (D) 大於腎血流量（RBF）。

( ) 96.下列何者對血液酸鹼值不具有緩衝能力（buffering capacity）的作用？
(A) 血紅素（hemoglobin） (B) 血漿蛋白質（plasma protein） (C) 磷酸鹽（phosphate） (D) 肌酸酐（creatinine）。

( ) 97.腎臟緻密斑（macula densa）是由下列何者特化形成？ (A) 近曲小管（proximal convoluted tubule） (B) 亨利氏環（loop of Henle） (C) 遠曲小管（distal convoluted tubule） (D) 集尿管（collecting duct）。

( ) 98.有關亨利氏環下行支（descending limb of Henle's loop）之特性，下列何者正確？ (A) 可分泌鉀離子 (B) 可吸收氫離子 (C) 對水分的通透性很高 (D) 抗利尿激素（ADH）可抑制水分之通透性。

解答：

1.(A)	2.(B)	3.(A)	4.(C)	5.(A)	6.(A)	7.(B)	8.(B)	9.(A)	10.(C)
11.(D)	12.(C)	13.(C)	14.(A)	15.(A)	16.(C)	17.(B)	18.(A)	19.(A)	20.(B)
21.(C)	22.(C)	23.(A)	24.(D)	25.(B)	26.(D)	27.(D)	28.(B)	29.(B)	30.(C)
31.(A)	32.(B)	33.(B)	34.(B)	35.(C)	36.(D)	37.(C)	38.(C)	39.(D)	40.(A)
41.(B)	42.(A)	43.(B)	44.(B)	45.(A)	46.(D)	47.(B)	48.(D)	49.(A)	50.(A)
51.(A)	52.(D)	53.(D)	54.(A)	55.(D)	56.(A)	57.(B)	58.(A)	59.(A)	60.(A)
61.(B)	62.(D)	63.(D)	64.(A)	65.(C)	66.(D)	67.(A)	68.(C)	69.(A)	70.(B)
71.(C)	72.(C)	73.(B)	74.(B)	75.(B)	76.(D)	77.(D)	78.(B)	79.(D)	80.(C)
81.(D)	82.(D)	83.(D)	84.(B)	85.(C)	86.(A)	87.(C)	88.(C)	89.(B)	90.(C)
91.(A)	92.(C)	93.(A)	94.(C)	95.(D)	96.(D)	97.(C)	98.(C)		

解析：

78.過度換氣時，換氣速率比二氧化碳生成速率快，血漿中二氧化碳減少，碳酸亦減少而逐漸被耗盡，血液pH值因而升高，導致呼吸性鹼中毒。

第十五章　內分泌系統與生理

　　內分泌系統和神經系統共同協調並維持身體內、外環境恆定。神經系統是經由神經元傳送電衝動，以控制恆定；內分泌系統則是釋放荷爾蒙（hormone）進入血液，影響身體活動。內分泌系統和神經系統兩者之間也能互相協調。

內分泌腺

　　內分泌腺（endocrine gland）不具導管，能將所分泌的荷爾蒙直接進入血液中，血液再將荷爾蒙送往標的細胞（target cell），以改變細胞組織的代謝作用。許多內分泌腺是分離的器官（圖15-1），包括腦下垂體（腦下腺）、松果腺（腦上腺）、甲狀腺、副甲狀腺、胸腺。此外，有的器官也含有內分泌組織，例如胰臟、卵巢、睪丸、腎、胃、小腸、心臟、皮膚、胎盤等（表15-1）。

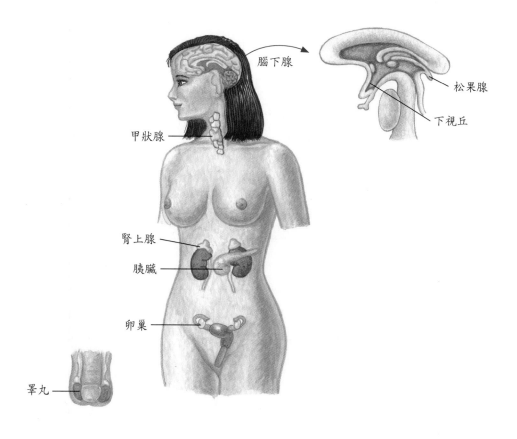

圖15-1　內分泌系統的器官位置圖

表15-1　全身內分泌腺

內分泌腺體	主要荷爾蒙	主要標的器官	主要作用
松果腺	褪黑激素（melatonin）	下視丘和腦下腺前葉	影響性促素的分泌
下視丘	釋放和抑制激素	腦下腺前葉	調節腦下腺前葉激素（荷爾蒙）的分泌
腦下腺前葉	營養激素（trophic hormone）	內分泌腺和其他器官	刺激標的器官成長發育，並刺激其他激素分泌
腦下腺後葉	抗利尿激素（ADH）	腎臟及血管	促進水分的保留和血管收縮
	催產素（oxytocin）	子宮及乳腺	促進子宮、乳腺分泌單位的收縮
甲狀腺	甲狀腺素（T_4）、三碘甲狀腺素（T_3）	大多數的器官	促進生長發育，並刺激細胞基礎代謝率
	降鈣素（calcitonin）	骨骼、小腸、腎臟	參與血鈣濃度調節
副甲狀腺	副甲狀腺素（PTH）	骨骼、小腸、腎臟	增加血鈣濃度
胸腺	胸腺生成素（thymopoietin）	淋巴結	刺激白血球的產生
心臟	心房鈉尿激素（ANH）	腎臟	促進鈉離子由尿排出
胰臟	體制素（somatomedins）	軟骨	抑制細胞分裂、生長
蘭氏小島	胰島素（insulin）	許多器官	促肝醣、脂肪生成
	升糖素（glucagon）	肝臟和脂肪組織	促肝醣、脂肪分解
胃	胃泌素（gastrin）	胃	刺激胃酸分泌
腎上腺皮質	糖皮質酮（corticoids）	肝臟及肌肉	影響葡萄糖代謝
	醛固酮（aldosterone）	腎臟	留鈉排鉀
腎上腺髓質	腎上腺素（epinephrine）	心臟、支氣管、血管	交感神經興奮
小腸	促胰激素（secretin）	胰臟	刺激胰液分泌
	膽囊收縮素（cholecystokinin）	肝臟、膽囊	刺激膽囊收縮
腎臟	促紅血球生成素	骨髓	刺激紅血球產生
卵巢	雌二醇（estradiol）、黃體素（progesterone）	雌性生殖道及乳腺	促第二性徵出現
睪丸	睪固酮（testosterone）	攝護腺、儲精囊及其他器官	刺激第二性徵的發育

荷爾蒙

不同的內分泌腺體所分泌的荷爾蒙（hormone）（又稱激素）在化學結構上會有很大的差異，但仍可將其分成胺類、蛋白質與胜肽類、類固醇類三大類。

種類

1. 胺類（amine）：此類荷爾蒙是由酪胺酸（tyrosine）及色胺酸（tryptophan）兩種胺基酸衍生而來，包括了腎上腺髓質、甲狀腺、松果腺所分泌的荷爾蒙。
2. 蛋白質（protein）與胜肽類（peptide）：此類荷爾蒙由胺基酸鏈所組成，有的分子結構簡單，例如催產素；有的很複雜，例如胰島素。其他合成蛋白質與胜肽類的內分泌器官有：垂體前葉、甲狀腺的降鈣素、副甲狀腺、下視丘、胰臟。它與胺類皆為水溶性。是三類中占最多者。
3. 類固醇類（steroid）：此類荷爾蒙是由膽固醇衍生而來，例如腎上腺皮質分泌的皮質類固醇、性腺分泌的性類固醇，屬脂溶性，可在平滑內質網內製造。荷爾蒙的化學特性列於表15-2。

表15-2　荷爾蒙的種類與化學特性之比較

比較項目 ＼ 荷爾蒙	胺　　類	類固醇類	蛋白質與胜類
特徵	由酪胺酸、色胺酸衍生，構造最簡單	由膽固醇衍生	由胺基酸鏈所組成，量最多，有的簡單，有的複雜
製造器官	腎上腺髓質、甲狀腺、松果腺	腎上腺皮質、睪丸、卵巢、胎盤	垂體前葉、甲狀腺、副甲狀腺、下視丘、胰臟
溶解特性	水溶性	脂溶性	水溶性
荷爾蒙名稱	norepinephrine、epinephrine、T_3、T_4、thymopoietin	cortisol、aldos-terone、testos-terone、estrogen、progesterone	GH、TSH、FSH、ACTH、PTH、HCG、MSH、prol-actin、calcitonin、ADH、oxytocin、insulin、glucagon
作用機轉	傳訊作用	基因作用	傳訊作用
接受器	細胞膜	細胞質、細胞核	細胞膜
需cAMP幫忙	＋	－	＋
需mRNA參與	－	＋	－

註：T_3、T_4為水溶性荷爾蒙，但其作用機轉為基因作用而非傳訊作用。

生理作用機轉

雖然每一個荷爾蒙在專一的標的細胞內具有其特定作用，但是如果荷爾蒙是屬於相同的化學分類，就會具有類似的作用機制。這些相似性包括細胞接受器的位置及荷爾蒙與其接受器結合後在標的細胞內引發的事件。

雖然荷爾蒙經由血液可傳送至身體的每一個細胞，但是只有標的細胞才能與之反應。為了能與此荷爾蒙產生反應，標的細胞上必須有特定的接受器蛋白，而此接受器蛋白和荷爾蒙的交互作用具高度專一性（specificity）、高親和性（high affinity）和低容量性（low capacity），荷爾蒙與接受器結合易飽和。在標的細胞中，荷爾蒙接受器的所在位置是依荷爾蒙的化學性質來決定。脂溶性荷爾蒙易穿過細胞膜進入標的細胞，所以接受器在細胞質和細胞核內，稱為基因作用；水溶性荷爾蒙無法穿過細胞膜，所以接受器在細胞膜的外表面，且需第二傳訊者的幫忙，稱為傳訊作用。

傳訊作用

水溶性荷爾蒙是第一傳訊者（first messenger），本身非脂質且結構太大，不容易通過細胞膜，必須與細胞膜上的特定接受器結合後，才能將訊息傳遞給標的細胞，在細胞質內再活化第二傳訊者（second messenger）後才能活化細胞內的代謝，此即為傳訊作用（transmission）。這是因為水溶性荷爾蒙不易通過細胞膜，作用較慢，才需傳訊者的協助。

水溶性荷爾蒙一旦與細胞膜上的特定接受器結合，就會活化細胞膜上的環腺苷酶（adenylate cyclase），將細胞內ATP分解成cAMP（環腺苷酸），來改變酵素活動，進而引起標的細胞的反應。環腺苷酸作為第二傳訊者主要用來調節蛋白質激酶A（PKA），而促進肌肉放鬆、細胞分泌等生理功能（圖15-2）。

除了環腺苷酸外，體內第二傳訊者尚有環鳥糞苷酸（cGMP）及鈣離子等。

基因作用

脂溶性類固醇類荷爾蒙及T_3、T_4易通過標的細胞之細胞膜，活化標的細胞基因而影響細胞的功能，此基因作用（transcription）較傳訊作用快。

此類激素進入細胞後，與細胞質內特定的蛋白質接受體結合，並將其活化形成激素：接受體複合物進入細胞核中，附在DNA的片段上，活化特定基因，並改變mRNA，促使核糖體進行轉譯而形成新的蛋白質。此新的蛋白質再引發一系列的反應，以影響標的細胞功能。但是T_3、T_4是以游離態進入細胞核與核膜上的接受器結合形成複合體，亦經活化特定基因，產生新的蛋白質來影響細胞的生理作用（圖15-3）。

圖15-2　水溶性荷爾蒙的傳訊作用

分泌調節

　　每一種特定荷爾蒙（激素）的分泌都是視身體需要和維持體內恆定而分泌的，所以不會分泌過多或過少，除非調節機轉發生了問題，才會導致荷爾蒙過量或不足而引起疾病。身體調節荷爾蒙分泌的方式有正或負回饋系統。

正回饋系統

　　產生的反應可加強最初的刺激作用，即為正回饋（positive feedback），此種機制在體內較少見。例如動情素（estrogen）在排卵前以正回饋方式促進黃體生成素（LH）及促性腺激素（GnRF）分泌。分娩時，胎兒對子宮壁的牽扯刺激誘發催產素（oxytocin）分泌，子宮肌的收縮會引發一連串的正回饋作用，產生陣痛而分娩。

負回饋系統

　　產生的反應可降低或改變最初的刺激，即為負回饋（negative feedback），體內大部分的荷爾蒙分泌是藉此系統來調節。例如血糖太高會誘發胰臟蘭氏小島分泌胰島素（insulin），使血糖下降至正常範圍為止。血糖高是個刺激，胰島素的分泌降低血糖濃度即是負回饋的表現。

圖15-3　脂溶性荷爾蒙的基因作用

腦下腺

　　腦下腺（pituitary gland）又稱腦下垂體（hypophysis），呈圓豌豆狀直徑約1.3公分的腺體，位於大腦視神經交叉後方，可分為前葉、後葉。

1. 前葉：前葉又稱垂體腺體部（adenohypophysis），占垂體總重量的75%，含腺體上皮細胞，其分泌量受下視丘分泌的調節因子所調控。有下列幾種激素分泌：促腎上腺皮質素（adrenocorticotropic hormone; ACTH）、生長激素（growth hormone; GH）、泌乳激素（prolactin; PRL）、甲狀腺刺激素（thyroid-stimulating hormone; TSH）、濾泡刺激素（follicle-stimulating hormone; FSH）、促腎上腺皮質素（ACTH）、黃體生成素（luteinizing hormone; LH）下視丘可規律製造釋放及抑制因子（RF及IF）來調節腦下腺前葉的活動。這些因子會被分泌到門脈系統（portal system）中。門脈系統即是下視丘微血管網與腦下腺微血管網互相形成循環，以確保激素在進入一般血液循環之前先到達標的細胞（圖15-4）。

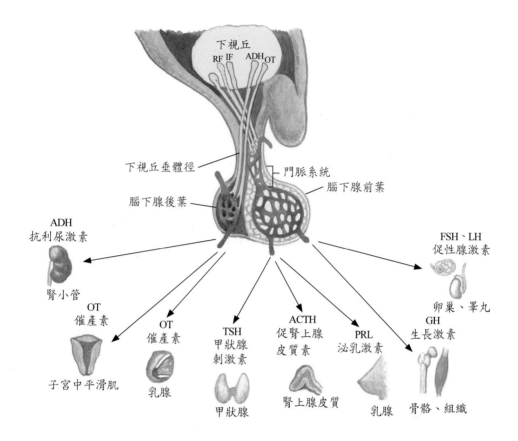

圖15-4　下視丘和腦下腺。下視丘產生兩種激素在腦下腺後葉儲存及釋放。下視丘控制腦下腺前葉的分泌，腦下腺前葉控制內分泌腺之甲狀腺、腎上腺皮質性的分泌。

2. 後葉：後葉又稱垂體神經部（neurohypophysis），占垂體總重量的25%，所分泌的抗利尿激素（ADH）和催產素（OT）分別是由下視丘的視上核和室旁核所製造，再經由下視丘－垂體徑運送至垂體後葉儲存（圖15-4）。

前葉分泌的荷爾蒙

生長激素

　　生長激素（growth hormone; GH），又稱體促素（somatotropin）或促體激素（somatotropic hormone; SH），能促進身體細胞的生長及分裂，最主要的功能是作用於骨骼和骨骼肌的生長速率，並維持兩者間之大小。

　　1. 生理功能

　　⑴促進蛋白質合成，以引起細胞的生長與繁殖，故與青春期的生長有關。

⑵促使骨骺生長加速，增加長骨長度。

⑶促進脂肪的異化作用，利用脂肪做為能量的來源。

⑷GH促使肝醣分解，使血糖升高，引起高血糖症狀，故稱為糖尿病生成效應，而有抗胰島素（anti-insulin）的作用。

⑸促進腸對鈣質及腎對磷質的吸收率，以利鈣、磷沉積於骨質。

2. 分泌調節：生長激素的分泌至少受兩種來自下視丘的調節因子，即生長激素釋放因子（growth hormone releasing factor; GHRF）及生長激素抑制因子（growth hormone inhibiting factor; GHIF）所調節。下視丘釋放的調節因子，可經由腦下垂體門脈循環，以促進及抑制生長激素的分泌。除了下視丘分泌GHRF可刺激生長激素分泌外，周邊身體的反應也會經由負回饋系統刺激生長激素的分泌（表15-3）。

3. 分泌異常：在孩童發育期，生長激素分泌不足會導致骨骼生長緩慢，未達正常高度骨骺即已閉合，將造成身體矮小的垂體性侏儒症（pituitary dwarfism）。若是在孩童發育期分泌過多，則造成巨人症（giantism）。若是在成年時生長激素分泌過多，則因長骨骨骺板已與骨幹融合，不會繼續增加長度，所以所有末梢皆變肥大，而成肢端肥大症（acromegaly）。

甲狀腺刺激素

1. 生理功能

⑴對於甲狀腺

①增加碘的攝取和吸收。

②增加甲狀腺素（thyroxine）的合成與分泌。

③促進儲存於甲狀腺濾泡中的甲狀腺球蛋白分解，以釋出甲狀腺素。

表15-3　影響生長激素分泌的因素

刺激分泌	抑制分泌
• 能量受質缺乏時，如低血糖、禁食 • 循環中某些胺基酸濃度增加 • 升糖素及胰島素 • 生長介質素 • 壓力刺激 • 入睡前 • 多巴胺（dopamine）及乙醯膽鹼（Ach）	• 高血糖 • 胺基酸減少 • 脂肪酸增加 • 生長激素量高 • GHIF分泌 • 熟睡期 • 甲狀腺機能不足

　　(2)對於脂肪組織

　　　　①促進脂肪的異化作用。

　　　　②增加脂肪酸的釋放。

　　(3)與GH共同參與體內組織的生長。

2. 分泌調節

　　(1)受下視丘所分泌的甲狀腺刺激素（thyroid-stimulating hormone; TSH）釋放因子（thyrotropin releasing factor; TRF）的刺激而分泌。

　　(2)TRF的釋放則依血液中甲狀腺素的含量、血糖的含量、身體的代謝率，經由負回饋系統來完成。

黃體生成素

1. 生理功能：黃體生成素（luteinizing hormone; LH）與濾泡刺激素（follicle-stimulating hormone; FSH）合稱為促性腺激素（gonadotropin）。

　　(1)在女性方面

　　　　①LH會與濾泡刺激素共同作用，刺激卵巢中濾泡的成熟。

　　　　②刺激卵巢分泌與合成動情素。

　　　　③與動情素一起刺激卵巢排卵，又稱排卵激素，並使子宮做好準備以待受精卵著床。

　　　　④排卵後刺激卵巢內黃體形成及維持，並分泌黃體素。

　　　　⑤使乳腺做好泌乳準備。

　　(2)在男性方面

　　　　①可刺激睪丸間質細胞的發育，並分泌睪固酮（testosterone），所以男性的LH又稱為間質細胞刺激素（interstitial cell-stimulating hormone; ICSH）。

　　　　②促進精子的成熟。

　　　　③促進男性第二性徵的表現，例如寬肩、窄腰、聲音變低沉等。

2. 分泌調節

　　(1)受到下視丘分泌促性腺激素釋放因子（gonadotropin releasing factor; GnRF）的控制。

　　(2)GnRF的釋放則與動情素、黃體素、睪固酮的負回饋系統有關。

濾泡刺激素

1. 生理功能

　　(1)在女性方面

　　　　①引發每個月的卵泡發育成熟。

　　　　②刺激卵巢卵泡細胞分泌動情素。

⑵在男性方面

①促睪丸發育。

②刺激睪丸曲細精管中精子的製造和成熟。

③促使支持細胞分泌抑制素。

2. 分泌調節

⑴受下視丘分泌促性腺激素釋放因子的控制。

⑵受性腺激素的調節

①受女性動情素、黃體素及男性睪固酮負回饋系統的調節。

②排卵前，受動情素的正回饋系統刺激分泌增加，與LH共同作用。

⑶受排卵後黃體分泌抑制素（inhibin）的負回饋來調節分泌。

泌乳激素

1. 生理功能：與其他激素共同作用，在懷孕時可促乳房發育並刺激乳汁產生。

2. 分泌調節

⑴受下視丘分泌泌乳激素釋放因子（prolactin releasing factor; PRF）及抑制因子
（prolactin inhibiting factor; PIF）的雙重調節。

⑵懷孕及生產時可刺激泌乳激素（prolactin; PRL）的分泌，但分娩後會短暫地降
低分泌，等哺乳時分泌量又會上升。嬰兒吮乳刺激乳房會使下視丘減少PIF的分
泌，而使泌乳激素分泌增加。同時PRL會抑制排卵，使卵巢失去活性，所以產
後餵母乳的女性會無月經。

促腎上腺皮質素

1. 生理功能

⑴刺激腎上腺皮質糖皮質固醇、礦物質皮質固醇、性皮質固醇的製造與分泌。

⑵作用於脂肪細胞，增加脂肪的異化作用。

⑶作用於黑色素細胞，使皮膚顏色變黑。

2. 分泌調節

⑴受下視丘分泌的促腎上腺皮質素釋放因子（corticotropin releasing factor; CRF）所
調控。

⑵受到壓力的刺激，會使CRF分泌增加。

⑶當糖皮質固醇分泌量發生改變時，會經由負回饋系統來調節促腎上腺皮質素
（adrenocorticotropic hormone; ACTH）的分泌。

後葉分泌的荷爾蒙

催產素

1. 生理功能

   (1)刺激懷孕子宮平滑肌收縮以利生產之進行。

   (2)可刺激乳腺管平滑肌收縮射出乳汁。

   (3)產後可增強子宮的緊張度，控制產後出血。

   (4)性交時，刺激未懷孕的子宮收縮以利精子的運行與卵子受精。

2　分泌調節

   (1)開始分娩時，子宮頸擴張引起神經衝動傳向下視丘分泌細胞，刺激催產素
   （oxytocin; OT）的合成，並使垂體後葉釋出OT入血液至子宮，加強子宮收縮，
   子宮的收縮產生正回饋使OT分泌更多，最後使胎兒擠出子宮。

   (2)嬰兒吸吮乳頭的刺激，使OT分泌，乳腺平滑肌收縮射出乳汁。

抗利尿激素

抗利尿激素（antidiuretic hormone; ADH）又稱血管加壓素（vasopressin）。

1. 生理功能

   (1)作用於遠曲小管、集尿管對水的再吸收增加，使尿量減少。

   (2)當身體失血時，ADH可作用於小動脈平滑肌，使小動脈收縮而血壓上升。

2. 泌調節：ADH的分泌量是依身體的需要量而定。例如在高血漿滲透壓下，會刺激
   下視丘的滲透壓接受器，刺激視上核神經元產生ADH增加，並將儲存於腦下腺後
   葉的ADH釋放。

3. 分泌異常

   (1)分泌過量：某些腦疾、肺癌患者或用藥不慎者，造成ADH分泌異常而出現低血
   鈉症、尿液濃縮不良、血液呈低張狀態。

   (2)分泌不足：導致尿崩症（diabetes insipidus）。

臨床指引：

　　尿崩症（diabetes insipidus），臨床上因為腎臟受損導致多尿，但大部分的多尿
症是由荷爾蒙失調所引起的。最常見的臨床疾病就是糖尿病及尿崩症（有關糖尿
病將會在後面敘述）。尿崩症是水分不正常代謝而呈多尿的症狀，每日尿量大於
5,000c.c.。

　　尿崩症是腦下垂體後葉不分泌抗利尿激素（ADH）導致，使得腎臟對水分無法
保留，而使腎臟排出過多的水分。

　　輕微的尿崩症病人不需特別的治療，只要將水分與電解質的攝取和尿液的排出保持平衡即可。但嚴重尿崩症的病患（每小時排尿超過250c.c.），且連續兩次以上，則需服用抗利尿劑。

甲狀腺

　　甲狀腺（thyroid）位於喉的正下方，其左、右兩側葉分別位於喉及氣管的兩側，中間以峽部（isthmus）相連（圖15-5）。

圖15-5　甲狀腺。A.解剖位置；B.濾泡放大圖。

　　甲狀腺是體內最大的內分泌腺體，副甲狀腺則包埋在甲狀腺後表面中（圖15-7）。

　　甲狀腺內有許多稱為甲狀腺濾泡（thyroid follicle）的球狀中空小囊（圖15-5），在濾泡內襯有一層單層立方上皮，此為合成甲狀腺素（thyroxine）的濾泡細胞（follicular cell），濾泡內部含有稱為膠質（colloid）的蛋白質液體。在濾泡之間的表皮細胞為分泌降鈣素（calcitonin）的濾泡旁細胞（parafollicular cell）或稱為C細胞。

　　濾泡細胞所製造的甲狀腺素（thyroxine; T_4），含4個碘原子；也製造三碘甲狀腺素

（triiodothyronine; T_3），含3個碘原子，兩者合稱為甲狀腺激素（thyroid hormone）。T_4的分泌量是T_3的5倍，但T3的活性卻是T_4的3～4倍。

甲狀腺激素

合成、儲存與釋放

食物中的碘是在空腸吸收，在血液中的濃度為0.3μg/100ml。甲狀腺激素的合成是受甲狀腺刺激素（TSH）的影響，在濾泡上皮細胞合成。

1. 合成（formation）：體內的碘離子可藉主動運輸的方式由血液運入甲狀腺的濾泡細胞，濾泡細胞內的碘離子濃度可達血中的40倍。濾泡細胞中的碘離子在過氧化氫酶氧化下形成碘原子（iodine）。碘原子再與甲狀腺球蛋白中的酪胺酸（tyrosine）結合成單碘酪胺酸（monoiodotyrosine; MIT），再經碘化成雙碘酪胺酸（diiodotyrosine; DIT）。在膠質中，酵素會修飾MIT和DIT的結構，再將之配對偶合。當兩個DIT分子經適當修飾偶合成四碘甲狀腺素（T_4）或稱甲狀腺素；若是一個MIT與一個DIT偶合則形成三碘甲狀腺素（T_3）。

2. 儲存（storange）：甲狀腺激素合成後，大多會在膠質中與甲狀腺球蛋白（thyroglobulin; TGB）結合成甲狀腺膠體（thyroid colloid）儲存達1～3個月之久。所以，即使合成受阻，也需在數個月後才見到影響。

3. 釋放（secretion）：經由TSH的刺激，濾泡細胞會藉由胞飲作用吸收小體積的膠質，並將T_3和T_4由甲狀腺蛋白中移出，再將游離的激素分泌至血液中。進入血流後，大多數甲狀腺激素與血漿中的甲狀腺素結合球蛋白（thyroxine-binding globulin; TBG）結合成蛋白質結合碘（protein-bound iodine; PBI），故由血液中的蛋白質結合碘（PBI）可測知甲狀腺的機能。

生理作用

1. 調節代謝作用
   (1)增加基礎代謝率（basic metabolic rate; BMR）：甲狀腺激素可促使細胞內粒線體分裂加快使數目增加。粒線體是細胞內的發電廠，所以可增加能量產生，使BMR加快。
   (2)增加醣類的異化作用降低血糖，增加脂肪的異化作用降低血中膽固醇。其所產生的能量以熱放出使體溫上升，此為產熱效應（calorigenic effect）。
   (3)增加小腸吸收葡萄糖速率：所以飯後血糖會上升，但因異化作用加速，使血糖又迅速下降。
   (4)助肝臟將胡蘿蔔素合成維生素A。
   (5)增加紅血球的2, 3DPG，使氧與血紅素的解離度增加，解離曲線右移，以供給甲

狀腺激素對氧的消耗。

2. 調節生長與發育：甲狀腺激素與生長激素共同促進小孩的骨骼、肌肉，尤其是神經組織的生長、發育。

3. 協調神經系統的活動性：甲狀腺激素會增加神經系統的反應性，導致血流速度增加、心跳變快變強、血壓上升、腸胃蠕動增加、神經質及不安。

分泌調節

若血液中甲狀腺激素的量低於正常值，或代謝率降低，或寒冷的天氣，在下視丘的化學感受器偵測出其變化後，即會刺激下視丘釋放促甲狀腺激素釋放激素（TRH），此釋放激素再刺激垂體腺體部分泌TSH，接著TSH就刺激甲狀腺分泌甲狀腺激素，直至代謝率回復正常為止（圖15-6）。

若血液中甲狀腺激素濃度增加，可經由負回饋機轉抑制腦下腺前葉的TSH及下視丘的TRH分泌減少。若血循中動情素（estrogen）、雄性素（androgen）大量出現或壓力、老化、過度溫暖，會使TSH分泌減少。

功能失調

甲狀腺功能失調有兩種情況，若分泌過多會造成功能亢進，若分泌過少會造成功能低下。

1. 功能亢進：最常見的是格雷氏病（Grave's disease）又稱為突眼甲腺腫。格雷氏病可發生於任何年齡，但最常發生在30～50歲的女性，它是一種自體免疫疾病，病人體內的T淋巴球被甲狀腺中的抗原活化，轉而刺激B淋巴球製造對抗抗原的抗體循環全身。通常使用藥物來抑制甲狀腺激素的合成，或以外科手術摘除部分甲狀腺的方式治療。格雷氏病是導致甲狀腺毒症最常見的原因，其特徵有三：

   ⑴甲狀腺機能亢進症狀：例如代謝率增加、體溫上升、脈搏速率增加、皮膚潮紅、體重減輕、易激動、手指顫抖、甲狀腺腫至原有的2～3倍等。

   ⑵浸潤性眼病：甲狀腺球蛋白－抗甲狀腺球蛋白及其他的甲狀腺免疫複合體沉積於眼球外肌肉內，產生炎症反應而形成突眼症。

   ⑶浸潤性皮病：常發生於足部或腿的背面，稱為脛前黏液水腫（pretibial myxedema）。

2. 功能低下

   ⑴成長期間甲狀腺激素分泌不足或懷孕時母親飲食缺碘，會造成呆小症（cretinism），明顯的症狀是侏儒症與精神遲滯。除此之外尚有性發育遲緩、臉圓、鼻子變厚、舌頭外突、腹部鼓起、體溫低、嗜眠、心跳速率變慢等症狀。

圖15-6　調節下視丘、腦下腺前葉和甲狀腺的負回饋作用。A.甲狀腺刺激素的濃度可回饋控制下視丘；B.甲狀腺素的濃度可回饋控制腦下腺前葉；C.甲狀腺素濃度可回饋控制下視丘。以此方法，甲狀腺可自行控制其分泌。皮質醇及性激素也以類似的方法來控制。

⑵在成年時因甲狀腺疾病、腦下腺或下視丘病變，造成甲狀腺激素分泌不足而發生黏液性水腫（myxedema），患者通常臉圓肥腫、心跳變慢後心肥大、體溫低、肌肉無力、嗜眠、神經反應性遲鈍等症狀。女性的發生率是男性的8倍。

副甲狀腺

　　副甲狀腺（parathyroid gland）是人體內最小的內分泌腺體。副甲狀腺埋在甲狀腺兩側葉之後，約綠豆大小，排成上下兩對（圖15-7）。副甲狀腺中含有兩種不同型態的上皮細胞，數目較多的是主細胞（chief cell），可合成副甲狀腺素（parathyroid hormone; PTH）；另一種是體積較大的嗜酸性細胞（oxyphil cell），功能不明顯，數目會隨年齡增加。

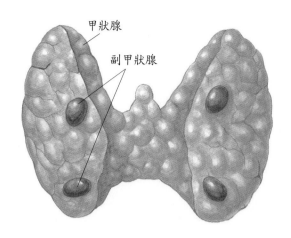

圖15-7　甲狀腺後面與副甲狀腺

生理功能

副甲狀腺素（Parathyroid Hormone; PTH）可控制血液中鈣離子濃度，會作用在骨骼、腸道、腎臟，以促進血液中鈣離子的增加，故有升鈣素之稱。

1. 可活化維生素D，增加鈣與磷酸根由十二指腸吸收。
2. 增加蝕骨細胞的活性，使骨組織分解，並將鈣、磷酸釋入血液中。
3. 可增加血液中來自骨骼的鹼性磷酸酶。
4. 能增加近曲小管對鈣的再吸收，抑制近曲小管對磷酸根的再吸收，維持血液中鈣與磷的反比關係。

所以PTH的整體作用是升高血鈣、降低血磷含量，且在調節血鈣濃度上與降鈣素是互為拮抗的，其與降鈣素的比較，見表15-4。

表15-4　副甲狀腺素與降鈣素的比較

比較項目	副甲狀腺素（PTH）	降鈣素（CT）
分泌器官	副甲狀腺	甲狀腺
分泌細胞	主細胞	濾泡旁細胞
對鈣、磷的影響	升鈣、降磷	降鈣、降磷
作用機轉	• 增加蝕骨細胞的活性 • 增加十二指腸對鈣的再吸收 • 增加近曲小管對鈣的再吸收，但抑制對磷的再吸收。	• 抑制蝕骨細胞活性 • 增加骨骼對鈣的吸收 • 增加鈣、磷自尿中排泄

分泌調節

　　副甲狀腺素的分泌不受垂體控制，而是受血鈣濃度調節的負回饋作用。當血鈣濃度下降時，會促進副甲狀腺素的分泌；而血鈣濃度上升時，會抑制副甲狀腺素的活性及分泌（圖15-8）。

功能失調

1. 功能亢進——囊狀纖維性骨炎（osteitis fibrosa cystica）：又稱褐色腫瘤。副甲狀腺長腫瘤造成機能亢進，會引起骨骼礦物質排除過多，使骨組織空腔被纖維性組織取代，由於高血鈣、骨質疏鬆，骨骼易變形、骨折，且易腎結石。
2. 功能低下——鈣離子缺乏症：若患者行甲狀腺切除術時，不慎連副甲狀腺也切除了，或放射線照射下，使副甲狀腺機能過低，引起鈣離子缺乏症，導致神經元在沒有正常刺激下也會去極化，使神經衝動增加，造成肌肉扭曲、手足抽搐（tetany）。

圖15-8　副甲狀腺素的分泌調節

腎上腺

腎上腺（adrenal gland）位於後腹腔左、右腎臟的上方各一個（圖15-9）。腎上腺外有腎筋膜覆蓋與腎臟一起被包住，左邊腎上腺較右邊大。每一個腎上腺含有外層的皮質（cortex）與內層的髓質，兩者功能不同，是因腎上腺髓質源於神經外胚層，皮質則源於中胚層。

皮質

腎上腺皮質細胞均分泌皮質固醇（corticosterone），依細胞的排列與組成可分成三層構造，由外往內排列為（圖15-10）：

1. 絲（小）球帶（zona glomerulosa）：約占皮質15%，其細胞排列呈圓球形，可分泌礦物質皮質酮（mineralocorticoid）。
2. 束狀帶（zona fasciculata）：約占皮質的70～80%，是最寬的一層，細胞排列呈雙排的索狀，可分泌糖皮質酮（glucocorticoid）。
3. 網狀帶（zona reticularis）：細胞排列成不規則的網狀，是最薄的一層，主要合成少量的性激素，尤其是雄性激素——睪固酮。

圖15-9　腎上腺位置及切面圖

圖15-10　腎上腺的顯微構造

圖中標示：外囊、絲球帶、束狀帶、網球帶、皮質、髓質；絲球帶細胞、束狀帶細胞、網狀帶細胞、髓質細胞

髓質

　　髓質（medulla）占腎上腺實質的28～30%，是節後神經元失去軸突而保留具分泌功能的嗜鉻細胞（chromaffin cells）所組成，直接受交感神經支配。嗜鉻細胞在形態上可分成占80%的腎上腺素細胞及占20%的正腎上腺素細胞。

腎上腺皮質激素

礦物質皮質酮

1. 生理功能：礦物質皮質酮（mineralocorticoid）具有調節體內水分與電解質的恆定功能，尤其是鈉、鉀離子。礦物質皮質酮至少有三種，其中以分泌最多，活性也

最大的醛固酮（aldosterone）為代表。它作用於遠曲小管、集尿管，增加對鈉離子及水的再吸收，加速鉀及氫離子的排泄作用。由於水及鈉離子保留下來，使尿液量減少，又因為鈉離子與鉀離子進行交換，所以醛固酮會降低細胞外液鉀離子的濃度。血管收縮素II（angiotensin II）會刺激腎上腺皮質（adrenal cortex）製造更多醛固酮（留鹽激素），使鈉離子與水再吸收增加。所以醛固醇分泌受到血管收縮素II和細胞外液鉀離子濃度增加的刺激而影響。

2. 功能失調

　⑴由於腎上腺皮質腺瘤使醛固酮分泌過多，造成醛固酮過多症（aldosteronism）或稱Conn氏症候群，因為鈉、水的過度滯留造成高血壓、水腫；鉀離子排除過多，使神經元無法去極化而造成肌肉無力。

　⑵若腎上腺皮質功能不足，導致醛固酮分泌不足（hypoaldosteronism），會造成低血鈉、低血壓、高血鉀、代謝性酸中毒。

糖皮質酮

1. 生理功能：糖皮質酮（glucocorticoid）是影響糖類代謝及壓力抵抗有關的一群激素。具有皮質固醇（cortisol）、可體松（cortisone）及皮質脂酮（corticosterone）三種；其中以皮質固醇最多，負責了糖皮質酮95%的活性，故以皮質固醇為代表。這些激素在ACTH刺激下分泌，能促進胺基酸在肝臟中進行糖質新生的作用；或由胺基酸重新組合成新的蛋白質；或必要時將脂肪酸轉變成葡萄糖，使血糖上升與促進肝臟合成肝醣。也能減少發炎物質及內生性熱原的產生，並減少肥胖細胞的數目，抑制其釋放組織胺，減少過敏反應。

2. 功能失調

　⑴糖皮質酮分泌過多會引起庫欣氏症候群（Cushing's syndrome），其特徵為：脂肪重新分布，造成梭形腿、月亮臉、背部水牛峰、腹部下垂。蛋白質分解過度會造成肌肉發育不良、傷口癒合慢、易瘀血、四肢無力等。因糖質新生造成抗胰島素的糖尿病，骨質疏鬆易發生骨折。

　⑵糖皮質酮分泌過少會引起愛迪生氏症（Addison's disease），其臨床症狀包括：精神遲滯、體重減輕、低血糖導致肌肉無力、高血鉀、低血鈉、黑色素沉積皮膚成古銅色及脫水。

性腺皮質酮

　　腎上腺皮質的網狀帶分泌男、女性性腺皮質酮，亦即動情素及雄性素，其中以雄性激素——睪固酮為主。在成年人的腎上腺所分泌的性腺皮質酮（gonadocorticoid）濃度很低，以致作用不明顯。

腎上腺髓質激素

　　腎上腺髓質（adrenal medulla）在腎上腺體中央，約占30%的體積，是節後神經軸突退化的交感神經節，受交感神經刺激會釋出80%的腎上腺素（epinephrine; E）和20%正腎上腺素（norepinephrine; NE）於血液中，兩者釋出的比例約4：1。

　　腎上腺素與正腎上腺素的作用具擬交感神經性（sympathomimetic），其生理功能包括了：

1. 增加心臟肌肉的收縮力，使心輸出量與心跳速率增加，引起血壓上升。
2. 使冠狀動脈擴張，有足夠血流供應心肌活動。
3. 增加肝醣分解及糖質新生，使血糖上升。
4. 提高代謝速率，升高體溫。
5. 使腎絲球的輸入小動脈收縮，腎絲球過濾率下降。
6. 使近腎絲球器分泌腎素的作用增加。

胰臟

　　胰臟（pancreas）是扁平器官，位於胃後下方、十二指腸旁，分成頭、體、尾三個部分。其內分泌部分含有散布的細胞群，稱為蘭氏小島（islet of Langerhans），主要分布於胰臟的體部和尾部。以顯微鏡觀察，蘭氏小島中大多數的細胞是分泌升糖素（glucagon）的 α 細胞及分泌胰島素（insulin）的 β 細胞；其他尚有一些分泌體制素（somatostatin）的 δ 細胞。

升糖素

生理功能

　　升糖素（glucagon）的主要生理功能是增加血液中葡萄糖含量。

1. 肝醣分解：促進肝內的肝醣轉變為葡萄糖，以升高血糖。
2. 糖質新生：能將肝內的其他營養物質，例如胺基酸、甘油、乳酸等轉變成葡萄糖，以升高血糖量。
3. 可促使細胞利用脂肪速度增加作為能量來源，減少葡萄糖的利用，以升高血糖，但脂肪分解加快具有產酮作用，故升糖素又稱為產酮效應激素。

分泌調節

　　升糖素分泌直接受血糖量的負回饋控制。當血糖降至正常以下，胰島的 α 細胞內的化學感受器就刺激 α 細胞分泌升糖素；當血糖升高後，細胞就不再受刺激，停止製造升

糖素（圖15-11）。

圖15-11　升糖素與胰島素的分泌調節

胰島素

生理功能

胰島素（insulin）最主要的功能是對抗升糖素，以降低血糖量。

1. 促進肝醣生成（glycogenesis）。
2. 促進葡萄糖由血液運送到細胞中，但標的細胞必須有胰島素接受器才能進入。
3. 減少肝醣分解及糖質新生。
4. 刺激蛋白質及脂肪的合成。

分泌調節

其分泌調節也是直接受血糖量的負回饋控制（圖15-11）。如果蘭氏小島長瘤使胰島素分泌過多（hyperinsulinism），血糖過低引起腎上腺素、升糖素及生長激素的分泌，結果會造成不安、流汗、顫抖、心跳加速、衰弱等。若腦細胞無足夠的葡萄糖供其有效地執行功能，易造成暈眩、昏迷、休克，最後死亡。如果胰島素分泌不足即會導致血糖過高及糖尿病（diabetes mellitus），只要血糖值超過180mg%，就會出現糖尿。糖尿病有三多症狀，即多吃、多喝、多尿。除此之外，尚易有酸中毒、傷口不易癒合、動脈粥狀硬化等問題。

　　臨床指引：

　　　　糖尿病：身體血糖是由升糖素和胰島素共同調節的。當兩者失去平衡時，血液中葡萄糖含量上升超過腎臟回收的極限時，葡萄糖從尿液中流出，所以稱為糖尿病

（diabetes mellitus）。

　　由於糖本身滲透壓高，糖從尿中排出時，會伴隨水分和電解質的流失，使細胞脫水，所以會出現尿多、口渴、多吃、疲倦、體重下降的典型症狀。

　　正常人空腹血糖<110mg/dl，飯後2小時血糖<140mg/dl。若有兩次空腹血糖>140mg/dl，飯後2小時血糖>200mg/dl，就可稱為糖尿病。當身體不能分泌胰島素，稱為胰島素依賴型糖尿病（DM1）。人體內細胞對胰島素反應不佳時，稱為非胰島素依賴型糖尿病（DM2）。

　　因糖尿病死亡率逐漸上升，居十大死因第二位（次於癌症）。而中風、心臟病及高血壓、腎臟病等十大死亡原因亦均與糖尿病有關，相當值得所有人對糖尿病予以重視。

體制素

　　由胰臟蘭氏小島中的δ細胞分泌的體制素（somatostatin）相當於下視丘分泌的生長激素抑制因子（GHIF）。其功能是：

1. 抑制生長激素分泌。
2. 抑制升糖素、胰島素的分泌。
3. 抑制胃酸分泌及胃蠕動。
4. 抑制胰臟分泌和膽囊收縮。

胸腺

　　胸腺（thymus）位於前縱膈腔內，它會隨年齡而長大，至青春期變最大後就開始退化並被大量脂肪組織取代。

　　胸腺是產生T細胞的地方，T細胞屬於淋巴球，可參與細胞性的免疫。除了產生T細胞外，胸腺也分泌胸腺素（thymosin）、胸腺生成素（thymopoietin）等激素，可在T細胞離開胸腺後，刺激T細胞成熟。T細胞與B細胞的差異如表15-5。

表15-5　T細胞與B細胞的來源及功能

	T 細胞	B 細胞
分化來源	胸腺	扁桃體 迴腸黏膜下層的培氏斑 闌尾
免疫功能	與細胞性免疫有關	與體液性免疫有關

松果腺

松果腺（pineal gland）又稱腦上腺（epiphysis），位於第三腦室的頂部（圖15-1），由神經膠細胞及具分泌功能的松果腺細胞組成。嬰幼兒時期松果腺很大，細胞常排列成腺泡狀。在青春期後，松果腺開始鈣化。松果腺的主要激素是褪黑激素（melatonin），經由下視丘的視交叉上核刺激交感神經元活化松果腺，引起褪黑激素的製造與分泌。視交叉上核的活化和褪黑激素的分泌在夜晚時達最高，光線一進入眼球，褪黑激素就停止生產。而褪黑激素的減少，可促使性腺成熟。

生殖系統荷爾蒙

卵巢

女性的生殖腺位於骨盆腔的卵巢（ovary），它製造女性性激素 —— 動情素（estrogen）和黃體素（progesterone），負責女性性徵的發育和維持，並與垂體的性腺激素共同調節月經週期或維持妊娠，使乳腺作好泌乳準備。卵巢與胎盤也製造鬆弛素（relaxin），它可使恥骨聯合鬆弛，並在妊娠晚期協助子宮頸舒張，且能增進精子活力。

睪丸

男性的生殖腺位於陰囊內的睪丸（testis），它製造雄性激素 —— 睪固酮（testosterone），以刺激男性性徵的發育和維持。睪丸也分泌抑制素（inhibin），可抑制FSH的分泌。

卵巢和睪丸的解剖構造和功能，及其相關分泌的激素，將於下一章生殖系統討論。

自我測驗

（　）1. 下列哪個分子，目前被認為是次級傳訊物質（second messenger）？
　　　　(A) cAMP　　(B) ATP　　(C) H_2O　　(D) CO_2

（　）2. 正常情況下，下列何者與生產過程的進行最無關連？　　(A) 催產素（oxytocin）　　(B) 鬆弛素（relaxin）　　(C) 抑制素（inhibin）　　(D) 前列腺素（prostaglandin）

（　）3. 下列何種腺體在幼年時較發達，但青春期以後逐漸萎縮，且不斷有鈣鹽沉

積？　(A) 胸腺　(B) 扁桃腺　(C) 松果腺　(D) 副甲狀腺

（　）4. 下列何者的作用最不會影響男生之生長發育？　(A) 生長素（growth hormone）　(B) 睪固酮（testosterone）　(C) 甲狀腺素（thyroid hormone）　(D) 血管加壓素（vasopressin）

（　）5. 下列激素當中，何者在血液中的半衰期最短？　(A) 甲狀腺素（thyroid hormone）　(B) 醛固酮（aldosterone）　(C) 正腎上腺素（norepinephrine）　(D) 皮質固醇（corticosterone）

（　）6. 性激素除了由性腺分泌之外，尚可由下列何處分泌？　(A) 子宮　(B) 腎上腺　(C) 脾臟　(D) 松果腺

（　）7. 在抗利尿激素（ADH）大量分泌時，腎小管的哪一部位對水分重吸收之百分比為最高？　(A) 近曲小管　(B) 亨利氏環的下降枝　(C) 亨利氏環的上升枝　(D) 集尿管

（　）8. 甲狀腺內含C細胞，分泌什麼激素？　(A) 降鈣素　(B) 甲狀腺素　(C) 副甲狀腺素　(D) 三碘甲狀腺素

（　）9. 下列哪一種現象常見於第二型糖尿病患者？　(A) 發生於懷孕期的婦女　(B) 體型瘦弱　(C) 常發生在20歲的年輕人　(D) 體型肥胖

（　）10.下列何種酵素的活化可使細胞內的二次信號物（second messenger）——cAMP升高？　(A) 蛋白激酶A（protein kinase A）　(B) 磷脂酶C（phospholipase C）　(C) 腺三磷水解酶（ATPase）　(D) 腺酸環化酶（adenylate cyclase）

（　）11.下列何種細胞間的信號物質遞送方式屬於荷爾蒙（或激素性）的傳遞？　(A) 由細胞釋放給相鄰近的其他細胞接收　(B) 由突觸前細胞釋出給突觸後細胞接收　(C) 由細胞內透過gap junction流通至相鄰細胞內　(D) 由細胞釋出至血液，透過血流遞送至目標細胞

（　）12.升糖素的主要作用位置為下列哪一種組織？　(A) 肌肉　(B) 肝臟　(C) 胰臟　(D) 脂肪細胞

（　）13.下視丘的神經荷爾蒙對腦下垂體前葉荷爾蒙的分泌調控是藉由下列哪一種路徑？　(A) 門脈循環　(B) 體循環　(C) 神經突觸傳導　(D) 腦室循環

（　）14.下列有關抗利尿激素（ADH）的敘述，何者「不」正確？　(A) 由腦下垂體後葉分泌，主管腎臟排水功能　(B) 它主要作用在腎小管的亨利式彎管厚壁上行枝（thick ascending limb of Henle）　(C) 抗利尿激素分泌過多可能引起低血鈉（hyponatremia）　(D) 抗利尿激素分泌不夠可能引起夜尿及多尿

（　）15.可體松（cortisol）的分泌，主要受下列哪兩種荷爾蒙的調控？　(A) 促腎上

腺皮質素（ACTH），促腎上腺皮質素釋放激素（CRH）　(B) 促腎上腺皮質素（ACTH），生長激素（GH）　(C) 促腎上腺皮質素釋放激素（CRH），黃體素（LH）　(D) 生長激素（GH），黃體素（LH）

（　）16.下列何者是細胞內訊息傳遞分子？　(A) cAMP　(B) 葡萄糖　(C) 胺基酸　(D) 乳酸

（　）17.下列哪種腺體構造，不屬於內分泌系統？　(A) 腦下腺　(B) 腎上腺　(C) 乳腺　(D) 甲狀腺

（　）18.嬰兒時期若缺乏甲狀腺素，易造成呆小症（cretinism），請問與下列甲狀腺素的作用何者有關？　(A) 促進新陳代謝　(B) 增加基本代謝率　(C) 促進體溫上升　(D) 調節神經組織的生長

（　）19.下列有關升糖激素分泌與作用的敘述，何者正確？　(A) 升糖激素由肝臟所製造，作用在胰臟　(B) 升糖激素可促進肝醣製造增加　(C) 升糖激素可促進糖質新生　(D) 血糖增加時可促進升糖激素分泌增加

（　）20.泌乳素（prolactin）的主要功能會：　(A) 使乳房增大　(B) 刺激受孕（fertilization）　(C) 抑制乳汁的產生　(D) 使月經週期恢復正常

（　）21.需要碘元素（iodine）的荷爾蒙為：　(A) 副甲狀腺素　(B) 胰島素　(C) 甲狀腺素　(D) 生長激素

（　）22.副甲狀腺素（parathyroid hormone）的作用為：　(A) 刺激1,25-dihydroxyvitamin D的產生　(B) 直接抑制腎小管鈣離子的吸收　(C) 直接增加腎小管磷酸根的再吸收　(D) 減少鈣離子從骨骼釋放

（　）23.能夠引起血糖下降的重要激素為：　(A) 升糖素　(B) 胰島素　(C) 腎上腺素　(D) 生長激素

（　）24.抗利尿激素（antidiuretic hormone）主要作用於：　(A) 近端腎小管　(B) 腎絲球　(C) 集尿管（collecting duct）　(D) 亨利氏環（the loop of Henle）

（　）25.有關生長素（GH）之敘述，下列何者正確？　(A) 其分泌量日夜相同　(B) 成年人即不再分泌　(C) 可加速軟骨生長　(D) 增加細胞對葡萄糖之攝取

（　）26.下列何者並非胰島素之作用？　(A) 促進蛋白質分解增加血中胺基酸濃度　(B) 促進葡萄糖進入肝細胞、肌肉及脂肪細胞　(C) 抑制升糖素的分泌　(D) 刺激周邊組織對酮酸的利用

（　）27.下列有關皮質固醇（cortisol）之敘述，何者錯誤？　(A) 可刺激發炎及免疫反應　(B) 主要由腎上腺皮質分泌　(C) 可促進糖質新生作用　(D) 分泌過量會減少肌肉蛋白質合成

（　）28.下列何者最不會提升血糖？　(A) 升糖素　(B) 腎上腺素　(C) 皮質醇　(D) 甲

狀腺素

（　）29.下列何種血液的荷爾蒙上升會引起血糖升高？　(A) 胃泌素（gastrin）
(B) 胰島素（insulin）　(C) 生長激素（growth hormone）　(D) 催產素
（oxytocin）

（　）30.將下視丘及腦下腺間的神經連結全數切除後，有哪些腦下腺荷爾蒙的分
泌會受影響？　(A) FSH和LH　(B) ACTH和TSH　(C) GH和prolactin
(D) oxytocin和ADH（vasopressin）

（　）31.某位具有甲狀腺功能不足症狀的患者發現血漿中的T_4、T_3及TSH都比正常值
低；注射TRH後，血漿中這三個激素都有上升。造成此甲狀腺功能不足的可
能部位為何？　(A) 下視丘　(B) 腦下垂體前葉　(C) 甲狀腺　(D) 腦下垂體後
葉

（　）32.某婦女為治療關節炎使用大量的類固醇類藥物，請問對其自身的皮質固
醇分泌之影響，下列何者錯誤？　(A) 高濃度類固醇類藥物會抑制下視
丘CRH分泌　(B) 高濃度類固醇類藥物會抑制腦下垂體前葉ACTH分泌
(C) 高濃度類固醇類藥物會使腎上腺萎縮，減少皮質固醇分泌　(D) 高濃度類
固醇類藥物會使ADH分泌減少

（　）33.有關副甲狀腺素的功能之敘述，下列何者正確？　(A) 抑制維生素D的活性
(B) 增加腎對鈣離子的再吸收　(C) 降低血鈣濃度　(D) 增加血磷濃度

（　）34.體抑素（somatostatin）由胰臟何種腺體所分泌？　(A) β細胞　(B) α細胞
(C) δ細胞　(D) 腺體細胞

（　）35.由腦下腺後葉（posterior pituitary lobe）所分泌的主要激素為：　(A) 黃體促
素（LH）及泌乳素（prolactin）　(B) 泌乳素及催產素（oxytocin）　(C) 催
產素及抗利尿素（ADH）　(D) 抗利尿素及黃體促素

（　）36.下列何者會提高基礎代謝率及體溫？　(A) 胰島素　(B) 甲狀腺素　(C) 胃泌
素　(D) 腎素

（　）37.高血鈣會促進哪一種激素分泌？　(A) 副甲狀腺素（parathyroid hormone）
(B) 維生素D（vitamin D）　(C) 降鈣素（calcitonin）　(D) 胰島素（insulin）

（　）38.有關激素作用之敘述，下列何者正確？　(A) 腎素（renin）會促使血壓下
降，此與礦物皮質酮的作用相同　(B) 抗利尿激素會促進排尿使血壓下降，
此與血管加壓素的作用相反　(C) 糖皮質素會促使血糖下降，此與胰島素的
作用相同　(D) 降鈣素會促使血中鈣離子下降，此與副甲狀腺素的作用相反

（　）39.胰臟蘭氏小島的α細胞分泌：　(A) 胰島素　(B) 升糖素　(C) 降鈣素　(D) 體
抑素

（　）40.何種腦下腺激素可促進男性睪固酮的分泌？　(A) 黃體生成素（LH）
（B) 動情素（estrogen）　(C) 性釋素（GnRH）　(D) 助孕素（progesterone）

（　）41.下列何者非由腎臟分泌？　(A) 抗利尿激素　(B) 活性維生素D　(C) 腎素
(D) 紅血球生成素

（　）42.下列何者會造成精神遲滯、體重下降、古銅色皮膚等症狀，又稱愛迪生氏
病？　(A) 糖皮質素分泌不足　(B) 糖皮質素分泌過多　(C) 礦物皮質酮分泌
不足　(D) 礦物皮質酮分泌過多

（　）43.下列哪一種激素屬於蛋白質激素（protein hormone）？　(A) 甲狀腺素
（thyroxine）　(B) 動情素（estrogen）　(C) 甲促素（TSH）　(D) 雄性素
（androgen）

（　）44.一般而言，濾泡促素受體（FSH receptor）位於其標的細胞何處？　(A) 細胞
膜　(B) 細胞質　(C) 細胞核　(D) 內質網

（　）45.調控生殖的兩種主要腦下腺激素是：　(A) 黃體促素（LH）及性釋素
（GnRH）　(B) 性釋素及濾泡促素（FSH）　(C) 濾泡促素及甲促素
（TSH）　(D) 濾泡促素及黃體促素

（　）46.腎上腺素（epinephrine）是由下列腎上腺的哪一部分分泌？　(A) 絲球帶
（zona glomerulosa）　(B) 束狀帶（zona fasciculata）　(C) 網狀帶（zona
reticularis）　(D) 嗜鉻細胞（chromaffin cells）

（　）47.細胞自泌作用（autocrine）係指下列何者？　(A) 由細胞本身釋出之物質作用
在鄰近的細胞上　(B) 是一種自發性細胞凋亡（apoptosis）的過程　(C) 由細
胞本身釋出之物質作用在自身上　(D) 由細胞本身釋出之物質經由血液循環
系統作用至全身

（　）48.庫欣氏症候群（Cushing's syndrome）主要是因體內何種激素分泌過多
所致？　(A) 動情素（estrogen）　(B) 皮質固醇（cortisol）　(C) 黃體素
（progesterone）　(D) 雄性素（androgen）

（　）49.激素的主要代謝器官為：　(A) 肺及腎　(B) 肝及肺　(C) 肺及胃　(D) 肝及腎

（　）50.呆小症（cretinism）主要是因胎兒時期，母體缺乏何種激素所致？　(A) 黃體
促素（LH）　(B) 濾泡促素（FSH）　(C) 甲狀腺素（thyroxine）　(D) 雄性
素（androgen）

（　）51.當血中鈣離子濃度較正常值低時，會刺激下列何者釋放激素？　(A) 甲狀腺
的濾泡細胞　(B) 甲狀腺的濾泡旁細胞　(C) 副甲狀腺的主細胞　(D) 副甲狀
腺的嗜酸性細胞

（　）52.何種腦下腺後葉分泌的激素可刺激子宮肌肉收縮？　(A) 抗利尿素（ADH）

　　(B) 催產素（oxytocin）　　(C) 黃體促素（LH）　　(D) 濾泡促素（FSH）

（　　）53.肢端肥大症（acromegaly）是受腦下腺何種激素的影響？　(A) 黃體促素（LH）　　(B) 濾泡促素（FSH）　　(C) 動情素（estrogen）　　(D) 生長激素（growth hormone）

（　　）54.腎上腺哪一部位分泌礦物皮質酮？　(A) 絲球帶　(B) 束狀帶　(C) 網狀帶　(D) 髓質

（　　）55.下列何者釋放之抑制因子作用在腦下垂體上？　(A) 視丘　(B) 下視丘　(C) 穹窿　(D) 胼胝體

（　　）56.下列何者不由胰臟的蘭氏小島分泌？　(A) 升糖素　(B) 胰島素　(C) 體制素　(D) 抑制素

（　　）57.有關細胞間化學訊息（chemical messengers）的作用機制之敘述，下列何者正確？　(A) 一種細胞僅能分泌一種化學訊息　(B) 一種化學訊息僅能引發一種功能　(C) 同一種化學訊息僅能從同一類細胞分泌　(D) 一種化學訊息可能在不同組織引發不同之生理作用

（　　）58.下列何種狀況屬於長環負回饋（long-loop negative feedback）？　(A) 濾泡促素（FSH）抑制性釋素（GnRH）分泌　(B) 動情素（estrogen）抑制黃體促素（LH）分泌　(C) 黃體促素（LH）抑制性釋素（GnRH）分泌　(D) 甲促素（TSH）抑制甲釋素（TRH）分泌

（　　）59.瘦身素（leptin）主要是由何者所分泌？　(A) 脂肪組織　(B) 下視丘　(C) 副甲狀腺　(D) 心臟

（　　）60.下列何者的分泌，不直接由腦下腺調控，而是受血糖濃度調控？　(A) 副甲狀腺　(B) 睪丸　(C) 卵巢　(D) 胰島（蘭氏小島）

（　　）61.醛固酮（aldosterone）主要是由腎上腺何處分泌？　(A) 髓質　(B) 網狀帶　(C) 束狀帶　(D) 絲球帶

（　　）62.下列何者分泌的激素會使血鈣下降？　(A) 甲狀腺的濾泡細胞　(B) 甲狀腺的濾泡旁細胞　(C) 副甲狀腺的主細胞　(D) 副甲狀腺的嗜酸性細胞

（　　）63.下列激素的敘述，何者錯誤？　(A) 黃體生成激素主要作用於卵巢　(B) 抗利尿激素主要作用於輸尿管　(C) 泌乳激素由腦下腺前葉產生　(D) 生長激素能作用於骨骼

（　　）64.促進子宮收縮與乳汁射出的催產激素，是由下列何者製造？　(A) 子宮內膜的上皮細胞　(B) 卵巢的濾泡細胞　(C) 腦下腺前葉的促泌乳細胞　(D) 下視丘的神經細胞

（　　）65.有關激素與代謝之敘述，下列何者正確？　(A) 升糖素（glucagon）抑制肝醣

（glycogen）分解　(B) 胰島素抑制肝醣分解　(C) 皮質固醇（cortisol）抑制蛋白質分解　(D) 生長激素（growth hormone）抑制脂肪分解

（　）66.下列何者由下丘腦的神經細胞產生？　(A) 褪黑激素　(B) 促腎上腺皮質激素　(C) 血管加壓素　(D) 泌乳素

（　）67.下列哪一種激素屬於胺類激素（amine hormones）？　(A) 甲狀腺素（thyroxine）　(B) 動情素（estrogen）　(C) 甲促素（TSH）　(D) 甲釋素（TRH）

（　）68.下述何者是生長激素（growth hormone）的作用？　(A) 抑制肌肉蛋白質的生成　(B) 增強葡萄糖新生成作用（gluconeogenesis）　(C) 抑制胰島素的作用　(D) 抑制骨細胞分化作用（differentiation）

（　）69.下列何者位於氣管前方，是體內最大的內分泌腺體？　(A) 松果腺　(B) 甲狀腺　(C) 副甲狀腺　(D) 腎上腺

（　）70.有關激素的敘述，下列何者錯誤？　(A) 腎臟分泌腎素　(B) 腎上腺的分泌物可以作用於心臟　(C) 胃分泌胃泌素　(D) 膽囊分泌膽囊收縮素

（　）71.抗利尿激素（ADH）主要作用於何種器官，以減少尿液？　(A) 肺　(B) 肝　(C) 腎　(D) 腦

（　）72.第一型糖尿病（Type IDM）主因是何種激素分泌不足所致？　(A) 黃體素　(B) 皮質固醇　(C) 醛固酮　(D) 胰島素

（　）73.下列哪一種激素屬於類固醇激素（steroid hormones）？　(A) 甲狀腺素（thyroxine）　(B) 動情素（estrogen）　(C) 甲促素（TSH）　(D) 甲釋素（TRH）

（　）74.有關激素作用之敘述，下列何者正確？　(A) 腎素會促進血管收縮，使血壓上升　(B) 礦物皮質酮會促進鈉離子的再吸收，使血壓下降　(C) 副甲狀腺素會促進蝕骨細胞的作用，使血鈣下降　(D) 胰島素會促進細胞內的肝醣分解，使血中葡萄糖下降

（　）75.庫欣氏症候群（Cushing's syndrome）主要是因為何種激素分泌過多所致？　(A) 醛固酮　(B) 皮質促進素　(C) 動情素　(D) 腎素

（　）76.下列何者的分泌主要在黑暗時進行？　(A) 松果腺　(B) 腦下腺　(C) 腎上腺　(D) 胸腺

（　）77.有關生長激素作用的敘述，下列何者錯誤？　(A) 促進蛋白質合成，產生正氮平衡　(B) 促進脂肪合成，減少血中脂肪酸　(C) 增加小腸對鈣離子的吸收　(D) 有抗胰島素作用，導致血糖升高

（　）78.下列何者由腦下腺後葉分泌？　(A) 褪黑激素（melatonin）　(B) 催產激素

（oxytocin）　（C) 生長激素（growth hormone）　(D) 泌乳素（prolactin）

（　）79.下列哪種荷爾蒙可以促進蛋白質異化作用？　(A) 腎上腺皮質素　(B) 生長激素　(C) 甲狀腺素　(D) 胰島素

（　）80.降鈣素（calcitonin）主要由下列何種細胞所分泌？　(A) 甲狀腺濾泡旁細胞　(B) 甲狀腺濾泡細胞　(C) 副甲狀腺主細胞　(D) 副甲狀腺嗜酸性細胞

（　）81.切斷腦下腺與下視丘的神經聯繫，何種腦下腺激素分泌會受影響？　(A) 催產素（oxytocin）　(B) 黃體促素（LH）　(C) 胰島素（insulin）　(D) 動情素（estrogen）

（　）82.皮質醇（cortisol）主要來自腎上腺何處？　(A) 髓質部（medulla）　(B) 網狀帶（zona reticularis）　(C) 囊狀帶（zona fasciculata）　(D) 絲狀帶（zona glomerulosa）

（　）83.胰島素不具有下列何種作用？　(A) 促進肝醣的合成　(B) 促進脂肪合成　(C) 促進細胞攝取葡萄糖　(D) 促進肌肉釋出胺基酸

（　）84.下列何者不分泌激素？　(A) 胸腺　(B) 丘腦　(C) 心臟　(D) 胎盤

（　）85.哪兩種激素是由腦下腺前葉同一種細胞合成？　(A) 生長激素及濾泡促素（FSH）　(B) 濾泡促素及黃體促素（LH）　(C) 黃體促素及泌乳素（prolactin）　(D) 泌乳素及生長激素

（　）86.抑制素（inhibin）主要抑制腦下腺前葉的哪一種激素？　(A) 黃體促素（LH）　(B) 濾泡促素（FSH）　(C) 胰島素（insulin）　(D) 皮質固醇（cortisol）

（　）87.由甲狀腺分泌的兩種具有生理功能的主要激素是：　(A) 甲狀腺素（thyroxine）及單碘酪胺酸（monoiodotyrosine）　(B) 單碘酪氨酸及二碘酪胺酸（diiodotyrosine）　(C) 二碘酪胺酸及三碘甲狀腺素（triiodothyronine）　(D) 甲狀腺素及三碘甲狀腺素

（　）88.下列何者會造成肢端肥大症？　(A) 幼年時期，生長激素分泌過多　(B) 幼年時期，生長激素分泌過少　(C) 成年時期，生長激素分泌過多　(D) 成年時期，生長激素分泌過少

（　）89.下列何者促進降鈣素（calcitonin）釋放？　(A) 高血鈣　(B) 低血鈣　(C) 副甲狀腺素（parathyroid hormone）　(D) 甲狀腺激素（thyroid hormone）

（　）90.下列何者具有產生生殖細胞的功能？　(A) 性腺　(B) 腎上腺　(C) 乳腺　(D) 前列腺

（　）91.下列激素與其主要作用器官的配對，何者正確？　(A) 濾泡刺激激素主要作用於卵巢　(B) 抗利尿激素主要作用於膀胱　(C) 腎上腺素主要作用於腎臟

(D) 胰島素主要作用於胰臟

（　）92.胰島素如何促使葡萄糖進入肌肉細胞？　(A) 增加細胞膜上胰島素受體　(B) 增加細胞膜上葡萄糖受體　(C) 增加細胞膜上葡萄糖運轉體　(D) 增加細胞膜上胰島素運轉體

（　）93.下列何者中含有濾泡？　(A) 胰島　(B) 松果腺　(C) 甲狀腺　(D) 腎上腺皮質

（　）94.下列何種激素是嗜鉻細胞（chromaffin cell）所分泌？　(A) 腎上腺皮質促進素（ACTH）　(B) 促皮質素釋放因子（corticotropin releasing factor）　(C) 催產素（oxytocin）　(D) 腎上腺素（epinephrine）

（　）95.下列何種激素負責調節基礎代謝率和促進中樞神經系統功能成熟？　(A) 生長激素　(B) 胰島素　(C) 甲狀腺素　(D) 糖皮質固醇

（　）96.下列何種物質可以合成褪黑激素（melatonin）？　(A) 血清張力素（serotonin）　(B) 多巴胺（dopamine）　(C) 腎上腺素（epinephrine）　(D) 正腎上腺素（norepinephrine）

（　）97.餵食母乳可抑制排卵乃自然避孕法，這是經由下列何者所致？　(A) 鬆弛素（relaxin）　(B) 泌乳素（prolactin）　(C) 催產素（oxytocin）　(D) 前列腺素（prostaglandin）

（　）98.腎上腺哪一個部分分泌的激素，會促進腎小管對鈉離子的再吸收？　(A) 絲球帶　(B) 束狀帶　(C) 網狀帶　(D) 嗜鉻細胞

（　）99.下列何者會提高基礎代謝率及體溫？　(A) 胰島素　(B) 甲狀腺素　(C) 胃泌素　(D) 腎素

（　）100.泌乳素（prolactin）的主要功能會：　(A) 使乳房增大　(B) 刺激受孕（fertilization）　(C) 抑制乳汁的產生　(D) 使月經週期恢復正常

（　）101.下列何種情況可同時增加脂肪分解（lipolysis）與糖質新生（gluconeogenesis）？　(A) 胰島素（insulin）與升糖素（glucagon）二者分泌降低　(B) 胰島素分泌增加而升糖素分泌降低　(C) 胰島素分泌降低而升糖素分泌增加　(D) 胰島素與升糖素二者分泌增加。

（　）102.有關格雷氏病（Graves' disease）的敘述，下列何者不正確？　(A) 血漿甲狀腺素（thyroxine）偏高　(B) 患者會出現甲狀腺機能亢進的症狀　(C) 過多的甲促素（TSH）導致甲狀腺腫大　(D) 自體抗體會刺激甲促素受體（TSH receptor）。

（　）103.下列何種疾病的病患具有血糖值偏低的症狀？　(A) 糖尿病（diabetes mellitus）　(B) 肢端肥大症（acromegaly）　(C) 庫欣氏症候群（Cushing's syndrome）　(D) 愛迪生氏症（Addison's disease）。

（　）104.可促進人體生長的激素，不包括下列何者？　(A) 甲狀腺素（thyroxine）
(B) 皮質固醇（cortisol）　(C) 類胰島素生長因子I（IGF-I）　(D) 睪固酮
（testosterone）。

（　）105.有關腺體細胞與其分泌激素的配對，下列何者正確？　(A) 甲狀腺濾泡旁細
胞（parafollicular cells）：甲狀腺素（thyroxine）　(B) 腎上腺髓質嗜鉻細
胞（chromaffin cells）：腎上腺素（epinephrine）　(C) 副甲狀腺濾泡細胞
（follicular cells）：副甲狀腺素（parathyroid hormone）　(D) 腎上腺皮質絲
球帶細胞（zona glomerulosa cells）：糖皮質激素（glucocorticoid）。

（　）106.有關生長激素（growth hormone）的敘述，下列何者正確？　(A) 屬
於類固醇激素　(B) 會降低組織細胞對葡萄糖的利用　(C) 會被體制素
（somatostatin）刺激而分泌　(D) 會抑制類胰島素生長因子 - I（IGF - I）的
分泌。

（　）107.有關激素與其分泌部位的配對，何者正確？　(A) 黃體生成素（LH）：卵巢
(B) 血管加壓素（vasopressin）：下視丘　(C) 生長激素：腦下垂體後葉
(D) 褪黑激素（melatonin）：腦下垂體前葉。

（　）108.關於生長激素（growth hormone）的敘述，下列何者不正確？　(A) 會在快
速動眼睡眠期分泌增加　(B) 具有抗胰島素（anti - insulin）效應　(C) 透過
體介素（somatomedin）的分泌而促進身體生長　(D) 成人生長激素分泌過多
會造成肢端肥大症（acromegaly）。

（　）109.若切除腦下垂體，下列何種激素的分泌不會直接受到影響？　(A) 皮質固醇
（cortisol）　(B) 甲狀腺素（thyroid hormone）　(C) 動情激素（estrogen）
(D) 副甲狀腺素（parathyroid hormone）。

（　）110.下列何者為胰島素的代謝作用？　(A) 刺激蛋白質合成；增加脂肪合成；
(B) 增加細胞對葡萄糖的利用；　(C) 促進糖質新生作用；　(D) 抑制肝醣合
成。

（　）111.分泌腎上腺素（epinephrine）和正腎上腺素（norepinephrine）的細
胞，分布於腎上腺的何部位？　(A) 髓質（medulla）　(B) 絲球帶
（zona glomerulosa）　(C) 網狀帶（zona reticularis）　(D) 束狀帶（zona
fasciculata）。

（　）112.降鈣素（calcitonin）是下列哪一個器官所製造釋放？　(A) 腎上腺　(B) 甲
狀腺　(C) 副甲狀腺　(D) 腎臟。

（　）113.下列哪一組荷爾蒙失調與疾病的配對是正確的？　(A) 甲狀腺素（thyroid
hormone）：庫欣氏症候群（Cushing's syndrome）　(B) 甲狀腺素

（thyroid hormone）：肢端肥大症（acromegaly） (C) 生長激素（growth hormone）：庫欣氏症候群（Cushing's syndrome） (D) 生長激素（growth hormone）：肢端肥大症（acromegaly）。

( )114.下列何者為脂溶性荷爾蒙？ (A) 胰島素（insulin） (B) 甲狀腺素（thyroid hormone） (C) 腎上腺素（epinephrine） (D) 升糖激素（glucagon）。

解答：

1.(A)	2.(C)	3.(C)	4.(D)	5.(C)	6.(B)	7.(D)	8.(A)	9.(D)
10.(D)	11.(D)	12.(B)	13.(A)	14.(B)	15.(A)	16.(A)	17.(C)	18.(D)
19.(C)	20.(A)	21.(C)	22.(A)	23.(B)	24.(C)	25.(C)	26.(A)	27.(A)
28.(D)	29.(C)	30.(D)	31.(A)	32.(D)	33.(B)	34.(C)	35.(C)	36.(B)
37.(C)	38.(D)	39.(B).	40.(A)	41.(A)	42.(A)	43.(C)	44.(A)	45.(D)
46.(D)	47.(C)	48.(B)	49.(D)	50.(C)	51.(C)	52.(B)	53.(D)	54.(A)
55.(B)	56.(D)	57.(D)	58.(B)	59.(A)	60.(D)	61.(D)	62.(B)	63.(B)
64.(D)	65.(B)	66.(C)	67.(A)	68.(C)	69.(B)	70.(D)	71.(C)	72.(D)
73.(B)	74.(A)	75.(B)	76.(A)	77.(B)	78.(B)	79.(A)	80.(A)	81.(A)
82.(C)	83.(D)	84.(B)	85.(B)	86.(B)	87.(D)	88.(C)	89.(A)	90.(A)
91.(C)	92.(C)	93.(C)	94.(D)	95.(C)	96.(A)	97.(B)	98.(A)	99.(B)
100.(A)	101.(C)	102.(C)	103.(D)	104.(B)	105.(B)	106.(D)	107.(B)	108.(A)
109.(D)	110.(A)	111.(A)	112.(B)	113.(D)	114.(B)			

第十六章　生殖系統與生理

生殖系統的功能及其複雜的控制機轉，除了維持了個體的生命，也能確保種族的延續。兩性的性腺均能產生生殖細胞及性激素，不但能產生及維持性特徵，還能調節生殖系統的生理作用，以確保受精及胚胎發育生長的環境，最後將胎兒送出體外。

男性生殖系統

男性生殖系統（male reproductive system）包括（圖16-1）：
1. 性腺：睪丸（testis），能產生精子（sperm）並分泌荷爾蒙。
2. 生殖管道：附睪用來儲存精子，輸精管、射精管、尿道則是將精子輸送出體外的管道。
3. 附屬腺體：可產生精液。
4. 支持構造：陰囊（scrotum）、陰莖（penis）及成對的精索（spermatic cord）。

睪丸

睪丸（testis）是男性的性腺，為成對的卵圓形腺體，位於陰囊內。在胚胎發育時期，是在後腹壁較高位置形成，至胚胎七個月後期開始下降，離開腹腔通過腹股溝管，至出生時已降至陰囊（scrotum）內。

圖16-1　男性生殖器官及其周圍構造（矢狀切）

發育中的睪丸能分泌睪固酮刺激睪丸下降，若分泌不足，會使單或雙邊的睪丸未下降至陰囊，稱為隱睪症（cryptorchidism）。隱睪症可於青春期前藉由簡單手術矯治，若未矯治，腹腔內較高的溫度會抑制精子的成熟，造成不孕。睪丸的外面有一層為白膜的緻密組織，將睪丸分成200～400個睪丸小葉，每一個睪丸小葉內含有1～3條緊密纏繞的曲細精管（seminiferous tubule），可產生精子，在曲細精管間的間質細胞（interstitial cell）可分泌睪固酮（testosterone）。

曲細精管彼此連接成一系列的直小管，然後在睪丸後上方會形成睪丸網（rete testis），再由此分出幾條輸出小管至附睪（圖16-2A）。

圖16-2　A.睪丸構造的矢狀切面；B.曲細精管的橫切面；C.曲細精管橫切面的放大圖。

曲細精管

　　由曲細精管（seminiferous tubule）的橫切面中可見其內有各種不同發育階段的細胞（圖16-2B、C），最外圍靠近基底膜上的是最不成熟的精原細胞（spermatogonia），越往管腔細胞越成熟，依序為初級精母細胞（primary spermatocyte）、次級精母細胞（secondary spermatocyte）、精細胞（spermatid）、成熟的精子（sperm）。

　　大的塞托利氏支持細胞（Sertoli cell）附著於曲細精管外被上，精細胞埋於支持細胞中發育。支持細胞可控制物質進入曲細精管，以確保精子生成所需的安定環境，維持血液－睪丸障壁（blood-testis barrier）防止毒性物質進入曲細精管，並圍繞和保護精細胞，以提供營養並促進發育成精子。支持細胞還能分泌抑制素（inhibin），抑制腦下垂體FSH的生成，降低曲細精管內精子的生成速率。

精子

精子生成

　　精子生成（spermatogenesis）開始於曲細精管最外層的含雙套染色體之精原細胞，經有絲分裂增殖生長，並向管腔移動發育成體積較大的初級精母細胞。每個初級精母細胞經減數分裂I（meiosis I），產生兩個含單套染色體的次級精母細胞。每個次級精母細胞再經減數分裂II（meiosis II）即可產生兩個含單套染色體的精細胞，每個精細胞成熟後即成為精子（spermatozoon），也就是一個精原細胞可生成4個精子（圖16-3）。整個生成過程需時3週，並以每天3億個的速度形成或成熟。精子一旦進入女性生殖道內，其壽命約48小時。

精子構造

　　精子構造（structureof spermatozoon）分成頭部、頸部、中板及尾部4個部分（圖16-4）。

　　頭部：內含DNA及單套染色體的細胞核；高爾基體集中於精子的前端形成尖體（acrosome），又稱穿孔體，內含蛋白酶（proteinase）及玻尿酸酶（hyaluronidase），可分解圍繞卵子的層層構造，助精蟲穿過卵細胞膜。

間質細胞

　　曲細精管間的間質細胞（interstitial cell; Leydig cells）在間質細胞刺激素（ICSH）的作用下，會分泌睪固酮（testosterone），它是主要的雄性激素（androgen），對人體有下列作用：

圖16-3 精子生成

圖16-4 精子構造

1. 在胎兒出生前，助睪丸下降到陰囊內。
2. 控制男性生殖器官的發育、生長與維持。
3. 刺激骨骼的生長及蛋白質的同化作用。
4. 與精子的產生、性慾及性行為的表現有關。
5. 可助性器官輔助腺體的形成與分泌，如攝護腺。
6. 助男性第二性徵的發育，如肌肉骨骼的發育、胸寬窄臀的體形、喉結的出現、聲音變低沉等。
7. 若睪固酮過多，會使骨骺板提早變成骨骺線，限制骨骼生長，此時即會經由負回饋機轉減少睪固酮的產生。

生殖管道

精子產生後，由曲細精管游動至直小管（straight tubule）、睪丸網，有的睪丸網內襯細胞有立體纖毛助精子移動，經輸出小管至附睪的附睪管，這時精子形態上已成熟，再經由輸精管、射精管，由尿道排出體外（圖16-1、16-2）。

附睪

附睪（epididymis）位於睪丸頂端及後緣，主要由接在睪丸網輸出小管後之纏繞的附睪管所組成。功能說明如下：

1. 是精子成熟活化的場所。
2. 是儲存精子的地方，在此可儲存四周，之後則被分解吸收。
3. 射精時，管壁平滑肌的蠕動收縮可將精子送至尿道排出體外。
4. 可分泌部分精液。

輸精管

附睪管（vas deferens）的尾端漸趨平直而成輸精管（vas deferens），經腹股溝管進入骨盆腔，與精囊管會合而成射精管（ejaculatory duct）。

輸精管可儲存精子長達數月，且不喪失其受精能力。

輸精管結紮是男性避孕方法之一，此手術是在局部麻醉下從陰囊開刀，將每條輸精管兩頭紮起，中間切斷。睪丸仍可製造精子，因無法排出體外而退化，但不會影響性慾和性行為。

射精管

射精管（ejaculatory duct）是由輸精管和精囊管會合而成，長約2公分，開口於攝護腺尿道，輸送的精子可經過攝護腺送至攝護腺尿道（圖16-5）。

圖16-5　生殖管道

尿道

男性尿道（urethra）是生殖管道的最後部分，以尿道外口通往體外，是精液和尿液的共同管道。它分成三部分：

1. 攝護腺尿道：射精管開口於此。
2. 膜部尿道：是尿道通過泌尿生殖膈的部位，最窄、最短也最易受傷，含尿道球腺。
3. 陰莖尿道：尿道球腺導管開口於此，是尿道最長的部分。

精液

精液（semen）是精子與精囊、攝護腺、尿道球腺及附睪分泌物之混合液體（表16-1）。每次射精的精液量平均約2～6ml，每ml約含5,000萬至1億5,000萬個精子。若每ml精液所含之精子少於2,000萬個，就會造成不孕。

精液呈弱鹼性，酸鹼值約7.20～7.60。攝護腺的分泌物使精液看起來似牛奶，而精囊、尿道球腺的分泌物使精子具有黏性。精液提供了精子的運輸介質和營養，也能中和男性尿道和女性陰道的酸性環境。精液中含有酶，射精後可活化精子，亦含有精液漿素（seminal plasmin），可控制精液中和女性陰道中的細菌，幫助受精作用的進行。攝護腺分泌物中的凝集蛋白會使液態精液射入陰道後呈凝集狀，但隨後纖維溶解素（fibrinolysin）的水解作用可使精液再恢復為液態，使精子易於活動。

表16-1　精液的來源及說明

腺　體	位　置	分泌量	pH值	內含物	功　能
精囊	膀胱的後下方，直腸的前方（圖16-5）	60%	弱鹼性	果糖	提供精子運動的能量
攝護腺（前列腺）	膀胱正下方圍著尿道上部	33%	弱酸性	護腺素	刺激子宮收縮，減短精子受精前的路程
尿道球腺	攝護腺下方，膜部尿道兩側		鹼性	黏液	有潤滑作用，可中和尿道酸性環境

外生殖器

外生殖器是指位於體腔外的器官。

陰囊

陰囊（scrotum）是由腹部下方的皮膚向外延伸形成囊袋構造，內有中膈分成左右兩個囊，每一囊內各含一個睪丸，是睪丸的支持及保護構造。

可藉由陰囊的位置與提睪肌、陰囊皮膜肌的收縮來調節睪丸溫度。由於陰囊位於體腔外，可提供比體溫低3°C的環境，以利精子的產生與生存。天氣冷時，提睪肌與陰囊皮膜肌的收縮可將睪丸往上提，使睪丸接近體腔。

陰莖

陰莖（penis）含尿道，是尿液和精液的共同通道，性交時陰莖也是交接器，能將精子導入陰道內。陰莖是圓柱狀的構造，包括根部（將陰莖連於體壁）、體部（含有勃起組織的管狀結構）和龜頭（圍繞尿道開口的膨大部分）3個部分（圖16-6）。

陰莖的體部是由3個圓柱狀海綿體構成，海綿體含有血竇（blood sinus），為一勃起組織（圖16-7）。陰莖根部是由尿道海綿體基部的膨大部分及陰莖海綿體近側端彼此分離的部分所組成（圖16-7A）。

龜頭是尿道海綿體末端膨大的部分，因其狀似烏龜的頭而得名，其邊緣為陰莖頭冠（corona），龜頭外面覆有包皮（prepuce）。在青春期時，位於包皮內的龜頭腺體會製造油性分泌物。此分泌物會與死亡的上皮細胞形成一種乳酪狀物質稱為包皮垢，包皮垢久未清理會造成細菌滋生，引起龜頭炎。

男性高潮

當男性受到生理或心理的性刺激時，副交感神經的衝動會引發陰莖海綿體內小動脈的擴張，使大量血流流入勃起組織的血竇內，當勃起組織充血且陰莖變得腫脹時會

恥骨聯合

陰莖根部

尿道海綿體

陰莖體部

陰莖海綿體
（勃起組織）

龜頭

尿道外口

坐骨枝

圖16-6　陰莖的前側面觀

A

輸尿管

膀胱三角

攝護腺

尿道

尿道球腺開口

尿道海綿體

陰莖海綿體

尿道

龜頭

包皮

尿道外口

儲精囊
輸精管

射精管開口

尿道球腺

B

背部血管與神經

陰莖海綿體

中央動脈

膠原鞘

尿道海綿體

尿道

圖16-7　男性的生殖系統及陰莖構造。A.前額切面；B.陰莖體部切面。

阻斷部分靜脈血回流而更促進勃起（erection）。當性刺激達到高潮時，交感神經的衝動會引起管狀系統的蠕動收縮、精囊和攝護腺的收縮，使精子及精液排入尿道，並經陰莖根部肌肉的節律性收縮，由尿道排出，這種經由交感神經所引起的反射作用即為射精（ejaculation）。射精時，由於尿道海綿體充血壓迫尿道使壓力上升，於是膀胱底部的膀胱內括約肌收縮，所以射精時尿液不會排出，精液也不會流入膀胱內。射精後，交感神經使陰莖動脈收縮，減少血液供應且降低對靜脈的壓力，使陰莖過多的血液引流入靜脈，並使陰莖恢復至原來弛軟的狀態，若要再度勃起，需經10～30分鐘或更長的時間。所以男性的性功能是由交感神經及副交感神經的協同作用完成。

男性荷爾蒙的調節

　　青春期開始時，下視丘會釋放促性腺激素釋放因子（GnRF），以刺激腦下垂體前葉分泌濾泡刺激素（FSH）及黃體生成素（LH），黃體生成素即是男性的間質細胞刺激素（ICSH）。FSH作用於曲細精管，使產生精子及刺激支持細胞；LH也能幫助曲細精管產生成熟的精子，但主要是刺激間質細胞分泌睪固酮（圖16-8）。

圖16-8　睪固酮與抑制素的分泌、生理作用及控制。

LH雖能刺激睪固酮的產生，但是只要血液中睪固酮達到一定的量，就可抑制下視丘釋放GnRF，使腦下垂體前葉分泌LH受到抑制，而減少睪固酮的分泌。若睪固酮在血液中的濃度降至某一水平，又會刺激下視丘釋放GnRF，刺激前葉分泌LH，使睪固酮產生增加。

當精子產生過多時，支持細胞即會分泌抑制素（inhibin），可直接作用於腦下垂體前葉，抑制FSH的分泌，減少精子發生。若精子產生速度太慢，抑制素即不會分泌，使FSH能持續分泌。

女性生殖系統

女性生殖系統（the female reproductive system）包括（圖16-9）：

1. 性腺：卵巢能產生卵子並分泌荷爾蒙。
2. 內生殖器官：輸卵管、子宮、陰道。
3. 外生殖器官：大陰唇、小陰唇、陰蒂。

圖16-9　女性生殖器官和周圍構造

卵巢

構造

卵巢（ovary）是成對的生殖腺，位於子宮兩側，藉骨盆帶的韌帶固定於腹腔中。（圖16-10）。

圖16-10 子宮、輸卵管和卵巢解剖圖

卵巢外圍由單層立方的生發上皮（germinal epithelium）覆蓋，是卵濾泡的來源。生發上皮的下面是緻密結締組織的白膜（tunica albuginea）。白膜內的結締組織是基質，由緻密的皮質及疏鬆的髓質所構成。皮質中含有各種不同發育時期的濾泡（follicle）、退化的黃體（corpus luteum）和白體（corpus albicans）（圖16-11）。出生時，每個卵巢約含有20萬個初級卵母細胞，青春期時，每月生殖週期中會有一個卵發育成熟排出，經輸卵管到達子宮，若與精子結合成受精卵則著床於子宮；若沒有與精子受精，則原先預留給受精卵營養而增厚的子宮壁會剝落，使得月經來潮。

卵子的生成

卵子的生成（oogenesis）與精子的生成過程上很相似，包括有絲分裂、生長、減數分裂及成熟等幾個過程（圖16-12）。

一個含雙套染色體的卵原細胞（oogonium）在胚胎早期進行有絲分裂而增殖，此增殖能力會隨胚胎的發育而消失。在胚胎三個月時，卵原細胞發育成較大的初級卵母細胞

（primary oocyte），此初級卵母細胞在出生前便開始進行減數分裂I，但一直停留在前期I，直至青春期時受到下視丘的促性腺激素釋放因子（GnRF）及腦下垂體前葉FSH的作用才陸續完成其餘的分裂步驟，分裂後產生含單套染色體的一個次級卵母細胞（secondary oocyte）和一個極體（polar body）。而後，在排卵時，次級卵母細胞及極體進入輸卵管開始進行減數分裂II，但一直停留在中期的階段，除非精子進來發生受精作用，此次分裂才能繼續完成。次級卵母細胞產生一個成熟的卵子及一個極體，原先的極體經過減數分裂II，產生兩個極體，最後被分解掉。所以一個卵原細胞只會形成一個卵子，而一個精原細胞則是形成4個精子。

輸卵管

輸卵管（uterine tube）由子宮體向兩側延伸，位於子宮闊韌帶的雙層皺襞間，末端有一漏斗狀朝向腹腔的開口，稱為漏斗（infundibulum）。漏斗很接近卵巢，但並未附在卵巢上，且被稱為繖（fimbriae）的指狀突起圍繞（圖16-10）。輸卵管由漏斗向內下方延伸附著於子宮的上外側角，其外側2/3較寬處為壺腹（ampulla），是精子與卵子的受精處，受精卵如在此處著床，稱為子宮外孕，內側的1/3是較狹窄、管壁較厚的峽部（isthmus）。

輸卵管藉由本身肌肉層的蠕動收縮及纖毛的擺動，可將卵子送往子宮。

圖16-11　卵和濾泡發育的階段

卵原細胞
（46條染色體）

初級卵母細胞
（46條染色體）

第一次
減數分裂

第一極體退化

次級卵母細胞
（23條染色體）

第二次
減數分裂

精子使卵子受精

第二極體退化

合子

圖16-12　卵子生成作用。減數分裂時期，每個初級卵母細胞產生一個單倍體（n）配
　　　　 子。若次級卵母細胞受精，將形成第二極體，其細胞核將與精子細胞融合
　　　　 形成合子（2n）。

　　受精作用可發生於排卵後24小時內，且常發生於輸卵管的壺腹，7天內達子宮，未受
精的卵則被分解掉。

子宮

　　子宮（uterus）位於直腸和膀胱之間，外形像倒置的梨，是形成月經、受精卵著床、
胎兒發育及生產時送出胎兒的地方。

1. 靠韌帶固定及維持子宮正常位置及適度前傾的姿勢。
2. 子宮可分成4個部分：

　　⑴子宮底（fundus）：是輸卵管水平以上的圓頂狀部分，亦即上側寬大部分。

　　⑵子宮體（body）：中央的主要部分，內部的空間是子宮腔（uterine cavity）。

　　⑶子宮頸（cervix）：為下方狹窄一開口於陰道的部分，子宮頸外部為鱗狀上皮組

織，子宮頸內部為分泌黏液的柱狀上皮組織。位於內外子宮頸交接處的鱗狀─柱狀上皮接合處，是最容易產生子宮頸病變的地方。(4)峽部（isthmus）：在子宮體與子宮頸間的狹窄部分，長約1公分。

3. 子宮壁的三層組織：

⑴子宮外膜（perimetrium）：位在最外層，為漿膜，與後面直腸形成直腸子宮陷凹（rectouterine pouch），又稱道格拉氏陷凹（Douglas pouch），是骨盆腔解剖最低點（圖16-10）。

⑵子宮肌層（myometrium）：構成子宮壁的主要部分，在子宮底最厚，子宮頸最薄，有助於生產時，將胎兒擠向陰道及體外。

⑶子宮內膜（endometrium）：在最內層，參與胎盤形成。它由二層構成：

①功能層：每次月經來潮時會脫落排出體外。月經週期的分泌期後期，血中黃體素和動情素濃度下降，引起螺旋小動脈收縮，導致功能層缺血壞死，造成流血，即為月經。

②基底層：貼近子宮壁，是永久的構造，動情素在月經後會刺激基底層增生。

4. 子宮的血液供應：子宮的血液供應來自子宮動脈（uterine artery），子宮動脈分出弓動脈（arcuate artery）環繞於子宮肌層的外圍，弓動脈又分出放射狀動脈（radial artery）伸入子宮肌層內，最後再分成直小動脈終止於基底層，螺旋小動脈終止於功能層。

陰道

陰道（vagina）位於直腸前，膀胱、尿道之後，以45°向前斜且前壁較後壁短，是由子宮頸延伸至外陰前庭的肉質管狀器官（圖16-9、16-10），它是經血排出的通道、性交時容納陰莖的部位、產道的下半部。陰道的黏膜層是子宮內膜的延續，由複層鱗狀上皮及結締組織所構成，在性交時，陰道的潤滑液大部分來自其上皮所分泌的黏液。陰道的肌肉層是由縱走的平滑肌構成，具有相當的延展性，能容納性交時勃起的陰莖及生產時可讓胎兒通過。陰道下端的開口是陰道口（vaginal orifice），周圍有一層薄的血管性黏膜皺襞是處女膜（hymen），封閉部分陰道口。

陰道黏膜含有大量的肝醣，經分解後會產生有機酸，使陰道成為酸性環境（pH3.5～4），可抑制微生物的滋長。但是酸性環境對精子有害，此時需靠精液來中和陰道的酸性，才能確保精子的生存。

外生殖器

女陰

女陰（vulva）是女性外部生殖器的總稱，它包括了下列各部分（圖16-13）。

陰阜、大陰唇、小陰唇、陰蒂（clitoris，與男性的陰莖屬同源構造，受到觸覺刺激會膨大勃起。）、前庭、陰道口、尿道口、前庭大腺（又稱巴氏腺體（Bartholin's gland），分泌黏液幫助性交時的潤滑作用，開口於陰道口兩側）、前庭小腺及尿道旁腺。

會陰

會陰（perineum）是指兩邊臀部與大腿間，前面以恥骨聯合、兩側以坐骨粗隆、後面以尾骨為界的菱形區域。可分成前面的泌尿生殖三角（urogenital triangle）及後面的肛門三角（anal triangle）（圖16-13）。

女性介於陰道和肛門間的部分稱為產科會陰（obstetrical perineum）。若陰道太小，在分娩時無法讓胎兒頭部通過，常會使會陰撕裂，甚至撕裂至直腸。為了避免造成會陰部的傷害，常在生產前行女陰切開術（episiotomy），將會陰的皮膚及皮下組織作一小切口，生產後再將切口分層縫合。

圖16-13　女性的外部生殖器官及會陰部

女性高潮

女性高潮（female excitation）如男性般，在性刺激下，副交感神經讓陰蒂勃起變大與增加敏感度，並使前庭腺與陰道黏液分泌增多。在性交中，藉女性性器官的觸覺及其他刺激，增加陰蒂刺激興奮使陰道收縮，並藉陰部神經刺激使骨盆肌肉節律性收縮而達到高潮，並引發子宮及陰道收縮。

女性荷爾蒙的調節

青春期開始，下視丘會釋放促性腺激素釋放因子（GnRF），以刺激腦下垂體前葉分泌濾泡刺激素（FSH）及黃體生成素（LH）。FSH會引發卵巢濾泡的發育，並使濾泡分泌動情素；LH則能促進卵巢濾泡進一步發育並促使排卵，也能刺激卵巢細胞分泌動情素、黃體素及鬆弛素（圖16-14）。

動情素的生理作用

1. 促進濾泡的生長、輸卵管的運動增加。
2. 促使子宮內膜的基底層增生。
3. 促使第二性徵發育與乳房的發育生長。
4. 控制體液及電解質的平衡。

圖16-14　動情素、黃體素、鬆弛素的分泌及其作用

5. 增加蛋白質的同化作用。

6. 血液中高濃度的動情素會抑制下視丘釋放GnRF，因而抑制腦下垂體前葉分泌 FSH。

7. 會促使骨骺板變成骨骺線，影響生長。

8. 可降低血脂。

9. 使皮膚微血管增加及脂肪堆積，皮膚較光滑。

10.促使排卵時，子宮頸黏液黏稠度增加且具彈性。

11.增加血液中維生素D的濃度。

黃體素生理作用

1. 與動情素共同作用，促進子宮內膜的發育，以便受精卵著床，故有助孕功能。

2. 促進乳腺的發育，以便分泌乳汁。

3. 有產熱作用，可在卵巢排卵時，促使體溫升高。

4. 刺激呼吸作用。

鬆弛素生理作用

1. 促使恥骨聯合鬆弛。

2. 促使骨盆關節放鬆。

3. 促使子宮頸柔軟、擴張，以利生產。

4. 增加精子的活性。

卵巢與子宮週期

　　卵巢週期（ovarian cycle）是指每個月與卵子成熟有關的一連串變化；子宮週期（uterine cycle）則是指懷孕或未懷孕子宮內膜的一連串變化。未懷孕的子宮內膜功能層會剝落，排出體外，即形成月經週期。所以卵巢及子宮週期的變化與月經週期的變化有關。

　　月經週期約24～35天，平均28天，因為是週期所以並無開始與結束之分，而且改變是屬漸進式的，為了方便且經血來潮是較明顯的改變，因此稱月經來潮的第一天為週期的第一天，再以卵巢內部和子宮內膜的變化作更進一步的分期（圖16-15）。

月經期

　　月經期（menstrual phase）大約是週期的前5天，是因為動情素和黃體素突然減少，引起子宮內膜功能層的退化及出血，約排出25～65ml的經血，其中含有血液、組織液、黏液及退化的子宮內膜功能層，所以此時子宮內膜只剩基底層，變得較薄。

　　在月經期的第一天，因動情素、黃體素的減少，刺激下視丘分泌GnRF，使腦下垂體

腦下腺激素

卵巢週期

血中卵巢激素濃度

子宮週期

圖16-15 卵巢與子宮週期的變化

前葉分泌FSH，促使卵巢20～25個初級濾泡開始發育，並產生微量動情素，但最後只有一個濾泡達到成熟，其餘的退化消失。因此此期也稱為濾泡期（follicular phase），但濾泡由初級濾泡至成熟需13天，所以至排卵前皆為濾泡期。

排卵前期

排卵前期（pre-ovulatory phase）介於月經與排卵之間，此期長短變化較大，在28天的週期中，由第6天延續至第13天。

由於FSH和LH的關係（但FSH較多），使濾泡產生更多的動情素，來刺激子宮內膜的修補，此時基底層的細胞經過有絲分裂產生功能層，其內的螺旋動脈捲曲狀血管會逐漸加長，子宮內膜增厚成4～6公釐。因為子宮內膜的細胞增殖，故又稱為增殖期（proliferative phase）；又因此期是由次級濾泡發育至成熟的葛氏濾泡，故也是濾泡期；也因動情素是此期的主要激素（圖16-15），亦可稱為動情期（estrous phase）。

在排卵前期的早期，腦下垂體前葉分泌的FSH是主要的激素，隨著濾泡的發育成熟，動情素逐量增加，成熟的葛氏濾泡可產生少量的黃體素，而排卵（ovulation）前一天，動情素的高濃度促使LH的大量分泌。

排卵

在FSH的刺激下，葛氏濾泡增大變成卵巢表面的薄壁囊泡，此時動情素的分泌也隨著濾泡的增大而快速提升。在週期的第13天左右，動情素的快速增加誘發LH的釋放，在第14天的排卵日，LH使葛氏濾泡壁破裂，釋放出一個處於減數分裂中期II的次級卵母細胞，並由纖毛帶進輸卵管，緩緩向子宮移動。

排卵後期

排卵後，LH刺激空的濾泡發育成黃體，並使其分泌動情素和黃體素，此時黃體素可增加刺激子宮腺體生長，且在排卵後一週濃度達最高點。排卵後，在動情素和黃體素的共同作用下會使子宮內膜變厚、充滿血管，子宮腺體也充滿肝醣，內膜發育成柔軟且富含營養的構造，以備受精卵著床。

此期的主要卵巢激素是黃體素，所以又稱為黃體期（luteal phase）。此期高濃度的黃體素和動情素會共同抑制FSH及LH的分泌。同時，黃體也會分泌抑制素（inhibin），以助FSH的分泌或作用，阻止新的濾泡發育，避免在此期產生額外的排卵現象。

進入排卵後期（post-ovulatory phase）的末期，約在週期的第22天，此時抑制素製造降低，新的濾泡開始發育，黃體也開始退化變成白體，黃體素及動情素濃度也開始下降，至第28天下降至非常低的濃度，而引發另一個月經週期。

懷孕

　　由精子與卵產生受精作用至成熟的胎兒出生間的過程稱為懷孕（pregnancy）。通常女性每個月僅會排出一個卵，每次排出的卵是處於減數分裂II的次級卵母細胞，由纖毛帶進輸卵管，此時的次級卵母細胞外圍包覆有由蛋白質和多醣體組成的透明帶（zona pellucida）及由顆粒細胞構成的放射冠（corona radiata），需在排卵後12～24小時內與精子結合。

　　精子進入女性生殖道後，要經4～6小時，才有能力使卵受精。每個精子的尖體可分泌玻尿酸酶及蛋白酶，可使精子將透明帶分解以便進入卵子。只要第一個精子通過透明帶與卵的細胞膜融合，細胞膜即會產生許多變化以防止其他精子進入，可確保每個卵只能與一個精子結合。通常受精作用是發生在輸卵管的壺腹，此時次級卵母細胞會完成第二次減數分裂。

　　當精子進入卵的細胞質以後，在12小時之內卵核膜消失，卵與精子的單套染色體結合形成雙套染色體的受精卵，或稱為合子（zygote）。受精後，合子進行快速分裂，第3天已形成一個具有16個細胞的實心球體，即為桑葚體（morula）如圖16-16。此桑葚體不斷分裂且向子宮移動，受精後第4天進入子宮腔，子宮腔內液體進入桑葚體而成中空的囊胚（blastocyst）；受精後第6天，囊胚與子宮壁接觸並嵌入厚的子宮內膜中，此即為著床過程的開始，直至受精後7～10天，囊胚才完全埋入子宮內膜。此時的子宮內膜處於排卵後期。囊胚著床後24小時內，滋養層細胞迅速增殖，位在與子宮內膜接觸的那一側的滋養層細胞會分化成包圍內細胞質塊的細胞滋養層（cytotrophoblast layer）及外層的大型多核的融合滋養層（syncytiotrophoblast layer）（圖16-16）。

　　囊胚細胞會分泌人類絨毛膜促性腺激素（human chorionic gonadotropin; HCG），此激素作用與LH相仿，可維持5～6週母體黃體的活性，並促進動情素和黃體素的產生，防止月經發生，因此胚胎可順利地植入子宮內膜發育、形成胎盤。懷孕的第5～6週後，黃體開始退化，此時胎盤成為主要性激素的分泌腺體，在胎盤發育完成時，HCG開始降低，此時所分泌動情素的濃度比懷孕初期高100倍，並同時分泌大量黃體素，兩者比例初期為100：1，在胎兒足月時已接近1：1。

　　胎盤在分泌HCG的同時，也可分泌人類絨毛膜促體乳激素（humanchorionic somatomammotropin; HCS），分泌量在第32週達到高點，並維持至生產為止。HCS可刺激乳腺的發育，促進蛋白質的同化作用，助胎兒發育，降低母體對葡萄糖的利用及促進脂肪分解。由最後一次月經來潮時起算，懷孕至生產的整個過程約280天。胎盤與卵巢亦可產生鬆弛素，以助胎兒的出生。

圖16-16　受精、卵裂及著床的過程。

不孕與原因

　　不孕症（infertility）是指一對夫婦在婚後某一特定期間（通常指1年）有正常的性生活，未採取任何避孕措施而仍然沒有受孕的情形。人類生殖的高峰是在21〜25歲之間，婦女在25歲時於6個月內受孕的機率是75%；接近30歲是47%；30歲以上是38%；接近40歲是25%；40歲以上是22%。在男性則沒有如此明顯下降的曲線。總之，年紀越大受孕機會越小。不孕的原因很多，包括生理、心理上的因素，都會直接或間接影響到複雜而微妙的生殖過程。造成不孕的原因大致如下：

男性因素

　　占不孕的30〜40%，其中以精子因素占最多。

1. 精子因素：精子的數量、形態、活動性及精液量皆有影響。
2. 性交困難、陽萎。
3. 精子抗體。
4. 陰莖、尿道異常，如尿道狹窄、尿道下裂。
5. 其他因素，例如營養不良、藥癮、酒癮、心理障礙等。

女性因素

1. 輸卵管：占30～40%，包括輸卵管的狹窄、部分或完全性閉鎖、周圍組織發生黏連、失去節律蠕動的能力等。

2. 內分泌因素或卵巢：占15～25%，包括月經不正常、不排卵、黃體機能不全等，其他如腦下垂體、甲狀腺、腎上腺機能異常。

3. 子宮頸：占20%，不良的子宮頸狀況，例如子宮頸黏液分泌不足、子宮頸口糜爛等。

4. 骨盆腔內病變：占5%，包括子宮內膜異位、卵巢腫瘤、子宮先天性畸形、輸卵管卵巢炎、骨盆腔腹膜炎等。

5. 其他：例如嚴重營養障礙、慢性疾病、外生殖器異常、陰道異常、情緒因素等。

兩性因素

性生活不協調、兩性生活環境的不適合、性交問題等。

節育

節育（birth control）即控制生育的方法，包括將性腺及子宮開刀拿掉或絕育、避孕、節慾。去勢、子宮切除術、卵巢切除術屬於絕對的避孕方法，但通常都是在這些器官發生疾病時才會進行此種手術。

能夠避免受精現象發生又不會破壞生育力的避孕方法，有下列4種方法：

1. 荷爾蒙製劑：有口服、注射、植入、貼布等方式的避孕藥使用，其目的在於抑制FSH及LH，使卵巢排卵功能及受精卵在子宮著床功能受到抑制。

2. 阻隔性避孕措施：子宮避孕器（IUD）、子宮帽、保險套等隔絕精子與卵子結合，或使用殺精劑來殺死精子等。

3. 手術結紮：有女性輸卵管及男性輸精管結紮。

4. 其他：有性交中斷法、禁慾、測量基礎體溫等，但失敗率高。

臨床指引：

人工受孕（artificial insemination by a donor; AID）：是指夫妻身體異常造成不孕，而以其他方式代替的生育法。有下列幾種方式：

1. 子宮內受孕（intrauterine insemination; IUI）：在女性卵巢激素受到刺激後，將供應者正常的精子置入子宮內來受孕。

2. 體外受精（in vitro fertilization; IUF）：將排出的卵子以吸管取出（或由陰道壁在超音波導引下，以針吸出卵子），然後將精子置入和女性生殖器系統相同的溶液中，當放入卵子即會受精。受精的卵子開始發育成胚胎後2～4天，置

入子宮內著床。

3. 配子輸卵管內運送（gamete intrafallopian transfer; GIFT）：其方法幾乎和IUF相同，只不過受精卵會立即放入輸卵管中，其過程較簡單方便，費用低廉。

性傳染病

凡是經由生殖道、口交、肛門性行為而傳播的疾病，都可稱為性傳染病（sexually transmitted disease; STD）。其菌種包括細菌性、病毒性、原蟲、黴菌、體外寄生蟲感染，且雙方皆會感染，有時會出現多種感染。

1. 細菌性：淋病（gonorrhea）、披衣菌感染（chlamydial infection）、梅毒（syphilis）。
2. 病毒性：生殖器疱疹（genital herpes）。
3. 原蟲：滴蟲病（trichomoniasis）。
4. 黴菌：念珠菌陰道炎（candidiasis）。
5. 體外寄生蟲感染：陰蝨感染（pediculosis pubis）。

生殖系統的老化

女性的生殖系統老化較明顯，因為在更年期時卵巢功能退化，使腦下垂體前葉分泌的FSH無法讓卵巢分泌性荷爾蒙，而造成月經停止。只要由最後一次月經算起，連續有1年沒有月經來潮即可診斷為停經，年齡約在50歲左右。

停經後由於動情素分泌不足而引發一連串的生理變化，其中最常見的是血管舒縮紊亂和泌尿生殖道的萎縮。血管舒縮紊亂會造成停經的熱潮紅，而泌尿道、陰道壁、陰道腺體萎縮會伴隨潤滑液分泌減少。也會有動脈硬化、心血管疾病的發生率上升，及漸進式骨質疏鬆症的情形增加。男性生殖系統的老化因無女性的週期性變化故不顯著。

自我測驗

（　）1. 下列何種性腺類固醇在月經週期的黃體期，具有升高體溫的功能？　(A) 醛固酮　(B) 皮質固醇　(C) 黃體素　(D) 生長激素

（　）2. 正常情況下，下列何者與生產過程的進行最無關連？　(A) 催產素（oxytocin）　(B) 鬆弛素（relaxin）　(C) 抑制素（inhibin）　(D) 前列腺素（prostaglandin）

（　）3. 正常女性於排卵後期（黃體期）會有身體腫脹的感覺，主要是與下列何者的作用最有關係？　(A) 黃體素（progesterone）　(B) 動情素（estrogen）　(C) 鬆弛素（relaxin）　(D) 抑制素（inhibin）

（　）4. 精子的哪一部分含有酵素可幫助精子進入卵細胞？　(A) 尖體　(B) 頸部　(C) 中節　(D) 尾部

（　）5. 下列何種荷爾蒙的大量潮放（surge）是引起排卵所必需的？　(A) 催乳素（prolactin）　(B) 黃體生成素（luteinizing hormone）　(C) 催產素（oxytocin）　(D) 助孕酮（progesterone）

（　）6. 下列哪一個器官的溫度比身體的核心溫度還低？　(A) 心臟　(B) 大腦　(C) 卵巢　(D) 睪丸

（　）7. 下列有關月經週期的敘述，何者錯誤？　(A) 增殖期時，雌性激素分泌增加(B) 排卵時，黃體素的分泌達最高　(C) 分泌期時，黃體素的分泌上升　(D) 月經期，子宮內膜剝落而排出

（　）8. 正常生理現象，約在排卵之後的第幾天會有月經來潮？　(A) 第28天　(B) 第7天　(C) 第14天　(D) 第20天

（　）9. 黃體素（progesterone）主要由何處分泌？　(A) 肝臟　(B) 腎臟　(C) 子宮　(D) 卵巢

（　）10.分泌testosterone的主要細胞為：　(A) Sertoli cell　(B) Parietal cell　(C) Leydig cell　(D) Trophoblast

（　）11.精子在女性體內大約可存活多少小時？　(A) 4～8　(B) 9～12　(C) 24～48　(D) 49～72

（　）12.有關女性激素分泌，下列何者錯誤？　(A) 腦下腺前葉分泌黃體促素（LH）　(B) 黃體促素高峰促進排卵　(C) 腦下腺前葉分泌濾泡促素（FSH）　(D) 濾泡促素在排卵時濃度最低

（　）13.青春期之前，促乳素分泌主要受到下列何者抑制？　(A) 動情素　(B) 助孕酮　(C) 多巴胺　(D) 催產素

（　）14.下列何種藥物無法避免過早分娩？　(A) 前列腺素拮抗劑　(B) 動情激素作用劑　(C) 催產素拮抗劑　(D) 降低細胞質鈣離子濃度的藥物

（　）14.下列何者是即將發生排卵之訊號？　(A) 子宮頸分泌物變黏稠　(B) 體溫增加　(C) 血漿中LH濃度急遽上升　(D) 血漿中黃體素急遽上升

（　）15.月經期間的子宮內膜剝落，原因為何？　(A) 由於雌二醇（estradiol）及助孕酮（progesterone）分泌突然增加之故　(B) 由於雌二醇及助孕酮分泌突然減少之故　(C) 由於抑制素（inhibin）分泌增加之故　(D) 由於濾泡激素（FSH）及黃體素（LH）分泌減少之故

（　）16.下列何種性腺類固醇在月經週期的黃體期，具有升高體溫的功能？　(A) 醛固酮　(B) 皮質固醇　(C) 黃體素　(D) 生長激素

（　）17.促進生產時子宮頸擴張的主要激素為：　(A) 甲狀腺素（thyroxine）　(B) 胰島素（insulin）　(C) 鬆弛素（relaxin）　(D) 黃體素（progesterone）

（　）18.下列何者造成產後哺育母乳的女性，出現無月經的現象？　(A) 動情激素　(B) 催產素　(C) 泌乳素　(D) 助孕素

（　）19.動情素（estrogen）對黃體促素（LH）之正回饋現象主要發生在何時　(A) 週期第一天　(B) 週期最後一天　(C) 排卵前一天　(D) 排卵後一天

（　）20.精子形成的位置是在：　(A) 曲細精管　(B) 直小管　(C) 睪丸網　(D) 副睪

（　）21.由初級卵母細胞（primary oocyte）至卵，共可形成幾個極體（polar body）？　(A) 1　(B) 2　(C) 3　(D) 4

（　）22.懷孕婦女的子宮血液循環量會隨胎兒的增大而有何變化？　(A) 減慢　(B) 加快　(C) 兩者並無關聯　(D) 不變

（　）23.由胎盤分泌的人類絨毛膜促性腺激素（hCG）作用與何種腦下腺激素相似？　(A) 黃體生成素（LH）　(B) 生長激素　(C) 胰島素　(D) 甲狀腺素

（　）24.子宮壁的構造中，會隨月經週期而改變厚度的是：　(A) 漿膜層　(B) 外膜層　(C) 內膜層　(D) 肌肉層

（　）25.有關性器官分化之敘述，下列何者正確？　(A) 沃氏管（Wolffian duct）發育成為男性生殖器官　(B) 墨氏管（Müllerian duct）發育成為男性生殖器官　(C) SRY基因存在於女性XX染色體內　(D) 墨氏抑制物（Müllerian-inhibiting substance）由卵巢分泌

（　）26.提供精子運動能量的粒線體主要位於何處？　(A) 尖體（acrosome）　(B) 頭部（head）　(C) 中段（midpiece）　(D) 尾部（tail）

（　）27.排卵通常發生在28天月經週期的第幾天？　(A) 第1天　(B) 第3天　(C) 第14天　(D) 第27天

（　）28.在濾泡期（follicular phase），主要的卵巢激素為：　(A) 胰島素（insulin）　(B) 動情素（estrogen）　(C) 黃體促素（LH）　(D) 濾泡促素（FSH）

（　）29.精子之遺傳物質　DNA主要位於何處？　(A) 尖體（acrosome）　(B) 頭部（head）　(C) 中段（midpiece）　(D) 尾部（tail）

（　）30.下列何者為即將排卵的成熟濾泡？　(A) 原發濾泡（primordial follicle）　(B) 初級濾泡（primary follicle）　(C) 葛氏濾泡（Graafian follicle）　(D) 黃體（corpus luteum）

（　）31.排卵主要是由哪一種腦下腺激素所引發？　(A) 濾泡促素（FSH）　(B) 黃體素（progesterone）　(C) 睪固酮（testosterone）　(D) 黃體促素（LH）

（　）32.精子生成的過程中，第二次減數分裂發生於哪一個過程？　(A) 精母細胞（spermatogonia）→初級精母細胞（primary spermatocyte）　(B) 初級精母細胞→次級精母細胞（secondary spermatocyte）　(C) 次級精母細胞→精細胞（spermatid）　(D) 精細胞→精子（spermatozoa）

（　）33.月經期（menstrual phase）的發生主要是何種激素減少？　(A) 胰島素（insulin）及動情素（estrogen）　(B) 動情素及甲狀腺素（thyroxine）　(C) 甲狀腺素及黃體素（progesterone）　(D) 黃體素及動情素

（　）34.下列哪些類固醇可抑制乳汁分泌？　(A) 動情素（estrogen）及助孕素（progesterone）　(B) 助孕素及甲狀腺素（thyroxine）　(C) 甲狀腺素及雄性素（androgen）　(D) 雄性素及動情素

（　）35.一位生理正常之未孕女性，終其一生大約共排出幾個卵？　(A) 100　(B) 200　(C) 400　(D) 800

（　）36.黃體促素的高峰（LH surge）一般約發生於女性週期的哪一段時間？　(A) 排卵前72小時　(B) 排卵前16小時　(C) 排卵後24小時　(D) 排卵後72小時

（　）37.成熟的卵巢濾泡（Graafian follicle）中所含的生殖細胞是：　(A) 卵原細胞　(B) 初級卵母細胞　(C) 次級卵母細胞　(D) 卵子

（　）38.一般而言，黃體酮（progesterone）哪一段時期的濃度較高？　(A) 經期（menstruation）　(B) 濾泡期（follicular phase）　(C) 增殖期（proliferative phase）　(D) 分泌期（secretory phase）

（　）39.嬰兒吮乳主要經由刺激母體何種激素促進乳汁合成及分泌？　(A) 動情素（estrogen）及泌乳素（prolactin）　(B) 泌乳素及催產素（oxytocin）　(C) 催產素及黃體酮（progesterone）　(D) 動情素及黃體酮

（　）40.受精（fertilization）主要發生於何處？　(A) 卵巢　(B) 輸卵管　(C) 子宮　(D) 子宮頸

（　）41.黃體（corpus luteum）的生成主要受何種激素影響？　(A) 濾泡促素（FSH）
　　　　(B) 黃體促素（LH）　　(C) 甲促素（TSH）　　(D) 生長激素（growth
　　　　hormone）

（　）42.一個卵原細胞（oogonium）經減數分裂可生成幾個成熟卵子（ovum）？
　　　　(A) 1　(B) 2　(C) 3　(D) 4

（　）43.一般而言，精子與卵受精的位置是在輸卵管的：　(A) 漏斗部　(B) 壺腹部
　　　　(C) 峽部　(D) 子宮部

（　）44.由曲細精管（seminiferous tubule）產生的精子主要貯存於：　(A) 副睪
　　　　（epididymis）及貯精囊（seminal vesicle）　(B) 貯精囊及前列腺（prostate
　　　　gland）　(C) 前列腺及輸精管（vas deferens）　(D) 輸精管及副睪

（　）45.有關子宮的敘述，下列何者錯誤？　(A) 表面無腹膜包覆　(B) 肌肉層是子宮
　　　　壁中最厚的一層　(C) 內膜層是受精卵著床的位置　(D) 內膜的功能層在月經
　　　　期時會崩解，基底層則保留

（　）46.女性月經週期中，排卵後體溫會微幅上升，主要是因何種類固醇引起？
　　　　(A) 黃體促素（LH）　(B) 濾泡促素（FSH）　(C) 動情素（estrogen）　(D)
　　　　助孕素（progesterone）

（　）47.有關前列腺的敘述，下列何者錯誤？　(A) 位於直腸後面　(B) 位於膀胱下方
　　　　(C) 貼於泌尿生殖橫膈之上　(D) 精囊位於其上後方

（　）48.一個初級精母細胞經幾次減數分裂才可生成精子？　(A) 1　(B) 2　(C) 3
　　　　(D) 4

（　）49.國小一年級的女童，其卵巢中的濾泡是：　(A) 原始濾泡（primordial
　　　　follicle）　(B) 初級濾泡（primary follicle）　(C) 次級濾泡（secondary
　　　　follicle）　(D) 葛拉夫濾泡（Graafian follicle）

（　）50.下列何者是睪固酮之作用？　(A) 抑制黃體刺激素於腦下垂體前葉之分泌
　　　　(B) 促進濾泡刺激素於腦下垂體前葉之分泌　(C) 抑制黃體刺激素於下視丘之
　　　　分泌　(D) 促進濾泡刺激素於下視丘之分泌

（　）51.下列何者可抑制泌乳素之分泌？　(A) 組織胺　(B) 多巴胺　(C) 雌激素
　　　　(D) 黃體素

（　）52.有關陰莖勃起的敘述，下列何者錯誤？　(A) 青春期前陰莖也會勃起　(B) 主
　　　　要是陰莖動脈舒張引起　(C) 交感神經衝動引起　(D) 副交感神經衝動引起

（　）53.下列何者促進動情素分泌？　(A) 濾泡刺激素　(B) 黃體素　(C) 鬆弛素
　　　　(D) 前列腺素

（　）54.下列何者有助於分娩時直接引發強力之子宮收縮？　(A) 人類絨毛膜性腺激

素 (B) 黃體素 (C) 催產素 (D) 鬆弛素

( ) 55.下列何者是引發排卵前黃體刺激素（LH）分泌高峰之主因？ (A) 雌激素增加引發之正回饋 (B) 黃體素增加引發之正回饋 (C) 雌激素下降引發之負回饋 (D) 黃體素下降引發之負回饋

( ) 56.下列何者是男性陰囊的同源構造？ (A) 陰阜 (B) 前庭 (C) 大陰唇 (D) 小陰唇

( ) 57.依精子輸送方向，下列男性生殖道的排序為何？ a.輸精管 b.副睪管 c.射精管 (A) abc (B) acb (C) bac (D) bca

( ) 58.青春期前，卵子發生停留在哪一階段？ (A) 第一次減數分裂前期 (B) 第一次減數分裂中期 (C) 第二次減數分裂前期 (D) 第二次減數分裂中期

( ) 59.哺乳婦女常不易再度懷孕，主要因何種腦下腺激素過高所致？ (A) 動情素（estrogen） (B) 助孕素（progesterone） (C) 性釋素（GnRH） (D) 泌乳素（prolactin）

( ) 60.懷孕後，黃體（corpus luteum）最長約可存在幾日？ (A) 10 (B) 90 (C) 180 (D) 270

( ) 61.射精管穿過何種構造而將精子送到尿道？ (A) 前列腺 (B) 泌尿生殖膈 (C) 尿道海綿體 (D) 陰莖海綿體

( ) 62.有關輸卵管的敘述，下列何者錯誤？ (A) 漏斗部開口於骨盆腔 (B) 壺腹部是輸卵管最長的部分 (C) 峽部是精子與卵受精的位置 (D) 子宮部開口於子宮腔

( ) 63.女性週期（menstrual cycle）排卵前黃體促素的高峰（LH surge），主要受到哪一種類固醇的影響？ (A) 動情素（estrogen） (B) 黃體素（progesterone） (C) 雄性素（androgen） (D) 皮質固醇（cortisol）

( ) 64.下列何者具有產生配子的功能？ (A) 睪丸 (B) 輸精管 (C) 陰囊 (D) 前列腺

( ) 65.下列有關月經週期之描述，何者正確？ (A) 黃體素之分泌主要發生於子宮內膜增生期 (B) 子宮內膜增生期發生於濾泡生長期 (C) 子宮內膜分泌期發生於濾泡生長期 (D) 月經出現於濾泡分化成為黃體之時

( ) 66.下列何種激素，只能由胎盤製造，卵巢並不會產生？ (A) 動情素（estrogen） (B) 黃體素（progesterone） (C) 鬆弛素（relaxin） (D) 人類絨毛膜促性腺激素（HCG）

( ) 67.下列何種構造與維持子宮正常位置並防止子宮脫垂（prolapse of uterus）無關？ (A) 樞紐韌帶（cardinal ligaments） (B) 圓韌帶（round ligaments）

(C) 薦韌帶（uterosacral ligaments）　　(D) 懸韌帶（suspensory ligaments）。

（　）68.與分娩（parturition）過程有關的敘述，下列何者不正確？　(A) 催產素（oxytocin）可刺激子宮平滑肌的收縮　(B) 前列腺素（prostaglandin）可促進子宮平滑肌的收縮　(C) 黃體素（progesterone）於分娩前分泌增加而引發陣痛　(D) 動情素（estrogen）可增加子宮平滑肌細胞的間隙連接

（　）69.有關睪丸賽托利氏細胞（Sertoli cells）的敘述，下列何者錯誤？　(A) 可分泌抑制素進而抑制 FSH 分泌　(B) 具有緊密連接並且構成血–睪丸障壁　(C) 可維持精子生成作用（spermatogenesis）　(D) 可受黃體生成素（LH）調節而分泌睪固酮

（　）70.女性因更年期而停經時，下列何種激素的分泌量會上升？　(A) 抑制素（inhibin）　(B) 雌激素（estrogen）　(C) 濾泡刺激激素（FSH）　(D) 黃體素（progesterone）

（　）71.精子頭部的尖體（acrosome）功能為何？　(A) 帶有遺傳物質　(B) 可擺動幫助精子前進　(C) 可產生精子移動所需的ATP　(D) 可釋放酵素分解卵細胞外的透明層。

（　）72.卵細胞的第二次減數分裂（meiosis）於何時完成？　(A) 濾泡期　(B) 排卵時　(C) 受精時　(D) 胚胎著床後

（　）73.受精卵發育成為下列何者時，最適合著床於子宮壁？　(A) 接合子（zygote）　(B) 次級卵母細胞（secondary oocyte）　(C) 囊胚（blastocyst）　(D) 桑甚體（morula）

（　）74.下列何者為史托利細胞（Sertoli cells）所分泌，可抑制濾泡促素（FSH）的釋放？　(A) 睪固酮（testosterone）　(B) 黃體促素（luteinizing hormone）　(C) 性腺釋素（GnRH）　(D) 抑制素（inhibin）

（　）75.臨床上常用的驗孕劑，是檢測下列何種荷爾蒙？　(A) 動情素（estrogen）　(B) 助孕酮（progesterone）　(C) 人類絨毛性腺促素（human chorionic gonadotropin）　(D) 黃體促素（luteinizing hormone）

解答：

1.(C)	2.(C)	3.(B)	4.(A)	5.(B)	6.(D)	7.(B)	8.(C)	9.(D)	10.(C)
11.(C).	12.(D)	13.(C)	14.(B)	14.(C)	15.(B)	16.(C)	17.(C)	18.(C)	19.(C)
20.(A)	21.(C)	22.(B)	23.(A)	24.(C)	25.(B)	26.(C)	27.(C)	28.(B)	29.(B)
30.(C)	31.(D)	32.(C)	33.(D)	34.(A)	35.(C)	36.(B)	37.(C)	38.(D)	39.(B)
40.(B)	41.(B)	42.(A)	43.(B)	44.(D)	45.(A)	46.(D)	47.(A)	48.(D)	49.(A)
50.(A)	51.(B)	52.(C)	53.(A)	54.(C)	55.(A)	56.(C)	57.(C)	58.(A)	59.(D)
60.(D)	61.(A)	62.(C)	63.(A)	64.(A)	65.(B)	66.(D)	67.(A)	68.(B)	69.(D)
70.(C)	71.(D)	72.(C)	73.(C)	74.(D)	75.(C)				

解析：

4.尖體內含蛋白酶及玻尿酸酶。

國家圖書館出版品預行編目資料

生理學／袁本治著. －－初版.－－臺北市：
五南，2016.11
　　面；　公分
　ISBN 978-957-11-8848-5（平裝）
　1.人體生理學
397　　　　　　　　　　105017512

5J60

生理學

作　　者 — 袁本治(185.2)

發 行 人 — 楊榮川

總 編 輯 — 王翠華

主　　編 — 王俐文

責任編輯 — 金明芬

封面設計 — 斐類設計工作室

出 版 者 — 五南圖書出版股份有限公司

地　　址：106台北市大安區和平東路二段339號4樓

電　　話：(02)2705-5066　　傳　真：(02)2706-6100

網　　址：http://www.wunan.com.tw

電子郵件：wunan@wunan.com.tw

劃撥帳號：01068953

戶　　名：五南圖書出版股份有限公司

法律顧問　林勝安律師事務所　林勝安律師

出版日期　2016年11月初版一刷

定　　價　新臺幣550元